Von der Betrieblichen Gesundheitsförderung zum Betrieblichen Gesundheitsmanagement

Kompaktreihe Gesundheitswissenschaften

Von der Betrieblichen Gesundheitsförderung zum Betrieblichen Gesundheitsmanagement

Lotte Habermann-Horstmeier

Lotte Habermann-Horstmeier

Kompaktreihe Gesundheitswissenschaften

Von der Betrieblichen Gesundheitsförderung zum Betrieblichen Gesundheitsmanagement

Kompakte Einführung und Prüfungsvorbereitung für alle interdisziplinären Studienfächer

Korrespondenzadresse der Autorin:
Dr. med. Lotte Habermann-Horstmeier, MPH
Leiterin des Villingen Institute of Public Health (VIPH)
der Steinbeis-Hochschule Berlin
Klosterring 5
D-78050 Villingen-Schwenningen
E-Mail: Habermann-Horstmeier@viph-steinbeis.de
Internet: www.studium-public-health.de

Bibliografische Information der Deutschen Nationalbibliothek
Die Deutsche Nationalbibliothek verzeichnet diese Publikation in der Deutschen Nationalbibliografie; detaillierte bibliografische Daten sind im Internet über http://www.dnb.de abrufbar.

Anregungen und Zuschriften bitte an:
Hogrefe AG
Lektorat Gesundheit
Länggass-Strasse 76
3012 Bern
Schweiz
Tel. +41 31 300 45 00
verlag@hogrefe.ch
http://www.hogrefe.ch

Lektorat: Susanne Ristea
Bearbeitung: Christine Bier, Nussloch
Herstellung: René Tschirren
Umschlag: Claude Borer, Riehen
Satz: Mediengestaltung Meike Cichos, Göttingen
Druck und buchbinderische Verarbeitung: Finidr s. r. o., Český Těšín
Printed in Czech Republic

1. Auflage 2019

(E-Book-ISBN_PDF 978-3-456-95917-7)
(E-Book-ISBN_EPUB 978-3-456-75917-3)
ISBN 978-3-456-85917-0
http://doi.org/10.1024/85917-000

Inhalt

Mein ganz besonderer Dank geht an Prof. Dr. med. habil. Andreas Weber, Leitung Medizinischer Dienst des Berufsförderungswerks Dortmund im Nordrhein-Westfälischen Berufsförderungswerk e. V., der mich mit seinem ganz speziellen Blick auf den Bereich „Arbeit und Gesundheit“ maßgeblich beeinflusst hat.

Vorwort

Bereits heute können wir die Auswirkungen des demografischen Wandels auf unsere Arbeitswelt feststellen. In den Unternehmen arbeiten immer mehr ältere Menschen. Gleichzeitig berichten viele Branchen, dass sie Probleme damit haben, ausreichend jüngere Arbeitskräfte mit der gewünschten Qualifikation zu finden. Darüber hinaus hat sich die Arbeitswelt in den letzten Jahrzehnten stark verändert. Immer neue Technologien und die weiterhin zunehmende Globalisierung führen zu einem sich ständig beschleunigenden Strukturwandel. Stichworte sind hier u. a. das Arbeiten in einer digitalisierten Welt (Arbeit 4.0), flexible Arbeitszeitmodelle, virtuelle Teams, Homeoffice etc. Die gesundheitlichen Folgen für die Mitarbeiter sind noch nicht in allen Details absehbar. Angesichts dieser Situation kann es nur im Interesse der Arbeitgeber sein, ihre Mitarbeiter so lange und so gesund wie möglich im Arbeitsleben zu halten. Um dies zu erreichen, sind Maßnahmen nötig, mit deren Hilfe die Gesundheit und damit auch die Arbeitsfähigkeit aller Beschäftigten gefördert werden. Doch den Unternehmen fehlt oftmals ein Plan, der die gesundheitsfördernden Ziele für das Unternehmen definiert und unter dessen Dach dann die verschiedene Maßnahmen miteinander verknüpft werden. Bei den heute in der Praxis durchgeführten Maßnahmen handelt es sich oft um einmalige oder nur kurzfristig durchgeführte Projekte, die nicht nachhaltig im Betrieb verankert werden. Insbesondere in kleinen und mittleren Unternehmen (KMU) fehlt es oft an Wissen, um ein Betriebliches Gesundheitsmanagement (BGM), das all dies idealerweise miteinander verknüpft, in ihren Unternehmen einzuführen. Das vorliegende Buch soll daher mit dazu beitragen, dass sich die Kompetenz der Fachleute in diesem Bereich weiter erhöht. Zudem sollen hierdurch auch mittlere und kleine Unternehmen angeregt werden, mit Hilfe von BGM-Fachleuten ein für sie passendes Betriebliches Gesundheitsmanagement zu etablieren.

Das Buch beschäftigt sich u. a. mit folgenden Bereichen:

- Unterschieden zwischen einzelnen Maßnahmen der Betrieblichen Gesundheitsförderung (BGF) und einem Betrieblichen Gesundheitsmanagement (BGM)
- Grundlegenden BGM-Begriffen
- BGM-Voraussetzungen, -Werkzeugen und -Handlungsebenen
- Faktoren, die bei der Planung und Umsetzung des BGMs eine Rolle spielen
- Grundlagen zur Beurteilung von Effektivität und Effizienz von BGM-Maßnahmen
- Transfer des Gelernten in die Praxis

Das Buch Von der Betrieblichen Gesundheitsförderung zum Betrieblichen Gesundheitsmanagement ist der sechste Band einer Reihe, die sich unter dem Titel Kompaktreihe Gesundheitswissenschaften an ein breites Publikum im deutschsprachigen Raum wendet. Die wissenschaftlich fundierten, aktuellen, leicht verständlichen und gut illustrierten Texte bieten jeweils einen ersten Einstieg in ein abgegrenztes Gesundheitsthema. Praxisbezogene Fragen zum Ende jedes Kapitels erlauben es, die Textinhalte mit der eigenen Erfahrungswelt zu verknüpfen. Um diesen Transfervorgang zu unterstützen, finden sich am Ende des Buches ausführliche Lösungsvorschläge und ein umfangreiches Glossar sowie aktuelle Literatur- und Internetquellen. Als Adressaten kommen nicht nur Studierende im Gesundheits- und im Betriebswirtschaftsbereich von Universitäten und Fachhochschulen in Frage, sondern v.a. auch Interessenten, die bereits in Unternehmen und Institutionen arbeiten, und sich mit dem Betrieblichen Gesundheitsmanagement beschäftigen möchten.

Aus Gründen der besseren Lesbarkeit wird im Buch bei personenbezogenen Bezeichnungen die im Deutschen übliche, meist männliche Form verwendet. Selbstverständlich sind damit jeweils Frauen und Männer gleichermaßen gemeint.

Villingen-Schwenningen, Mai 2019 Lotte Habermann-Horstmeier

Grundlagen und Fragen

1 Einführung

Dieses Buch soll

- Sie mit grundlegenden Begriffen des Betrieblichen Gesundheitsmanagements (BGM) vertraut machen,
- Ihnen einen Überblick über die nötigen Voraussetzungen sowie über die Werkzeuge und Handlungsebenen beim BGM geben,
- Ihnen wichtige (Risiko-)Faktoren vorstellen, die bei der Planung und Umsetzung des BGM eine Rolle spielen,
- Ihnen einige Grundlagen zur Beurteilung von Effektivität und Effizienz von BGM-Maßnahmen vermitteln,
- Sie in die Lage versetzen, das Gelernte in die Praxis umzusetzen.

1.1 Arbeit und Gesundheit

In unserer Gesellschaft wird Arbeit oft mit *Erwerbsarbeit* gleichgesetzt. Arbeit ist hiernach eine Tätigkeit, mit deren Hilfe ein Einkommen erzielt werden soll. Das Einkommen – in der Regel in Form von Geld – dient dazu, in der jeweiligen Umwelt zu überleben. Arbeit kann aber auch als *schöpferische Arbeit* verstanden werden, die den Menschen die Möglichkeit bietet, sich selbst zu entfalten. Die meisten Beschäftigten sehen die Erwerbsarbeit, der sie nachgehen, nicht oder nicht immer als schöpferische Arbeit an, sondern vorrangig als Möglichkeit zum Geldverdienen. Darüber hinaus leisten Menschen aber auch *unbezahlte Arbeit,* z. B. im Haushaltsbereich oder bei der Betreuung und Pflege von Angehörigen (s. Schwarz & Schwahn, 2016; Statistisches Bundesamt, 2016). Nach einer Erhebung des Statistischen Bundesamtes aus dem Jahr 2012/13 verbrachten Erwachsene in Deutschland durchschnittlich insgesamt rund 45 Std. pro Woche mit Arbeit. Hierbei war der Anteil der Erwerbsarbeit (einschließlich der Arbeitssuche und der Wege zur Arbeit) mit 20,5 Std. deutlich niedriger als der Anteil der unbezahlten Arbeit (24,5 Std.). Frauen arbeiteten pro Woche eine Stunde länger als Männer, allerdings wurde nur 35,5 % ihrer Arbeit bezahlt. Anders dagegen bei den Männern, sie erhielten für 56,7 % ihrer Arbeit eine Bezahlung (s. Mai & Schwahn, 2017; Habermann-Horstmeier & Rieder, 2018).

Nach vorläufigen Berechnungen des Statistischen Bundesamtes waren im Jahr 2017 in Deutschland im Durchschnitt rund 44,3 Mio. Personen erwerbstätig[1]. Obwohl das

1 Zum Jahresende 2016 lag die Einwohnerzahl in Deutschland bei 82,5 Mio. Menschen, durchschnittlich waren in diesem Jahr ca. 52,6 % der Gesamtbevölkerung erwerbstätig. Bei einer Einwohnerzahl von 8,7 Mio. Menschen waren in Österreich 2016 gut 4,2 Mio. erwerbstätig (= 48,3 % der Gesamtbevölkerung; Statistik Austria, 2017). In der Schweiz lag die Einwohnerzahl 2017 bei 8,4 Mio. Hier waren etwas mehr als 4,9 Mio. Menschen und damit 58,3 % der Gesamtbevölkerung in Erwerbsarbeit.

Durchschnittsalter der Bevölkerung in den letzten Jahren kontinuierlich angestiegen ist und damit auch die Zahl der Menschen im erwerbsfähigen Alter sank (s. Kap. 1.3), nahm die Zahl der Erwerbstätigen deutlich zu. Ein wichtiger Grund hierfür ist die gesteigerte Erwerbsbeteiligung der inländischen Bevölkerung. Hinzu kommt die Zuwanderung von ausländischen Arbeitskräften (Statistisches Bundesamt, 2016). Abbildung 1–1 zeigt, dass heute deutlich mehr Frauen einer Erwerbsarbeit nachgehen als noch im Jahr 2000 und dass bei ihnen – ebenso wie bei den Männern – von einer längeren Lebensarbeitszeit auszugehen ist. Dabei gibt es hinsichtlich der Wochenarbeitszeit erhebliche Unterschiede. Frauen waren in Deutschland im Jahr 2016 zu 47,8 % teilzeitbeschäftigt, während die Teilzeitquote bei den Männern bei 10,8 % lag (Minijobs wurden hierbei nicht voll erfasst). Gleichzeitig wurden im selben Jahr in Deutschland etwa 1,7 Mrd. bezahlte und unbezahlte Überstunden geleistet. Erwerbstätige Menschen verbringen somit einen beachtlichen Teil der ihnen zur Verfügung stehenden Zeit mit Arbeit. Wie viel dies bei jedem einzelnen Menschen ist, kann jedoch sehr unterschiedlich sein.

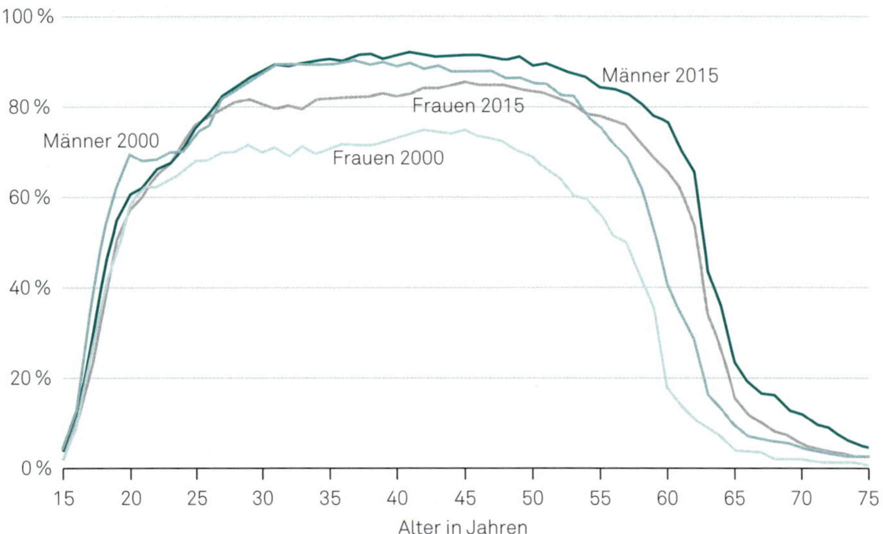

Abbildung 1–1: Erwerbstätigenquote in Deutschland, unterschieden nach Alter und Geschlecht. Ein Vergleich der Jahre 2000 und 2015. Quelle: Bundesinstitut für Bevölkerungsforschung (BiB, 2018) auf der Basis der Daten des Statistischen Bundesamtes (2017).

Schon seit Langem ist bekannt, dass es Arbeitsbedingungen gibt, die krank machen können oder zur Entstehung von Erkrankungen mit beitragen (s. Kap. 1.2). Zudem ist Arbeit nicht an sich schon ein Gesundheitsrisiko. Für viele Menschen bedeutet Arbeit auch Lebenssinn und Befriedigung. Arbeit kann Kontakte zwischen Menschen fördern und so dem sozialen Austausch dienen. Sie beinhaltet also auch potenziell gesundheitsfördernde Faktoren. Lange Zeit waren die Wechselwirkungen zwischen Arbeit und Gesundheit ausschließlich das Thema der *Arbeitsmedizin*. Aufgabe der Arbeitsmedizin ist es, über eine menschengerechte Gestaltung der Arbeit, die körperliche und seelische Gesundheit und damit auch die Leistungsfähigkeit der arbeitenden Menschen zu erhalten und zu fördern. Sie tut dies, indem sie z. B. hilft, arbeitsbedingte Gesundheitsgefährdungen zu verhüten und Berufskrankheiten zu diagnostizieren. Weiterhin sorgt sie für die ergonomische Gestaltung von Arbeitsplätzen und Arbeitsabläufen (s. dazu Kap. 8.1 und Kap. 8.2) mit dem Ziel einer möglichst geringen gesundheitlichen Belastung und dem Erhalt der Leistungsfähigkeit der Beschäftigten. Zudem unterstützt sie die (erneute) Eingliederung (Integration) von chronisch kranken Menschen und/oder Menschen mit Behinderung in den Arbeitsprozess (s. Habermann-Horstmeier, 2018; Habermann-Horstmeier, Schmid, Pletscher & Klien, 2018).

1.2 Arbeit und Gesundheit im Laufe der Jahrhunderte

Bereits aus dem alten Ägypten (ca. 16. Jh. v. Chr.) gibt es erste Aufzeichnungen über Staublungenerkrankungen bei Steinmetzen, die im Pyramidenbau arbeiteten. In der griechischen Antike (um 400 v. Chr.) lehrte der griechische Arzt Hippokrates, dass zur vollständigen Erhebung einer Krankengeschichte auch die Frage nach möglichen beruflichen Einflüssen auf die Gesundheit gehört. Aus dem 15. Jh. und 16. Jh. n. Chr. sind Schriften bekannt, die sich mit Arsen-, Blei- und Quecksilbervergiftungen bei Bergarbeitern beschäftigen. Den möglichen Zusammenhang zwischen Arbeit und Gesundheit kennen Menschen also schon seit vielen Jahrhunderten. Besonders deutlich wurde dieser Zusammenhang mit Beginn der Industrialisierung ab Mitte des 18. Jh. und vor allem dann im 19. Jh. Die oft miserablen Arbeitsbedingungen bei extrem langen Arbeitszeiten von täglich 12 Std. bis 16 Std., 6 Tage/Woche, und gleichzeitig ähnlich schlechten Wohnbedingungen führten dazu, dass viele Arbeiter (Männer, Frauen und Kinder) krank wurden. Zudem kam es regelmäßig zu Unfällen. Es gab keinen Versicherungsschutz, sodass kranke und verunfallte Arbeiter auf Almosen angewiesen blieben. Ab den 1830er-Jahren wurden dann in England, Deutschland und anderen industialisierten Ländern erste Gesetze erlassen, die die Kinderarbeit einschränkten. Die Badische Anilin- und Sodafabrik (BASF) in Ludwigshafen stellte 1866 als erstes Unternehmen im Bereich des heutigen Deutschlands einen Werksarzt ein. Etwas später (1884) trat in Deutschland dann das Unfallversicherungsgesetz inkraft, das Arbeiter gegen Arbeitsunfälle versichert. Während des ersten Weltkriegs wurden an Kriegsverletzten neue chirurgische und unfallheilkundliche Methoden entwickelt, die man später auf Arbeitsunfallverletzte übertrug. Aufgrund all dieser und anderer Maßnahmen verbesserten sich die Arbeitsbedingungen nach und nach. Seit 1929 ist die Arbeitsmedizin auch als eigenständiges medizinisches Fachgebiet international anerkannt. Über viele Jahre war es ihre vorrangige Aufgabe, die Arbeitssicherheit im unfallbelasteten Produktionssektor durch eine Vielzahl von Schutzmaßnahmen zu erhöhen. Technischer und medizinischer Fortschritt, gesetzliche Regelungen und die Einführung von Überwachungssystemen in den Bereichen Arbeitsschutz und Unfallverhütung führten zu einem nahezu kontinuierlichen Rückgang bei den Berufsunfällen. Zwar sind Unfallverhütung und Arbeitsschutzmaßnahmen auch heute noch zentrale Themen der Arbeitsmedizin. In den letzten Jahrzehnten haben jedoch massive strukturelle Veränderungen im Bereich der Wirtschaft zu einer Verringerung der Anzahl an Arbeitsplätzen im Produktionssektor (z.B. in der Metallindustrie) geführt. Durch die veränderte Arbeitsstruktur verlieren die klassischen Berufskrankheiten zunehmend an Bedeutung, während sogenannte berufsbezogene oder arbeitsassoziierte Gesundheitsschädigungen (z.B. Kopf- und Rückenschmerzen oder Stressfolgeerkrankungen) immer mehr zunehmen (s. Kuhn, 2017). Daher war es nötig, neue Methoden zu entwickeln, um die zugrunde liegenden Gesundheitsgefahren zu erkennen und präventiv (vorbeugend) dagegen vorzugehen. Hierzu gehören v.a. die *Maßnahmen der Betrieblichen Gesundheitsförderung* (s. Kap. 3) oder – im Idealfall – das *Betriebliche Gesundheitsamanagement* (Kap. 4). Die Arbeitsmedizin ist dabei zwar immer noch ein wichtiger, jedoch nicht der alleinige Faktor im Bereich „Arbeit und Gesundheit" (s. Kap. 6.2).

Definition

„Berufskrankheit" und „Berufsbezogene Gesundheitsschädigung"

Der Begriff der *Berufskrankheit* ist rechtlich definiert. Es handelt sich dabei um Erkrankungen, die aus medizinischer Sicht beruflich bedingt sind und in einer amtlichen Liste aufgeführt werden. Nur sie werden durch die jeweilige Sozialversicherung finanziell entschädigt (*Beispiel:* Schwerhörigkeit durch Lärm am Arbeitsplatz).

Berufsbezogene Gesundheitsschädigungen werden auch als *arbeitsbedingte* oder *arbeitsassoziierte Erkrankungen* bezeichnet. Es sind Krankheiten, die in ihrer Entstehung oder ihrem Verlauf stark durch Belastungen am Arbeitsplatz beeinflusst werden, ohne dass die Arbeit die alleinige oder überwiegende Ursache hierfür ist (*Beispiel:* Muskel-Skelett-Erkrankungen).

1.3 Die Rolle von Arbeit und Gesundheit in einer modernen Gesellschaft mit alternder Bevölkerung

1.3.1 Der demografische Wandel

In den letzten hundert Jahren kam es nicht nur in den deutschsprachigen Ländern zu einem deutlichen Wandel in der Alterszusammensetzung der Bevölkerung. Die Lebenserwartung stieg erheblich an, sodass die Zahl an älteren Menschen kontinuierlich wuchs. Gleichzeitig war vor allem in den letzten Jahrzehnten ein merklicher Geburtenrückgang zu verzeichnen. Dieser *demografische Wandel* wirkt sich auch auf die Arbeitswelt aus. Abbildung 1-2 zeigt verschiedene Szenarien, wie sich die Bevölkerung im Erwerbsalter (definiert als das Alter zwischen 20 bis 64 Jahren) in Deutschland bis zum Jahr 2060 entwickeln wird, wenn bestimmte Voraussetzungen eintreten. Die Berechnungen der 13. koordinierten Bevölkerungsvorausberechnung des Statistischen Bundesamtes (2015, April) zeigen, dass es auf jeden Fall zu einer Abnahme der Bevölkerung im erwerbsfähigen Alter kommen wird[2]. Wie stark diese Abnahme sein wird, hängt erheblich von der Zuwanderung ausländischer Arbeitskräfte ab.

---

2 Die Berechnungen berücksichtigen noch nicht die hohe Zahl an Asylbewerbern, die in den Jahren 2015/16 nach Deutschland kamen. Derzeit ist auch noch nicht klar, wie viele von ihnen dauerhaft bleiben werden.

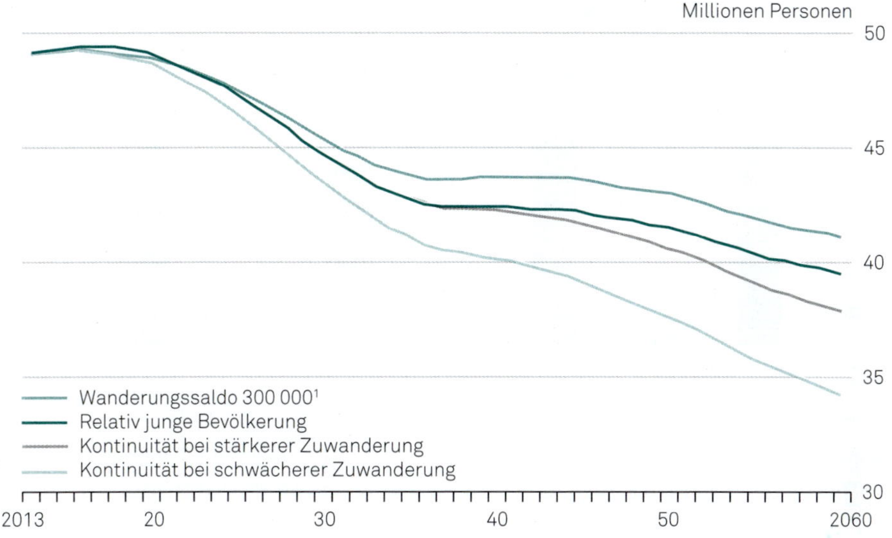

[1] Modellrechnung: Geburtenrate 1,4 Kinder je Frau, Lebenserwartung bei Geburt 2060 für Jungen 84,8/Mädchen 88,8 Jahre, Wanderungssaldo 300 000 Personen.

Abbildung 1–2: Verschiedene Prognosen zur Entwicklung der Bevölkerung im Erwerbsalter – zwischen 20 und 64 Jahren – in Deutschland (ab 2014). Die Abbildung zeigt bei allen zugrunde gelegten Modellen einen deutlichen Rückgang der Bevölkerung im erwerbstätigen Alter. Quelle: Statistisches Bundesamt (2015). 13. koordinierte Bevölkerungsvorausberechnung.

Schon in den letzten Jahren ist das Durchschnittsalter der Beschäftigten in vielen Betrieben deutlich angestiegen. Einer der Gründe hierfür ist, dass immer mehr Menschen auch noch in einem höheren Lebensalter arbeiten. Dies liegt v.a. daran, dass die deutsche Bundesregierung 2006 als Reaktion auf den demografischen Wandel beschloss, das gesetzliche Renteneintrittsalter von 65 auf 67 Jahre zu erhöhen. Mit der schrittweisen Erhöhung begann man 2012. Abbildung 1–3 zeigt den Anstieg der Erwerbstätigenquote bei älteren Arbeitnehmern in Deutschland zwischen 2006 und 2016. Besonders hoch ist die Zunahme bei Frauen und bei Arbeitnehmern (♀ und ♂) über 65 Jahre. In der Folge stieg auch das durchschnittliche Renteneintrittsalter (gesetzliche Rentenversicherung; Erwerbsminderungs- plus Altersrenten) zwischen 1993 und 2016 von 60,3 Jahre auf 61,8 Jahre an. Verantwortlich hierfür war der Anstieg des Eintrittsalters bei den Altersrenten (zwischen 1993 und 2016 von 63,0 J. auf 64,1 J.). Dagegen sank das durchschnittliche Renteneintrittsalter aufgrund verminderter Erwerbstätigkeit zwischen 2000 und 2012 sogar von 51,4 Jahre auf 50,7 Jahre. Danach war jedoch wieder ein deutlicher Anstieg zu verzeichnen (2016: 51,7 Jahre, s. Institut der deutschen Wirtschaft, o.J.).

Mit dem Älterwerden geht das Leistungsniveau eines Menschen nicht generell zurück. Es stehen nun jedoch andere Leistungsfacetten im Vordergrund. Während Muskelkraft, Seh- und Hörvermögen sowie die geistige Umstellfähigkeit im Durchschnitt dann tendenziell abnehmen, können Erfahrungswissen, Geübtheit, Sicherheitsbewusstsein und sprachliche Gewandtheit zunehmen. Auch sind ältere Erwerbstätige durchschnittlich nicht häufiger krank als jüngere. Allerdings steigt die Länge der krankheitsbedingten Fehlzeiten mit dem Alter deutlich an (s. Kap. 7.3). Die Ursachen hierfür sind – neben

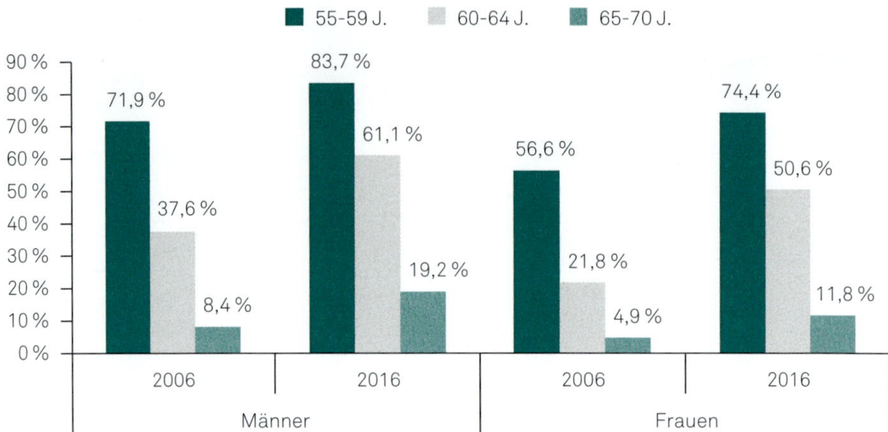

Abbildung 1–3: Erwerbstätigenquote Älterer (55 bis 70 Jahre) in Deutschland. Datenquelle: Statistisches Bundesamt (2017) und Statistisches Jahrbuch 2017, Kap. 13 Arbeitsmarkt.

psychischen Erkrankungen (s. Kap. 1.3.2) – v.a. chronische Krankheiten wie Muskel-/Skelett- und Herz-Kreislauf-Erkrankungen, aber auch Tumore. Die Zunahme *chronischer Erkrankungen* mit dem Alter ist insbesondere auf den Alterungsprozess selbst und die allmähliche Summierung der Einwirkung von Risikofaktoren zurückzuführen, denen man über den Lebensverlauf ausgesetzt ist.

1.3.2 Folgen einer geänderten Arbeitswelt

Neben dem zunehmenden Alter der Beschäftigten sind es auch Änderungen in der Arbeitswelt selbst, die zu einem Wandel bei den gesundheitlichen Risiken im Arbeitsbereich führen. Dies zeigt z.B. die erhebliche Verschiebung bei den Gründen für eine Frühverrentung, die seit Mitte der 1990er-Jahre in Deutschland zu verzeichnen ist (Tabelle 1–1).

Tabelle 1–1: Veränderung bei den Ursachen der Frühberentung (1996 bis 2015), unterschieden nach Diagnosegruppen, Angabe in Prozent aller Frühverrentungsfälle. Datenquelle: Statistikportal der Deutsche Rentenversicherung, Stand: August 2016 (s. Deutsche Rentenversicherung, 2017)

	1996	2000	2005	2010	2015
Muskel-/Skeletterkrankungen	27,6 %	25,4 %	18,1 %	14,7 %	12,3 %
Herz-/Kreislauferkrankungen	17,6 %	13,3 %	11,0 %	10,0 %	9,3 %
Erkrankungen von Stoffwechsel und Verdauungsorganen	4,9 %	4,9 %	4,3 %	3,9 %	3,6 %
Tumore	10,8 %	13,5 %	14,5 %	13,3 %	12,9 %
Psychische Störungen	20,1 %	24,2 %	32,3 %	39,3 %	42,9 %

Besonders auffällig ist dabei die starke Zunahme der psychischen Störungen (s.a. Bungart, 2017). Derzeit sind knapp die Hälfte (2016: 49 %) der Frühverrentungen bei Frauen auf psychische Störungen zurückzuführen. Bei den Männern sind es mit 36,5 % noch deutlich mehr als ein Drittel. Die Gründe für diesen Anstieg sind vielfältig. Zum einen werden psychische Störungen heute zuverlässiger erkannt. Bestimmte Erkrankungen, die früher eher dem somatischen (körperlichen) Bereich zugeordnet wurden – wie etwa Erkrankungen, die sich in unspezifischen Rückenschmerzen äußern – werden nun häufiger als depressive Erkrankungen oder somatoforme Störungen[3] gesehen. Zudem suchen Menschen mit psychischen Störungen heute eher ärztliche Hilfe als noch vor 20 Jahren. Es ist jedoch davon auszugehen, dass auch unsere geänderte Umwelt und hier insbesondere die geänderte Arbeitswelt eine wesentliche Rolle spielt. Eine Intensivierung der Arbeit mit starkem Termin- und Leistungsdruck, häufige Arbeitsunterbrechungen und Störungen, große Verantwortung sowie Überforderung werden von den Betroffenen sehr oft als mögliche (Mit-)Ursachen ihrer psychischen Störung genannt (s. Kap. 9.1).

1.3.3 Ansatzpunkte für ein Betriebliches Gesundheitsmanagement

Es gibt damit also zwei zentrale Ansatzpunkte für das Betriebliche Gesundheitsmanagement:
- die alternde Gesellschaft und damit der älter werdende, arbeitende **Mensch** und
- die sich ständig ändernde **Arbeitswelt.**

Alterung der Belegschaft

Schon heute arbeiten in den Betrieben immer mehr ältere Menschen. Gleichzeitig berichten viele Branchen in Deutschland, dass sie Probleme damit haben, ausreichend jüngere Arbeitskräfte mit der gewünschten Qualifikation zu finden. Es ist also im Interesse der Arbeitgeber, ihre Mitarbeiter so lange und so gesund wie möglich im Arbeitsleben zu halten. Um dies zu erreichen, sind Maßnahmen nötig, mit deren Hilfe die Gesundheit und damit auch die Arbeitsfähigkeit aller Beschäftigten – insbesondere aber auch die der älteren Mitarbeiter – gefördert wird.

Geänderte Arbeitslandschaft

Die Arbeitswelt hat sich in den letzten Jahrzehnten stark verändert. Vor allem immer neue Technologien und die zunehmende Globalisierung führen zu einem sich ständig beschleunigenden Strukturwandel. Stichworte sind hier u.a. das Arbeiten in einer digitalisierten Welt (Arbeit 4.0), flexible Arbeitszeitmodelle, virtuelle Teams[4], Homeoffice[5],

---

3 *Somatoforme Störungen* werden auch als psychosomatische Störungen bezeichnet. Typisch hierfür sind körperliche Beschwerden (z.B. Müdigkeit, Erschöpfung, Schmerzen, Herz-Kreislauf- oder Magen-Darm-Beschwerden), die nicht oder nicht in vollem Umfang auf eine organische Erkrankung zurückgeführt werden können.

4 *Virtuelle Teams* sind Teams, die räumlich getrennt (oft über Grenzen und Zeitzonen hinweg) mithilfe von Kommunikationsmedien zusammenarbeiten.

5 Beim *Homeoffice* findet ein Teil der regulären Arbeit eines Mitarbeiters zu Hause und damit außerhalb der Gebäude des Arbeitgebers statt.

Clickworker[6], prekäre[7] Beschäftigung, Minijobs, Leiharbeit etc. Für viele Menschen gehen schon heute Arbeit und Freizeit immer mehr ineinander über. Auch in Arbeitsbereichen außerhalb der Industrie (wie z.B. im Gesundheitsbereich und in den sozialen Berufen) wurden wirtschaftspolitische Vorstellungen übernommen, die den freien Markt und den Wettbewerb zwischen verschiedenen Anbietern in den Vordergrund stellen. Dies führte nach einer Stellungnahmen der Nationale Akademie der Wissenschaften Leopoldina (Leopoldina, 2016) und des Deutschen Ethikrats (Deutscher Ethikrat, 2016) beispielsweise im Bereich der Pflege bereits zu einer Verschlechterung der Arbeitssituation der dort Beschäftigten und zu einer schlechteren Betreuungs- und Pflegequalität. Insbesondere stressassoziierte, d.h. im Zusammenhang mit Stress auftretende Erkrankungen werden immer häufiger. Es sind also v.a. berufsbezogenen Gesundheitsschädigungen, mit denen sich Public-Health-Fachleute und Arbeitsmediziner zunehmend beschäftigen müssen. Ein wichtiges Tool (Werkzeug) ist dabei das Betriebliche Gesundheitsmanagement.

Das Betriebliche Gesundheitsmanagement als Teil von Public Health/Gesundheitswissenschaften (s. Definition unten, s.a. Habermann-Horstmeier, 2017b) beschäftigt sich jedoch nicht nur mit den Auswirkungen der Arbeitssituation auf die Gesundheit der einzelnen arbeitenden Menschen im Setting „Betrieb" (Definition „Setting" s. Kap. 2.2). Es berücksichtigt immer auch die gesamtbetriebliche Situation sowie die sich hieraus ergebenden Folgen für die Gesellschaft. Die Gesundheitssituation der Beschäftigten kann beispielsweise erheblichen Einfluss auf den Arbeitsmarkt und damit auf die gesamte Bevölkerung haben. Bislang kaum berücksichtigt werden im Rahmen des Betrieblichen Gesundheitsmanagements jedoch Gesundheitsaspekte, die über die Arbeitssituation hinausgehen. Hierzu gehören etwa die durch die Produktion von Gütern entstehenden ökologischen Folgen sowie die gesundheitsschädigenden Auswirkungen, die die Produktion bestimmter Güter auf die Bevölkerung haben kann. Zudem können manche Produkte selbst gesundheitsschädigende Effekte und/oder negative ökologische Auswirkungen auf die Bevölkerung und die Umwelt haben. Eine im Sinne des One-Health-Ansatzes (s. Box 1-1) sinnvolle und notwendige Diskussion hierüber findet derzeit jedoch weder in der Wissenschaft noch in der praktischen Umsetzung statt.

Definition

Public Health ist eine Wissenschaft, die sich schwerpunktmäßig mit den Bereichen Gesundheitsförderung und Prävention (s. Kap. 2) beschäftigt. Sie bezieht sich dabei nicht auf den einzelnen Menschen, sondern auf Personen- und Bevölkerungsgruppen. Public Health arbeitet dabei interdisziplinär, d.h. zur Bearbeitung einer Fragestellung werden Methoden, Ansätze und Denkweisen verschiedener Fachrichtungen genutzt. Auch die Betriebliche Gesundheitsförderung (BGF) und

6 *Clickworker* sind Internetnutzer (User), die Aufgaben und Projekte für Unternehmen bearbeiten, ohne dort fest angestellt zu sein. Das dabei zugrunde liegende Prinzip ist das *Crowdsourcing*, bei dem Teilaufgaben, die normalerweise innerhalb einer Firma bearbeitet werden, an eine Gruppe von Usern ausgelagert werden.

7 *prekär:* kritisch, problematisch, schwierig; *prekäre Beschäftigung*: meist kurzzeitige Arbeitsverhältnisse im Niedriglohnbereich, ohne soziale Absicherung und mit geringen arbeitsrechtlichen Schutzrechten

das Betriebliche Gesundheitsmanagement (BGM) sind Teile von Public Health (s. Habermann-Horstmeier, 2017b).

Der **One-Health-Ansatz** innerhalb von Public Health ist ein ganzheitlicher, disziplinenübergreifender Ansatz, der die systemischen Zusammenhänge zwischen Mensch, Tier, Umwelt und Gesundheit berücksichtigt. Er geht davon aus, dass nur so ein nachhaltiges Gesundheitsmanagement möglich ist. Derzeit ist der One-Health-Ansatz insbesondere im Bereich der Lebensmittelsicherheit, der Bekämpfung von Krankheiten, die sich zwischen Tieren und Menschen ausbreiten können, und der Bekämpfung von Antibiotikaresistenzen von Bedeutung. Er geht jedoch weit über diese Felder hinaus.

Aufgabe 1

Befragen Sie bitte die Mitarbeiter in Ihrem Betrieb/Ihrer Institution/Ihrer Hochschule mit Hilfe eines kleinen Fragebogens,

a. ob der demografische Wandel ihrer Ansicht nach bereits Einfluss auf ihre konkrete Arbeitswelt hat,
b. ob sie auch von den in Kap. 1 beschriebenen Änderungen im Bereich der Arbeitswelt betroffen sind und
c. ob sie bereits gesundheitliche Auswirkungen der unter a. und b. genannten Veränderungen bemerkt haben.

[Wenn Sie in einer größeren Firma/Institution arbeiten, machen Sie die Umfrage bitte in Ihrer Abteilung. Bei kleinen Firmen/Institutionen befragen Sie die ganze Belegschaft. Studierende befragen die Beschäftigten der Hochschule.]

2 Gesundheit und Gesundheitsförderung

2.1 Was ist Gesundheit?

Das Betriebliche Gesundheitsmanagement beschäftigt sich also v. a. mit den Auswirkungen der Arbeitssituation auf die Gesundheit der in einem Betrieb oder einer Institution arbeitenden Menschen. Doch wie wird „Gesundheit“ überhaupt definieren ?

Im Bereich der Medizin geht man überwiegend von einem *„biomedizinischen Krankheitsmodell“* (pathogenetisches Konzept) aus. Mediziner befassen sich damit, welche Vorgänge zu Krankheiten führen und untersuchen mögliche Risikofaktoren, die die Entstehung von Krankheiten beeinflussen. Sie interpretieren Krankheiten als Abweichungen von einem definierten Normalzustand des Körpers. Krankheiten haben hiernach in der Regel spezifische Ursachen. Risikofaktoren sind Faktoren, die dazu beitragen, dass bestimmte Krankheiten mit einer erhöhten Wahrscheinlichkeit auftreten.

Der Gesundheitsförderung in Public Health liegt dagegen das *salutogenetische Konzept* zugrunde. Anders als der Ansatz der Biomedizin, der von zwei sich gegenüber stehenden und sich ergänzenden (dichotomen) Begriffen „Gesundheit“ und „Krankheit“ ausgeht, fragt das Konzept der Salutogenese nicht danach, warum ein Mensch krank wird, sondern was ihn gesund erhält (s. Antonovsky, 1997; Habermann-Horstmeier, 2017a).

Definition Salutogenese
Die Basis des von *Aaron Antonovsky* (1923–1994) entwickelten Konzeptes der **Salutogenese** bildet die Frage danach, was den Menschen gesund erhält. Es lenkt den Blick weg von Faktoren, die bei der Krankheitsentstehung eine Rolle spielen, hin zu den Protektivfaktoren und Ressourcen, die einen Menschen gesund halten.

Dabei gibt es nicht nur die beiden Zustände „Gesundheit“ und „Krankheit“, sondern unzählige mögliche Zwischenstufen, die unterschiedliche Zustände des Wohlbefindens beschreiben. Gleichzeitig verändert sich der Gesundheitszustand eines Menschen im Verlauf seines Lebens ständig. Wir sind hiernach also nicht in der Regel gesund und nur im Ausnahmefall krank, sondern bewegen uns auf einem Kontinuum[8] hin und her und sind damit immer mehr oder weniger krank bzw. gesund. Während dieser Zeit wirken

8 *Kontinuum:* etwas lückenlos Zusammenhängendes

einerseits unterschiedlichste Belastungsfaktoren auf uns ein, die bei der Entstehung von Krankheiten eine Rolle spielen können. Andererseits verfügen Menschen aber auch über Schutzfaktoren (Ressourcen), die ihre Gesundheit fördern können (Abbildung 2-1). Dabei unterscheidet man externale und internale Ressourcen. Externale Ressourcen liegen in der Umwelt eines Menschen. Hierzu gehören z. B. die ökonomischen[9] und ökologischen[10] Bedingungen, in denen ein Mensch lebt, sein berufliches Umfeld und die soziale Unterstützung, die er erfährt. Internale Ressourcen sind Ressourcen, die im Menschen selbst liegen. Beispiele hierfür sind die genetischen Anlagen eines Menschen, seine körperlichen und geistigen Fähigkeiten, aber auch sein Selbstvertrauen, seine Problemlösefähigkeit, seine Kooperationsfähigkeit, seine Lernbereitschaft und seine soziale Kompetenz (s. Tabelle 2-1).

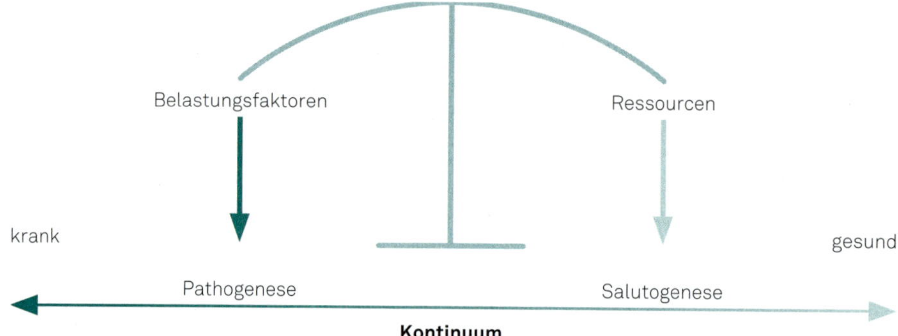

Abbildung 2–1: Einwirkung von Belastungsfaktoren und Widerstandsressourcen auf das Kontinuum zwischen den Endpunkten „Gesundheit" und „Krankheit" (nach Antonovsky, 1997). Je mehr Belastungsfaktoren auf den Menschen einwirken, desto mehr neigt sich das Gebilde, das sich im Ungleichgewicht befindet, in Richtung „Krankheit". Je mehr Widerstandsressourcen vorhanden sind, desto mehr neigt es sich in Richtung „Gesundheit". Die Begriffe Pathogenese und Salutogenese bezeichnen dabei den Prozess des Strebens in Richtung Krankheit (Pathogenese) bzw. Gesundheit (Salutogenese).

Tabelle 2–1: Beispiele für externale und internale Ressourcen eines Menschen.

	Beispiele
Externale Ressourcen	• saubere Umgebung • gute Arbeitsbedingungen • familiärer Rückhalt • finanzielle Absicherung etc.
Internale Ressourcen	• gut mit Stress umgehen können • Belastbarkeit & Ausdauer • körperliche Fitness • sich gesund ernähren etc.

9 *ökonomisch:* die Wirtschaft (und Finanzen) betreffend
10 *ökologisch:* die belebte und unbelebte Umwelt betreffend

2.2 Was ist Gesundheitsförderung?

Im Jahr 1986 fand im kanadischen Ottawa auf Einladung der Weltgesundheitsorganisation (WHO, 1986) die 1. Internationale Konferenz zur Gesundheitsförderung statt. Auf dieser Konferenz wurde der Begriff der Gesundheitsförderung erstmals verbindlich definiert. Ergebnis der Konferenz ist die *Ottawa-Charta zur Gesundheitsförderung*, ein gesundheitspolitisches Leitbild, das Gesundheit als wesentlichen Bestandteil des alltäglichen Lebens und nicht als vorrangiges Lebensziel begreift. Gesundheitsförderung zielt hiernach nicht nur auf die Entwicklung einer gesünderen Lebensweise, sondern auch auf die Förderung von gesunden Lebensbedingungen und umfassendem Wohlbefinden. „Mehr Gesundheit für alle" kann und soll deshalb nicht mehr in erster Linie durch die Verhütung von Krankheiten erreicht werden, sondern durch die Förderung von Gesundheit. Dies bedeutet eine grundsätzliche Umorientierung in der Sicht von Krankheit und Gesundheit, weg von einer pathogenetischen und hin zu einer salutogenetischen Sichtweise (s. Kap. 2.1). Die Ottawa-Charta weist dabei auf die Bedeutung der sozialen und individuellen Ressourcen jedes Einzelnen hin. Sie betont jedoch v. a. die gesundheitsfördernden gesellschaftlichen Bedingungen als Voraussetzung dafür, dass Menschen sich in einer Gesellschaft gesund entwickeln können.

Gesundheitsförderung fragt also nicht danach, was einen Menschen krank macht, sondern was ihn gesund erhält. Sie will die Lebens- und Arbeitsbedingungen verbessern, die sich auf die Gesundheit auswirken, d. h. sie will die *Verhältnisse* ändern, in denen Menschen leben und arbeiten. Gleichzeitig strebt sie aber auch an, die Menschen zu befähigen, sich gesünder zu verhaltenen und sich für gesunde Lebensbedingungen einzusetzen. Sie möchte damit auch auf das *Verhalten* der Menschen einwirken (s. Habermann-Horstmeier, 2017a).

Gesundheitsförderung setzt in der konkreten „Lebenswelt" der Menschen *(„Setting")* an. Hierunter versteht man z. B. Betriebe, Schulen, Krankenhäuser oder ganze Stadtteile. Der Begriff des Settings umfasst nicht nur die örtlichen Gegebenheiten, sondern auch das soziale Miteinander der dort agierenden Menschen. Er beschreibt also ein Zusammenspiel verschiedenster Faktoren (v. a. biologischer, ökologischer, räumlicher, kultureller, sozialer und ökonomischer Art), die jeweils zu Ansatzpunkten für gesundheitsfördernde Maßnahmen werden können. Der (Arbeits-)Alltag der Menschen soll durch leicht umsetzbare und leicht zugängliche („niederschwellige") Maßnahmen so verändert werden, dass es ihrer Gesundheit dient. In die Planung und Umsetzung gesundheitsfördernder Maßnahmen sollen alle Beteiligten einbezogen werden *(Partizipation)*. Beteiligt sein können einzelne Individuen, aber auch Gruppen von Individuen oder Organisationen, die von der Maßnahme betroffen sind. Hierzu ist es wichtig, dass die betroffenen Menschen ihre eigenen Ressourcen kennen und nutzen lernen, sodass sie ihr Leben autonomer und selbstbestimmter gestalten und ihre Interessen eigenverantwortlich und selbstbestimmt vertreten können *(Empowerment)*.

Definition „Setting"
Als Settings werden im Bereich der Gesundheitsförderung verschiedene, voneinander abgrenzbare Lebenswelten der Menschen verstanden, die sich im Hinblick auf ihre gesundheitsrelevanten Bedingungen unterscheiden. Gesundheitsförderung soll diese Lebenswelten so verbessern, dass die Gesundheit möglichst aller Menschen dort optimal davon profitieren kann. Beispiele für Settings sind Betriebe und Institutionen, Schulen, Hochschulen, Krankenhäuser, Gefängnisse oder auch ganze Städte.

2.3 Was ist (Krankheits-)Prävention?

Basis der Krankheitsprävention (*kurz:* Prävention; Krankheitsverhütung) ist das biomedizinsche Krankheitsmodell. Sie geht damit also von einem anderen theoretischen Gesundheits- bzw. Krankheitsverständnis aus als die Gesundheitsförderung. Ziel der Krankheitsprävention ist es, durch soziale oder medizinische Maßnahmen bzw. Verhaltensweisen die Entstehung von bestimmten gesundheitlichen Schädigungen zu verhindern und dadurch die Gesundheit zu fördern. Darüber hinaus verhindern präventive Maßnahmen das Fortschreiten einer bereits bestehenden Erkrankung und/oder vermeiden Folgeschäden (s. Habermann-Horstmeier, 2017a).

Achtung: Leider ist auch in Fachmedien immer wieder fälschlicherweise von „Gesundheitsprävention" zu lesen. Aufgabe der (Krankheits-)Prävention ist es, Krankheiten und nicht Gesundheit zu verhüten!

Primärprävention

Als Primärprävention bezeichnet man Maßnahmen, die das Ziel haben, die Wahrscheinlichkeit für das Auftreten bestimmter Neuerkrankungen in der Bevölkerung zu senken bzw. zu verhindern. Zielgruppe solcher Maßnahmen sind gesunde Personen, bei denen keine subjektiven bzw. objektiven Krankheitssymptome bekannt sind. Beispiele für primärpräventive Maßnahmen sind Impfungen und die Verwendung passender Arbeitskleidung/Werkzeuge zur Unfallverhütung.

Sekundärprävention

Mithilfe der Sekundärprävention sollen Erkrankungen in einem frühen, klinisch noch unauffälligen Stadium erkannt werden, sodass sie rechtzeitig behandelt werden können. Damit soll das Fortschreiten der Krankheit verhindert werden. Dies geschieht z.B. bei der Früherkennung von Hautproblemen und der rechtzeitigen Einleitung einer adäquaten Therapie in Berufen, in denen Arbeitsstoffe zum Einsatz kommen, die die Haut schädigen können.

Tertiärprävention

Zur Tertiärprävention gehören Maßnahmen, die eine Verschlimmerung von bereits bestehenden Erkrankungen verhindern, diesen Vorgang verlangsamen oder das Auftreten von Folgeerkrankungen abwenden. Auch eine Verbesserung der Lebensqualität oder der sozialen Funktionsfähigkeit können tertiärpräventive Ziele sein. Maßnahmen der Tertiärprävention sind z. B. Reha-Maßnahmen[11] bei berufsbedingten Lungen- und Atemwegserkrankungen.

Präventionsmaßnahmen werden jedoch auch danach unterschieden, wo sie ansetzen.

Verhältnisprävention

Maßnahmen der Verhältnisprävention setzen an der Umgebung eines Menschen, d. h. an den „Verhältnissen" an, in denen er lebt bzw. arbeitet. Verhältnisprävention will also die Gesundheit von Menschen dadurch verbessern, dass sie ihre Umwelt sowie ihre Lebens- und Arbeitsbedingungen positiv beeinflusst. *Beispiel:* Ergonomisch gestalteter Bildschirmarbeitsplatz zur Prävention von Rücken- und Augenproblemen.

Verhaltensprävention

Strategien, die direkt am Menschen bzw. seinem Verhalten ansetzen, bezeichnet man als verhaltenspräventive Maßnahmen. Sie sind darauf ausgerichtet, das Verhalten der Menschen generell, aber auch am Arbeitsplatz so zu beeinflussen, dass es ihrer Gesundheit dient und somit ihre Erkrankungswahrscheinlichkeit sinkt. Dies ist möglich, da das individuelle Handeln und Verhalten der Menschen insbesondere bei der Entstehung chronischer Erkrankungen eine bedeutende Rolle spielt. *Beispiel:* Maßnahmen zum Rauchverzicht und Nichtrauchertraining zur Prävention von Lungenkrebs, Angebote zum Umgang mit Stress am Arbeitsplatz zur Prävention von Stressfolgeerkrankungen.

Achtung: Man geht inzwischen davon aus, dass eine Kombination aus verhältnis- und verhaltenspräventiven Ansätzen besonders erfolgversprechend ist (Robert Koch-Institut, 2018; Richter & Rosenbrock, 2018; Rütten & Pfeifer, 2016), da sich Veränderungen des Verhaltens in der Regel nur dann nachhaltig umsetzen lassen, wenn die entsprechenden strukturellen Voraussetzungen gegeben sind.

Aufgabe 2

1. Überlegen Sie sich bitte weitere Beispiele für
   a. Maßnahmen der Gesundheitsförderung am Arbeitsplatz,
   b. Maßnahmen der Primär-, Sekundär- und Tertiärprävention am Arbeitsplatz,
   c. Maßnahmen der Verhältnis- und der Verhaltensprävention am Arbeitsplatz!

---

11 *Reha-Maßnahmen:* Maßnahmen der Rehabilitation. Sie dienen der Wiedereingliederung in das Berufsleben (oder in den Alltag, wenn eine Wiedereingliederung in das Berufsleben nicht mehr möglich ist).

3 Betriebliche Gesundheitsförderung

Mit der *Ottawa-Charta* (s. Kap. 2.2) wurden in den 1980er-Jahren auch die Grundlagen zur Entwicklung einer *Betrieblichen Gesundheitsförderung* gelegt. Die Ottawa-Charta sieht eines der wichtigsten Handlungsfelder der Gesundheitsförderung in der Schaffung gesundheitsfördernder Lebenswelten (Settings) und bezieht sich dabei auch explizit auf den Bereich der Arbeit (s. WHO, 1986).

Dokumentation

Zitate aus der Ottawa-Charta (WHO, 1986) zum Thema „Arbeit"

... Die sich verändernden Lebens-, Arbeits- und Freizeitbedingungen haben entscheidenden Einfluss auf die Gesundheit. Die Art und Weise, wie eine Gesellschaft die Arbeit, die Arbeitsbedingungen und die Freizeit organisiert, sollte eine Quelle der Gesundheit und nicht der Krankheit sein. Gesundheitsförderung schafft sichere, anregende, befriedigende und angenehme Arbeits- und Lebensbedingungen ...
Die Teilnehmer der Konferenz rufen dazu auf ... allen Bestrebungen entgegenzuwirken, die auf die Herstellung gesundheitsgefährdender Produkte, auf die Erschöpfung von Ressourcen, auf ungesunde Umwelt- und Lebensbedingungen oder eine ungesunde Ernährung gerichtet sind. Es gilt dabei, Fragen des öffentlichen Gesundheitsschutzes wie Luftverschmutzung, Gefährdungen am Arbeitsplatz, Wohn- und Raumplanung in den Mittelpunkt der öffentlichen Aufmerksamkeit zu stellen.

3.1 Die Entwicklung hin zu einer Betrieblichen Gesundheitsförderung

Schon seit Mitte der 1970er-Jahre hatten sich in Italien gewerkschaftsunterstützte Initiativen gebildet, die sich für eine Verbesserung ihrer Arbeitsbedingungen (v.a. im Bereich der manuellen Arbeit[12]) einsetzten und dabei selbst Verantwortung für ihre Gesundheit übernahmen. Diese „homogenen Gruppen" waren später (ab 1991) das Vorbild für die Einführung von sogenannten *Gesundheitszirkeln* in Deutschland (s. Kap. 11.1), zu denen sich Gruppen von Betroffenen – z.B. die Beschäftigten in einer bestimmten Abteilung –

12 Als *manuelle Arbeiten* bezeichnet man berufliche Handarbeiten, die durch geringe Kraftanstrengung und ständige Wiederholung gekennzeichnet sind (z.B. Feinmontage).

zusammenschließen, um gemeinsam die Krankheitsrisiken in ihrem Arbeitsbereich zu erkennen und gezielte Maßnahmen zu entwickeln, um diese Risiken zu minimieren.

Ab Ende der 1980er-Jahre führten die *Europäischen Rahmenrichtlinien für Sicherheit und Gesundheit bei der Arbeit* dann dazu, dass in den europäischen Staaten nationale Arbeitsschutzgesetze und -richtlinien erarbeitet wurden, die ein besonderes Augenmerk auf die Gefährdungsbeurteilung im Arbeitsbereich und gleichzeitig auch auf die aktive Mitwirkung aller Beschäftigten legten. Prävention und Gesundheitsförderung sollten im Bereich des Arbeitsschutzes im Vordergrund stehen.

3.2 Definition der Betrieblichen Gesundheitsförderung

Im Jahr 1997 verfassten die Mitglieder des *Europäischen Netzwerkes für Betriebliche Gesundheitsförderung* (d.h. Organisationen aus allen damals 15 Mitgliedsstaaten der EU sowie der Schweiz) die Luxemburger Deklaration zur Betrieblichen Gesundheitsförderung in der Europäischen Union (Europäisches Netzwerk für betriebliche Gesundheitsförderung, 1997). Die Deklaration wurde im Juni 2005 sowie im Januar 2007 aktualisiert. Die Autoren der Deklaration wiesen darauf hin, dass gesunde, motivierte und gut ausgebildete Mitarbeiter sowohl in sozialer wie auch in ökonomischer Hinsicht Voraussetzung für den zukünftigen Erfolg der EU seien. Sie sahen die Betriebliche Gesundheitsförderung (BGF) als Teil einer modernen Unternehmensstrategie, mit deren Hilfe Erkrankungen am Arbeitsplatz vorgebeugt, Gesundheitspotenziale gestärkt und das Wohlbefinden der Beschäftigten am Arbeitsplatz verbessert werden sollten. Dabei sollte die gesamte Belegschaft eines Betriebes oder einer Institution in den Prozess der Entwicklung und Umsetzung von gesundheitsfördernden Maßnahmen einbezogen werden *(Partizipation)*. Gleichzeitig sollten die Belange der Betrieblichen Gesundheitsförderung bei allen wichtigen Entscheidungen und in allen Unternehmensbereichen mitberücksichtigt werden (*Integration*, zum *Health-in-All-Policies-Ansatz s.u.*). Um BGF-Maßnahmen und -Programme systematisch durchzuführen, sollten die Werkzeuge (Tools) des *Projektmanagements* (s. Kap. 5) genutzt werden. Typische Bausteine sind in diesem Zusammenhang Bedarfsanalyse, Prioritätensetzung, Planung, Ausführung, kontinuierliche Kontrolle und Bewertung der Ergebnisse. Zudem betont die Luxemburger Deklaration, dass die Betriebliche Gesundheitsförderung sowohl *verhaltens-* als auch *verhältnisorientierte Maßnahmen* beinhaltet. Dabei soll sie in einem ganzheitlichen Sinne den präventiven Ansatz der *Risikoreduktion* (basierend auf dem biomedizinischen Krankheitsmodell) mit dem gesundheitsfördernden Ansatz des Ausbaues von Schutzfaktoren und Gesundheitspotenzialen (*Ressourcen*; basierend auf dem Modell der Salutogenese) verbinden.

Definition Luxemburger Deklaration: „Betriebliche Gesundheitsförderung"
Betriebliche Gesundheitsförderung (BGF) umfasst alle gemeinsamen Maßnahmen von Arbeitgebern, Arbeitnehmern und Gesellschaft zur Verbesserung von Gesundheit und Wohlbefinden am Arbeitsplatz. Dies kann durch eine Verknüpfung folgender Ansätze erreicht werden:

- Verbesserung der Arbeitsorganisation und der Arbeitsbedingungen
- Förderung einer aktiven Mitarbeiterbeteiligung
- Stärkung persönlicher Kompetenzen

Mit der Sichtweise der Betrieblichen Gesundheitsförderung als Teil einer modernen Unternehmensstrategie und der Anwendung von Werkzeugen des *Projektmanagements* zur Planung und Umsetzung von BGM-Maßnahmen umfasst diese Definition bereits Teile des *Betrieblichen Gesundheitsmanagements* (s. Kap. 4), ohne sich als solches zu bezeichnen (s.a. Faller, 2017).

Definition „Health in All Policies"

Health in All Policies (HiAP; „Gesundheit in allen Politikfeldern") ist eines der Grundprinzipien der Gesundheitsförderung. Es besagt, dass die Gesundheit der Bevölkerung nur durch gebündelte Anstrengungen in allen Politikfeldern positiv beeinflusst werden kann, da hier u.a. verschiedenste individuelle, soziale, sozioökonomische und gesellschaftliche Faktoren wirksam sind. Übertragen auf den Arbeitsbereich bedeutet dies, dass Maßnahmen der Betrieblichen Gesundheitsförderung nur durch gebündelte Anstrengungen in allen Bereichen eines Betriebes bzw. einer Institution erfolgreich sein können.

Das deutsche Bundesministerium für Gesundheit definiert die Betriebliche Gesundheitsförderung auf ihrer Homepage (2. Juni 2016) dagegen als einen *wesentlichen Baustein des betrieblichen Gesundheitsmanagements*. Hiernach beinhaltet sie „die Bereiche des Gesundheits- und Arbeitsschutzes, des betrieblichen Eingliederungsmanagements sowie der Personal- und Organisationspolitik und schließt alle im Betrieb durchgeführten Maßnahmen zur Stärkung der gesundheitlichen Ressourcen ein".

In der Praxis vieler Betriebe werden jedoch meist nur einzelne Maßnahmen der Betrieblichen Gesundheitsförderung durchgeführt, ohne dass diese in ein Gesamtkonzept eingebettet wären. Zudem handelt es sich bei diesen Einzelmaßnahmen oft ausschließlich um Maßnahmen der Verhaltensprävention. In der Regel sind sie nicht auf die Bedürfnisse des jeweiligen Betriebes zugeschnitten (s. Tabelle 4-1).

3.3 Gesetzliche Regelungen

Die gesetzlichen Regelungen, die die Basis für die Betriebliche Gesundheitsförderung und das Betriebliche Gesundheitsmanagement bilden, unterscheiden sich in Deutschland, Österreich und der Schweiz z.T. erheblich (s.a. Faber & Faller, 2017).

3.3.1 Deutschland

In Deutschland finden sich entsprechende Ansätze z.B. im Präventionsgesetz, im VII. Buch des Sozialgesetzbuches, im Arbeitsschutzgesetz, in der Verordnung zur Arbeitsmedizinischen Vorsorge und in der Technischen Regel 900.

Präventionsgesetz (PrävG)

Ziel des Gesetzes zur Stärkung der Gesundheitsförderung und der Prävention (PrävG, 2015; Deutscher Bundestag, 2015) in Deutschland ist es, Krankheitsrisiken zu verhindern bzw. zu vermindern und selbstbestimmtes gesundheitsorientiertes Handeln zu fördern. Anders als das österreichische Gesundheitsförderungsgesetz (s. Kap. 3.3.2) bezieht es sich jedoch nicht auf die gesamte Bevölkerung, sondern nur auf die Mitglieder gesetzlicher Krankenversicherungen (GKV). Die GKVen können hiernach im Bereich von selbst zu bestimmenden Handlungsfeldern präventive und gesundheitsfördernde Leistungen anbieten. Dies schließt den Bereich der Arbeit mit ein. In der Dokumentation unten findet man verschiedene Abschnitte aus dem Entwurf zu diesem Gesetz, die sich mit dem Thema „Arbeit und Gesundheit" beschäftigen. Der Entwurf nennt beispielsweise explizit die demografische Entwicklung und die veränderten Anforderungen in der Arbeitswelt als Probleme, die die Etablierung einer effektiven Gesundheitsförderung und Prävention im Bereich Arbeit nötig machen. Er nennt die verschiedenen Lebenswelten (u.a. auch die Betriebe) als Ansatzpunkte für Gesundheitsförderung und Prävention und betont dabei auch die Bedeutung des Zusammenwirkens von Betrieblicher Gesundheitsförderung und Arbeitsschutz. Zudem erläutert er, wer jeweils für die einzelnen Aufgabenbereiche im Hinblick auf „Gesundheitsförderung und Prävention" innerhalb der Lebenswelt „Arbeit" verantwortlich ist.

Obwohl das Gesetz von einem gesundheitsfördernden Ansatz im Bereich verschiedener Lebenswelten spricht, werden durch seine Verankerung im Bereich der GKV bislang überwiegend Maßnahmen für den einzelnen Versicherten (d.h. vor allem Maßnahmen der Verhaltensprävention) angeboten. Zudem wird im Gesetz nicht näher darauf eingegangen, ob die anzubietenden Leistungen effizient und/oder effektiv sein sollen.

Dokumentation

Zitate aus dem Entwurf eines Gesetzes zur Stärkung der Gesundheitsförderung und der Prävention (Präventionsgesetz – PrävG) vom 11.03.2015 im Hinblick auf den Bereich „Arbeit und Gesundheit" (s. Deutscher Bundestag, 2015):

Problem und Ziel: „Die demografische Entwicklung mit einer anhaltend niedrigen Geburtenrate, einem erfreulichen Anstieg der Lebenserwartung und der damit verbundenen Alterung der Bevölkerung sowie der Wandel des Krankheitsspektrums hin zu chronisch-degenerativen und psychischen Erkrankungen und die *veränderten Anforderungen in der Arbeitswelt* erfordern eine effektive Gesundheitsförderung und Prävention. Ziel dieses Gesetzes ist es, unter Einbeziehung aller Sozialversicherungsträger sowie der privaten Krankenversicherung und der privaten Pflege-Pflichtversicherung die Gesundheitsförderung und Prävention insbesondere in den *Lebenswelten der Bürgerinnen und Bürger* auch unter Nutzung bewährter

Strukturen und Angeboten zu stärken, die Leistungen der Krankenkassen zur Früherkennung von Krankheiten weiterzuentwickeln und das *Zusammenwirken von betrieblicher Gesundheitsförderung und Arbeitsschutz* zu verbessern."

Verknüpfung mit Arbeitsschutz: Dies soll u.a. durch eine „Verbesserung der Rahmenbedingungen für die *betriebliche Gesundheitsförderung* und deren engere Verknüpfung mit dem *Arbeitsschutz*" geschehen.

Anpassung an alternde Gesellschaft: „Darüber hinaus stellt die demografische Entwicklung auch die Unternehmen vor neue Herausforderungen. Um wettbewerbsfähig zu bleiben, müssen die Betriebe eine gesundheitsförderliche Unternehmenskultur entwickeln, die alle Altersgruppen einbezieht, und Arbeitsplätze so gestalten, dass sie den Bedürfnissen älter werdender Belegschaften entsprechen."

Schutz der körperlichen und psychischen Gesundheit: „Die veränderten komplexen Arbeitsbedingungen in einer modernen Dienstleistungsgesellschaft mit steigenden Flexibilitäts- und Leistungsanforderungen erfordern bedarfsgerechte und wirksame betriebliche Maßnahmen zum Schutz und zur Förderung der körperlichen und psychischen Gesundheit. Im Sinne eines ganzheitlichen Gesundheitsschutzes bei der Arbeit sind sie eng mit den Maßnahmen des Arbeitsschutzes zu verknüpfen."

Verantwortlichkeiten für Aufgabenbereiche: „Aufgaben in der Lebenswelt 'Arbeit' nehmen die Krankenkassen nach den §§ 20b und 20c wahr, insbesondere als Leistungen zur betrieblichen Gesundheitsförderung. Für die Lebenswelt 'Arbeit' tragen im Wesentlichen die Arbeitgeber Verantwortung. Diese sind verpflichtet, die erforderlichen Maßnahmen des Arbeitsschutzes zu treffen. Hierfür hat der Arbeitgeber nach § 1 des Gesetzes über Betriebsärzte, Sicherheitsingenieure und andere Fachkräfte für Arbeitssicherheit Betriebsärzte und Sicherheitsfachkräfte zu bestellen. Dies gilt unabhängig von der Betriebsgröße. Auch Kleinbetriebe werden sicherheitstechnisch und betriebsärztlich betreut. Auch die Betriebsräte tragen Verantwortung für den Gesundheitsschutz in den Betrieben und wirken bei der Gestaltung der Arbeitsbedingungen, die Auswirkungen auf die Beschäftigten haben, mit. Die Beschäftigten ihrerseits sind ebenfalls verpflichtet, für ihre Sicherheit und Gesundheit bei der Arbeit Sorge zu tragen. Die überbetrieblichen Träger des Arbeitsschutzes, Arbeitsschutzbehörden der Länder und Unfallversicherungsträger, beraten die Betriebe hinsichtlich der Gewährleistung von Sicherheit und Gesundheit im Betrieb und setzen die Arbeitsschutzvorschriften durch." (Kursive Hervorhebungen durch die Autorin)

Arbeitsschutzgesetz

Das **deutsche Arbeitsschutzgesetz** (ArbSchG, 1996) basiert auf der *EU-Rahmenrichtlinie Arbeitsschutz*. Im Vergleich zu den zuvor bestehenden arbeitsschutzrechtlichen Bestimmungen der Gewerbeordnung erweitert es den Arbeitsschutzansatz. Auch steht die technische Orientierung beim Arbeitsschutz nicht mehr so stark im Vordergrund wie zuvor. Betriebsunfälle und Berufskrankheiten werden nicht mehr als alleinige Schädigungsmöglichkeiten im Bereich der Arbeit angesehen. Man geht zudem von einem umfassenderen Gefährdungsbegriff aus (s. Kap. 8.5).

Unfallversicherung und Definition „Berufskrankheit“

In Deutschland muss jeder Beschäftigte gegen Arbeitsunfälle, Wegeunfälle und Berufskrankheiten versichert sein. Näheres zur gesetzlichen Unfallversicherung findet sich im Siebten Buch des Sozialgesetzbuches (SGB VII, Art. 1). Das SGB VII enthält in Art. 1, § 9 auch die Definition einer „Berufskrankheit“.

Arbeitsmedizinische Vorsorge

Die *Verordnung zur arbeitsmedizinischen Vorsorge* (ArbMedVV) bildet die Rechtsgrundlage für die Durchführung von arbeitsmedizinischen Vorsorgemaßnahmen.

Vorschriften und Regeln

Die Unfallverhütungsvorschrift der *Deutschen Gesetzlichen Unfallversicherung* DGUV (DGUV Vorschrift 2) regelt den Umfang der betriebsärztlichen und sicherheitstechnischen Betreuung in den Betrieben. Der *Ausschuss für Gefahrstoffe* erarbeitet oder bewertet Arbeitsplatzgrenzwerte für Gefahrstoffe und publiziert sie in Form einer *Technischen Regel* (TRGS 900).

3.3.2 Österreich

In Österreich finden sich Ansätze und Regelungen für den Bereich der Betrieblichen Gesundheitsförderung bzw. den Bereich des Betrieblichen Gesundheitsmanagements u.a. im Gesundheitsförderungsgesetz, im Arbeitnehmerschutzgesetz, in der Berufskrankheitenliste und in der Verordnung über die Gesundheitsüberwachung am Arbeitsplatz.

Gesundheitsförderungsgesetz

Das österreichische Gesundheitsförderungsgesetz basiert auf internationalen gesundheitspolitischen Leitbildern wie der Ottawa-Charta (s. Kap. 2.2). Es soll die Durchführung von Maßnahmen anstoßen, die die Gesundheit der Bevölkerung im ganzheitlichen Sinn und in allen Phasen des Lebens erhalten, fördern und verbessern sollen. Dazu sollen u.a. auch neuen Strukturen errichtet werden, die der Gesundheitsförderung und Krankheitsprävention dienen. Darüber hinaus bestehende Strukturen sollen mit eingebunden werden. Die durchzuführenden Maßnahmen und Programme sollen zielgruppenspezifisch, bevölkerungsnah, kontextbezogen in den Gemeinden, Städten, Schulen, Betrieben und im öffentlichen Gesundheitswesen entwickelt und umgesetzt werden. Im Gesetz wird jedoch nicht näher darauf eingegangen, welche Maßnahmen dies sein könnten. Für die Durchführung der Maßnahmen und Programme ist die *Gesundheit Österreich GmbH* verantwortlich. Das Thema „Arbeit und Gesundheit“ gehört bislang noch nicht zu den Schwerpunktthemen der Institution.

Arbeitnehmerschutzgesetz

Das Arbeitnehmerschutzgesetz regelt die Aufgaben und Tätigkeiten der ärztlichen Präventivfachkräfte im Bereich „Arbeit und Gesundheit". Hierzu gehören z. B. die Beteiligung an der Evaluierung von Arbeitsplätzen und die Mitarbeit beim Finden lösungsorientierter Maßnahmen zur Verbesserung der Arbeitssituation. Darüber hinaus begleiten sie den (Wieder-)Eingliederungsprozess in die Arbeitswelt nach längerer schwerer Krankheit und/oder bei einer Behinderung. Sie kooperieren dabei mit Sicherheitsfachkräften und Arbeitspsychologen und beteiligen sich aktiv am Aufbau und der Durchführung von Maßnahmen des Betrieblichen Gesundheitsmanagements. Die Einhaltung des Arbeitnehmerschutzgesetzes wird von der Arbeitsinspektion überwacht, die dem *Bundesministerium für Arbeit und Soziales* angeschlossen ist.

Berufskrankheitenliste, VGÜ-Untersuchungen, besonders Schutzbedürftige:

Als Berufskrankheiten gelten in Österreich derzeit 53 Erkrankungen, die nach § 177 und Anlage 1 des Allgemeinen Sozialversicherungsgesetzes (ASVG) in der *Berufskrankheitenliste* genannt werden.

Nach der *Verordnung des Bundesministers für Arbeit und Soziales über die Gesundheitsüberwachung am Arbeitsplatz* (VGÜ) werden von dafür ermächtigten Arbeitsmedizinern VGÜ-Untersuchungen durchgeführt, die der Früherkennung von Berufskrankheiten dienen.

Als besonders schutzbedürftige Personen im Rahmen des *Arbeitnehmerschutzes* gelten Jugendliche. Regelungen für den Schutz schwangerer Frauen und ihrer ungeborenen Kinder, die den Bereich der Arbeit betreffen, finden sich im *Mutterschutzgesetz*.

3.3.3 Schweiz

Ansätze und Regelungen zur Betrieblichen Gesundheitsförderung bzw. zum Betrieblichen Gesundheitsmanagement finden sich in der Schweiz im Bundesgesetz über den allgemeinen Teil des Sozialversicherungsrechts, im Arbeitsgesetz, im Unfallversicherungsgesetz und in der Verordnung über die Verhütung von Unfällen und Berufskrankheiten sowie in der Verordnung über die Unfallversicherung.

Bislang gibt es in der Schweiz noch kein Präventions- oder Gesundheitsförderungsgesetz. Der letzte Versuch der Einführung einer solchen gesetzlichen Regelung (*Bundesgesetz über Prävention und Gesundheitsförderung*) scheiterte im Jahr 2012 im Ständerat, der Vertretung der Kantone. Das *Bundesgesetz über den allgemeinen Teil des Sozialversicherungsrechts* (ATSG) definiert in Art. 3 den Krankheitsbegriff.

Arbeitsgesetz

Das *Arbeitsgesetz* verpflichtet den Arbeitgeber, zum Schutz der Gesundheit der Arbeitnehmenden alle Maßnahmen zu treffen, die nach der Erfahrung notwendig, nach dem Stand der Technik anwendbar und den Verhältnissen des Betriebes angepasst sind. Das Gesetz einschließlich der zugehörigen Verordnungen regelt Näheres zu Nacht- und Schichtarbeit, zum Mutterschutz, Nichtraucherschutz und zum Schutz von Jugendlichen.

Es beschäftigt sich darüber hinaus mit Themen wie dem Raumklima und mit ergonomischen Aspekten.

Unfallversicherungsgesetz

Das schweizerische *Unfallversicherungsgesetz* (UVG) enthält Vorschriften zur Arbeitssicherheit und befasst sich insbesondere mit der Verhütung von Berufsunfällen und Berufskrankheiten.

Verordnung über die Verhütung von Unfällen und Berufskrankheiten (VUV)

Die *Verordnung über die Verhütung von Unfällen und Berufskrankheiten* (VUV) erläutert die mit der Arbeitssicherheit zusammenhängenden Rechte und Pflichten der Arbeitgeber und Arbeitnehmer. Auch der Begriff der Berufskrankheit ist im UVG (Art. 9) definiert. Es ist Aufgabe der *Schweizerischen Unfallversicherungsanstalt Suva*, Richtlinien über Grenzwerte am Arbeitsplatz nach Art. 50 Abs. 3 der VUV zu erlassen. Seit 1968 publiziert sie jährlich eine Liste mit Grenzwerten. Nach Art. 70ff der VUV gehört es auch zu den Aufgaben der Suva, arbeitsmedizinische Vorsorgeuntersuchungen durchzuführen.

Verordnung über die Unfallversicherung (UVV)

Die *Verordnung über die Unfallversicherung* (UVV) enthält in Anhang 1 die Liste der schädigenden Stoffe und der arbeitsbedingten Erkrankungen nach Art. 14 der Verordnung.

Aufgabe 3

Schauen Sie sich bitte die in der Dokumentation auf S. 30f zitierten Abschnitte aus dem *Entwurf eines Gesetzes zur Stärkung der Gesundheitsförderung und der Prävention* (PrävG; Deutschland) etwas genauer an. Wo sehen Sie hier Ansatzpunkte der *Gesundheitsförderung* und wo Ansatzpunkte der *(Krankheits-)Prävention*?

4 Betriebliches Gesundheitsmanagement

In den vorangegangenen Kapiteln wurde der Begriff „Betriebliches Gesundheitsmanagement“ bereits mehrfach in verschiedenen Zusammenhängen verwendet. Weiterhin wurde darauf hingewiesen, dass das deutsche *Bundesministerium für Gesundheit* – anders als die Luxemburger Deklaration – die Betriebliche Gesundheitsförderung auf ihrer Homepage als einen wesentlichen Baustein des *Betrieblichen Gesundheitsmanagements* sieht. Doch was genau ist „Management“ und was unterscheidet die Betriebliche Gesundheitsförderung vom Betrieblichen Gesundheitsmanagement? (s. dazu auch Habermann-Horstmeier, Schmid, Pletscher & Klien, 2018).

4.1 Definition des Begriffs „Management“

Bislang gibt es keine einheitliche Definition des Begriffs „Management“. Nach dem *Gabler Wirtschaftslexikon* versteht man im Bereich der Betriebswirtschaft darunter einerseits die Tätigkeit der Unternehmensführung, andererseits aber auch die Gruppe der leitenden Personen eines Unternehmens („das Management“). Das Wirtschaftslexikon sieht die Aufgaben des Managements darin, Ziele der Organisation festzulegen, Strategien zur Zielerreichung zu entwickeln, die Produktionsfaktoren zu organisieren und zu koordinieren sowie die Mitarbeiter zu führen. *Bwl-wissen.net* bezeichnet als „Management“ ganz allgemein die „Koordination der Aktivitäten in einem Unternehmen mit dem Zweck, vorgegebene Ziele zu erreichen“. Und *Wikipedia* geht davon aus, dass „jede zielgerichtete und nach ökonomischen[13] Prinzipien ausgerichtete menschliche Handlungsweise der Leitung, Organisation und Planung in allen Lebensbereichen“ als Management bezeichnet werden kann.

Die Definition im Gabler Wirtschaftslexikon legt nahe, dass die Führungsaufgaben in einem Unternehmen in der Regel nach dem *Top-down-Prinzip* wahrgenommen werden. Aufgaben, Ziele und Strategien werden „oben“ *(top)*, d.h. vom Management festgelegt, nach „unten“ (*down*; in die einzelnen Abteilungen) weitergeleitet und dort entsprechend den Vorgaben umgesetzt. Auch heute noch arbeiten die meisten Betriebe und Institutionen nach diesem Prinzip. Nur wenige haben den *Bottom-up-Ansatz* übernommen, der die an einem Projekt arbeitenden Mitarbeiter (*bottom* = Boden) dazu auffordert, während der

13 *ökonomisch:* auf die Wirtschaft bezogen

Projektarbeit jeden Schritt des Managementprozesses mitzugestalten und gemeinsam Entscheidungen zu treffen (→ *up*=nach oben). Andere Unternehmen arbeiten mit Mischformen zwischen Top-down- und Bottom-up-Ansatz.

Bezieht man dies auf das *Betriebliche Gesundheitsmanagement* und berücksichtigt dabei die Aussagen der Ottawa-Charta und der Luxemburger Deklaration, wird klar, dass das Betriebliche Gesundheitsmanagement nur dann gut (d.h. *effektiv* und *effizient*, s. Kap. 12) funktionieren kann, wenn alle Beschäftigten eines Unternehmens nach dem *Bottom-up-Prinzip* in die Planung und Umsetzung der Maßnahmen mit einbezogen werden. Zudem muss die Leitung des Unternehmens von der Wichtigkeit der Etablierung eines Betrieblichen Gesundheitsmanagements überzeugt sein und das Vorhaben unterstützen (s. Kap. 6.2).

4.2 Definition des Betrieblichen Gesundheitsmanagements

Ähnlich wie bei der Betrieblichen Gesundheitsförderung (BGF, s. Kap. 3.2) gibt es auch beim *Betrieblichen Gesundheitsmanagement* (BGM) ganz unterschiedliche Vorstellungen darüber, was das BGM eigentlich ausmacht.

Am häufigsten wird hier die Definition der Arbeitswissenschaftlerin Elisabeth Wienemann (2002; Ergänzung der Autorin) zitiert, die „Betriebliches Gesundheitsmanagement [als] die bewusste Steuerung und Integration aller betrieblichen Prozesse mit dem Ziel der Erhaltung und Förderung der Gesundheit und des Wohlbefindens der Beschäftigten" definiert. Das Betriebliche Gesundheitsmanagement soll die betrieblichen Rahmenbedingungen, Strukturen und Prozesse so entwickeln, dass die Mitarbeiter zu einem gesundheitsförderlichen Verhalten befähigt werden. Dabei sollen alle Bereiche des Unternehmens und alle Mitarbeiter in den Prozess der Etablierung[14] eines BGM mit einbezogen werden und gemeinsam daran arbeiten. Der Themenbereich „Gesundheit" soll zudem in das Leitbild und in die Führungskultur des Unternehmens einbezogen werden (s. Kap. 6). BGM-Maßnahmen sollen sich am Bedarf des jeweiligen Unternehmens und seiner Beschäftigten orientieren. Die Maßnahmen sollen zudem nach der Durchführung bzw. Etablierung überprüft und bewertet (= evaluiert) werden (s. Kap. 12).

Viele Beraterfirmen, die sich in den letzten Jahren auf den Bereich des Betrieblichen Gesundheitsmanagements spezialisiert haben, sehen im BGM hingegen eine neu zu etablierende Unternehmensstruktur, in deren Rahmen einzelne gesundheitsfördernde Maßnahmen umgesetzt werden. Hiernach ist es das vorrangige Ziel des Betrieblichen Gesundheitsmanagements, die Mitarbeitergesundheit zu verbessern, um dadurch die Leistungsfähigkeit der Beschäftigten zu erhöhen und die Anzahl und Dauer der Fehlzeiten zu senken. Die passenden Werkzeuge, um dies zu erreichen, sind ihrer Ansicht nach v.a. Gesundheitsanalysen, Programme zur Führungskräfteentwicklung, betriebliche Gesundheitstage und Firmen-Fitness-Programme. Bei dieser Form des „Betrieblichen Gesundheitsmanagements" stehen also nicht die Bedürfnisse der arbeitenden Menschen im Vordergrund, sondern die Bedürfnisse und Wünsche der Unternehmen.

14 *Etablierung:* Aufbau, Einrichtung, Gründung, Schaffung

Nach den Vorstellungen der *Ottawa-Charta* und der *Luxemburger Deklaration* sollten beim Betrieblichen Gesundheitsmanagement jedoch immer die *Gesundheit und das Wohlbefinden der arbeitenden Menschen* im Zentrum der Betrachtung stehen. Nur dann, wenn es den Beschäftigten in einem Unternehmen gut geht und sie gesund sind, können sie ihre Arbeitskraft in optimaler Weise in den Dienst ihres Unternehmens stellen. Dies wiederum kann sich dann positiv auf die Unternehmenssituation auswirkt.

Definition Betriebliches Gesundheitsmanagement

„Modernes Betriebliches Gesundheitsmanagement (BGM) geht ... über die traditionellen Aktivitäten der Gesundheitsförderung hinaus. Es verbindet die klassischen Felder der Verhältnis- und der Verhaltensprävention mit dem Blick auf die Ressourcen der MitarbeiterInnen und nutzt darüber hinaus aktiv die vorhandenen modernen Managementinstrumente. Erfolgreiches BGM bezieht hierbei insbesondere auch die Führung eines Betriebes mit ein. Es schafft gesundheitsförderliche Strukturen im Unternehmen und setzt Prozesse in Gang, die der Umsetzung sinnvoller präventiver und gesundheitsfördernder Maßnahmen dienen." (Habermann-Horstmeier, Schmid, Pletscher & Klien, 2018, S. 341).

Das Betriebliche Gesundheitsmanagement orientiert sich dabei stets an den im Unternehmen vorhandenen Bedingungen. Es bezieht alle Betriebsangehörigen und ggf. auch noch andere beteiligte Akteure in die Planung und Umsetzung mit ein *(Partizipation, Bottom-up-Ansatz)*. Charakteristisch für das Betriebliche Gesundheitsmanagement ist eine detaillierte Planung im Rahmen eines Gesamtkonzeptes. Die dabei angewandten Maßnahmen sollen wissenschaftlich fundiert sein und nachhaltig umgesetzt werden. Die Überprüfung des Erfolgs der Maßnahmen geschieht im Rahmen einer Evaluation.

4.3 Unterschiede zwischen BGF und BGM

Die Begriffe „Betriebliche Gesundheitsförderung" und „Betriebliches Gesundheitsmanagement" werden in der Praxis fälschlicherweise oft synonym verwendet. Doch es ist ebenfalls nicht korrekt, die Betriebliche Gesundheitsförderung als einen Teil des Betrieblichen Gesundheitsmanagements zu betrachten. Betriebliche Gesundheitsförderung bildet die Basis, auf der sich das Betriebliche Gesundheitsmanagement in den letzten beiden Jahrzehnten entwickelt hat. Die *Luxemburger Deklaration zur Betrieblichen Gesundheitsförderung* enthält bereits wesentliche Aspekte, die später im Bereich des Betrieblichen Gesundheitsmanagements zu finden sind. Stichworte sind hierbei die Partizipation der Beschäftigten, die Integration der gesundheitsfördernden Maßnahmen in alle Unternehmensbereiche, die Verwendung von Werkzeugen des Projektmanagements zur Durchführung von Bedarfsanalysen und zur systematischen Planung/Umsetzung von gesundheitsfördernden Maßnahmen sowie die Evaluation der Ergebnisse. Die Luxemburger Deklaration betont zudem, dass zur Betrieblichen Gesundheitsförderung immer auch verhältnis- **und** verhaltensorientierten Maßnahmen gehören.

In der Praxis sieht es allerdings in der Regel ganz anders aus. Aufgrund der unterschiedlichen Vorstellungen dessen, was Betriebliche Gesundheitsförderung und Betriebliches Gesundheitsmanagement sind, kann auch die Umsetzung in den Unternehmen sehr verschieden ausfallen. Die meisten Betriebe konzentrieren sich auf primärpräventive, verhaltensorientierte Maßnahmen in den Bereichen Bewegung, Ernährung und Stressprävention. Meist fehlt ein Plan, der die gesundheitsfördernden Ziele für das Unternehmen definiert und unter dessen Dach dann die verschiedene Maßnahmen miteinander verknüpft werden. In kleineren und mittleren Betrieben (KMU) werden solche einzelnen BGF-Maßnahmen in der Regel ohne die Unterstützung von Fachleuten geplant und umgesetzt, sodass sie vielfach nicht *effektiv* (wirksam) und damit auch nicht *effizient* (kein optimales Kosten-Nutzen-Verhältnis) sind. In der Regel findet keine Evaluation der Maßnahmen statt (s. Kap. 12). Zudem handelt es sich oft um einmalige oder nur kurze Zeit durchgeführte Projekte, die nicht nachhaltig im Betrieb verankert werden. Tabelle 4-1 stellt noch einmal gegenüber, wie Betriebliche Gesundheitsförderung heute in der Praxis vielfach aussieht und wie Betriebliches Gesundheitsmanagement idealerweise durchgeführt werden sollte.

Tabelle 4–1: Unterschiede zwischen Betrieblicher Gesundheitsförderung, wie sie heute häufig durchgeführt wird, und Betrieblichem Gesundheitsmanagement, wie es idealerweise durchgeführt werden sollte.

Betriebliche Gesundheitsförderung (wie sie heute häufig durchgeführt wird)	Betriebliches Gesundheitsmanagement (wie es idealerweise durchgeführt werden sollte)
Es handelt sich oft nur um Einzelmaßnahmen, die nicht auf den jeweiligen Betrieb zugeschnitten sind.	Für den jeweiligen (ganzen!) Betrieb werden spezifische gesundheitsfördernde Ziele definiert.
Meist gibt es auch keinen Plan, der gesundheitsfördernde Ziele im Betrieb definiert.	Es gibt eine detaillierte Planung.
Die beteiligten Akteure werden oft nicht mit einbezogen.	Betriebsangehörigen und andere zuständigen Akteure werden in die Planung und Umsetzung einbezogen.
Es handelt sich meist um verhaltensorientierte Maßnahmen.	BGM-Maßnahmen können in ganz unterschiedlichen Bereichen im Unternehmen ansetzen. Es handelt sich dabei sowohl um verhältnis- als auch um verhaltensorientierte Maßnahmen.
Die durchgeführten BGF-Maßnahmen sind meist nicht nachhaltig.	BGM-Maßnahmen werden nachhaltig umgesetzt.
Einzelne BGF-Maßnahmen sind oft nicht effektiv (wirksam) und damit auch nicht effizient (kein optimales Kosten-Nutzen-Verhältnis).	BGM-Maßnahmen orientieren sich an den vorliegenden wissenschaftlichen Erkenntnissen zur Effektivität und Effizienz von Maßnahmen des Betrieblichen Gesundheitsmanagements.
BGF-Maßnahmen werden oft nicht evaluiert.	BGM-Maßnahmen werden evaluiert.

Aufgabe 4

Eine Mitarbeiterin einer sozialen Einrichtung berichtet Ihnen, dass in ihrer Einrichtung bereits ein Betriebliches Gesundheitsmanagement (BGM) etabliert wurde. Sie fragen interessiert nach, welche Maßnahmen dort in diesem Zusammenhang ergriffen wurden. Die Mitarbeiterin erzählt Ihnen, dass in der Einrichtung nun jährlich ein Gesundheitstag stattfindet. Außerdem werden Fitnessprogramme und Yoga zur Stressprävention angeboten.
Bitte erläutern Sie, warum es sich bei den angeführten Maßnahmen um BGF-Einzelmaßnahmen nicht um ein Betriebliches Gesundheitsmanagement handelt!

5 Der Public Health Action Cycle

In den vorangegangenen Kapiteln konnte man lesen, dass schon in der *Luxemburger Deklaration* darauf hingewiesen wird, dass BGF-Maßnahmen *systematisch* durchgeführt werden sollen, um zielführend zu sein. Hierzu sollen Werkzeuge des Projektmanagements genutzt werden.

Die Planung und Durchführung von Maßnahmen der Gesundheitsförderung und Prävention – auch außerhalb von Betrieben und Institutionen – geschieht heute üblicherweise nach den Regeln des *Public Health Action Cycles* (s. Abb. 5–1; Gesundheitspolitischer Aktionszyklus). Dieser basiert auf dem aus der Politikwissenschaft stammenden *Policy Cycle*. Mit seiner Hilfe können gesundheitsrelevante Problembereiche in einem Setting (z.B. in einem Betrieb) identifiziert werden. Anschließend werden diejenigen Probleme bestimmt, die vorrangig angegangen werden sollen *(Priorisierung)*. Der erste Schritt zur Lösung dieser Probleme besteht darin, Ziele zu formulieren. Anschließend wird nach Strategien und Methoden gesucht, mit deren Hilfe diese Ziele in Angriff genommen werden können. Der nächste Schritt ist die Umsetzung *(Implementierung)* der beschlossenen Maßnahmen. Die Maßnahmen werden möglichst schon während der Planung und Umsetzung *(Prozessevaluation)*, zumindest aber abschließend hinsichtlich der Zielerreichung überprüft und bewertet *(Ergebnisevaluation)*. Die Evaluationsergebnisse können dann wiederum in den Planungsprozess des laufenden Projektes, insbesondere

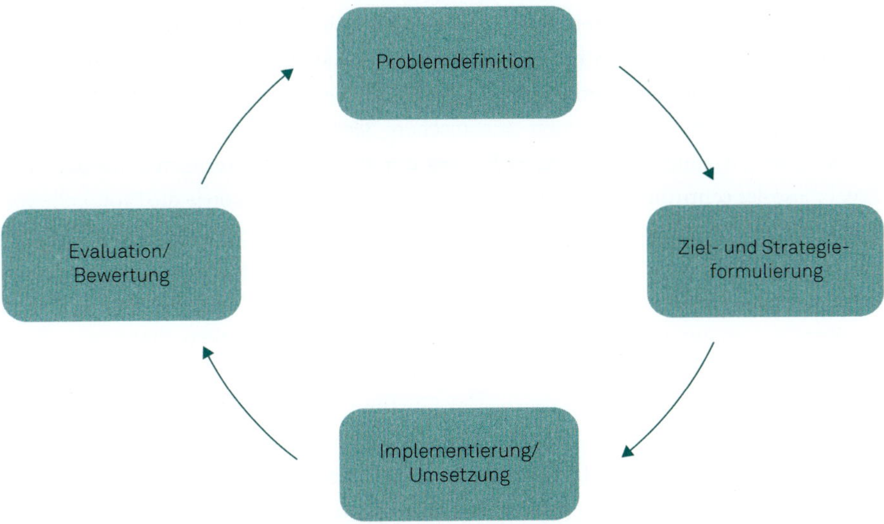

Abbildung 5–1: Public Health Action Cycle.

aber auch von zukünftigen Projekten einfließen, sodass der Zyklus von vorne beginnt (s. a. Dorner, 2018).

Ein grundlegendes Prinzip ist dabei sowohl im Bereich der Gesundheitsförderung allgemein als auch speziell im Bereich des Betrieblichen Gesundheitsmanagements die **Partizipation** oder Teilhabe/Mitbestimmung. Hierunter versteht man die Einbeziehung aller Beteiligten in die Planung und Umsetzung gesundheitsfördernder bzw. krankheitspräventiver Maßnahmen. Im Unternehmen sind dies neben der Leitungsebene in der Regel die betroffenen Beschäftigten des Betriebes oder der Abteilung. Darüber hinaus können aber auch externe Personen oder Gruppen in den Prozess mit einbezogen werden, wenn sie ein besonderes Interesse hieran haben (Interessenvertreter, *Stakeholder*) oder wenn ihr Expertenwissen benötigt wird (s. Kap. 6.2).

Definition Partizipation
Partizipation (Teilhabe, Mitbestimmung) bezeichnet im Bereich *Public Health* die Einbeziehung von Individuen und Organisationen in den Willensbildungs- und Entscheidungsprozess bei der Planung und Durchführung von Maßnahmen und Programmen.

5.1 Problemdefinition

In Phase (1) des Public Health Action Cycles findet die Problemdefinition statt. Hier werden die vorhandenen Gesundheitsprobleme und -bedürfnisse in einem Setting festgestellt und anschließend entsprechend ihrer Wichtigkeit nach zuvor festgelegten Kriterien eingestuft. Da die Probleme von den Betroffenen nur dann zum Ausdruck gebracht werden können, wenn sie ihnen bewusst sind, können zuvor Maßnahmen nötig werden, die sie hierzu in die Lage versetzen. Dies kann z. B. durch die Teilnahme an einem *Workshop* (s. Kap. 7.5.1) geschehen, in dessen Rahmen die Beschäftigten Grundlagenwissen zu bestimmten Gesundheitsthemen erwerben und sich gleichzeitig zu gesundheitsrelevanten Problemen im Unternehmen austauschen. Gesundheitsrelevante Probleme im Betrieb können zudem über eine *Befragung* der Beschäftigten ermittelt werden. Die Ergebnisse der schriftlichen und/oder mündlichen Befragungen sowie die Protokolle von Diskussionen etc. müssen anschließend – z. B. durch die Mitglieder des Gesundheitszirkels (s. Kap. 11.1) – zusammengetragen und ausgewertet werden. Dabei werden die Aussagen nach Themenbereichen sortiert. Wo aktuell die meisten Probleme liegen, wird in der Regel schon durch die Häufigkeit der Nennungen deutlich. Die vorhandenen Probleme können aus Sicht der Betroffenen als mehr oder weniger gravierend empfunden werden. Auch kann eine Verbesserung der Situation von ihnen als mehr oder weniger dringend angesehen werden. Dabei ist zu bedenken, dass Fachleute die Situation u. U. ganz anders sehen können, da sie eventuell mehr Wissen über mögliche Folgen eines nicht rechtzeitigen Eingreifens haben. Es kann also sinnvoll sein, schon frühzeitig Fachleute bzw. Fachwissen hinzuzuziehen.

Weitere Werkzeuge zur Problemdefinition sind z.B. die *Altersstrukturanalyse* (s. Kap. 7.1), die *Fehlzeitenanalyse* (s. Kap. 7.2) und der *Work Ability Index* (s. Kap. 7.3). Sie werden in der Regel von der Betriebsleitung zur Feststellung von Gesundheitsproblemen im Unternehmen genutzt und können dann gemeinsam mit den Ergebnissen aus Befragungen und Workshops die vorhandenen gesundheitsrelevanten Probleme deutlich machen. In einem nächsten Schritt einigen sich die Akteure des Betrieblichen Gesundheitsmanagements (s. Kap. 6.2) darauf, welche Probleme vorrangig angegangen werden sollen *(Priorisierung)*. Diese Einstufung entsprechend ihrer Wichtigkeit erfolgt nach zuvor festgelegten Kriterien. So kann zuerst das am häufigsten genannte Problem angegangen werden oder das Problem, das nach Ansicht der Akteure am dringendsten einer Lösung bedarf oder das Problem, bei dem die Umsetzung ein positives Kosten-Nutzen-Verhältnis verspricht (d.h. es kostet relativ wenig, verspricht aber einen relativ großen Nutzen, s. Kap. 6.4). Üblicherweise beschränkt man sich zuerst einmal auf maximal drei vorrangig eingestufte Probleme. Für diese Probleme sollen dann innerhalb eines bestimmten zeitlichen Rahmens, eingebettet in das angestrebte Gesamtkonzept, Maßnahmen erarbeitet und Lösungen gefunden werden (s. Kap. 5.2).

5.2 Ziel- und Strategieformulierung

5.2.1 Zielformulierung

In Phase (2) werden nun zu jedem dieser Probleme die entsprechenden *Ziele* formuliert. Bei der Zielformulierung unterscheidet man generelle Ziele von spezifischen Zielen. Generelle Ziele beschreiben das, was grundsätzlich erreicht werden soll. Spezifische Ziele legen die Punkte fest, die im Detail realisiert werden sollen. Zusätzlich wird jeweils der Zeitpunkt bestimmt, bis zu dem dies erreicht sein soll. Bei der Art der Zielformulierung soll es sinnvollerweise nicht um visionäre, sondern um konkrete, erreichbare Ziele gehen.

Beispiel
Eine visionäre Zielformulierung
„Bis zum Jahr 2025 sollen alle Beschäftigten in Deutschland in ihren Unternehmen gesunde Lebens- und Arbeitsbedingungen vorfinden."

Beispiel
Konkrete, erreichbare Ziele in einem Unternehmen
1. Generelles Ziel
In unserem Unternehmen soll die Zahl der im Winterhalbjahr durch Erkältungskrankheiten und Virusgrippe hervorgerufenen AU-Fälle in den nächsten drei Jahren um die Hälfte gesenkt werden.
2. Spezifische Ziele
Um dies zu erreichen,

a. sollen alle Beschäftigten halbjährlich in der Theorie und der praktischen Durchführung von Hygienemaßnahmen (richtiges Händewaschen, richtiges Husten und Niesen etc.) geschult werden.

b. soll zukünftig in jeder Abteilung des Betriebs bzw. für jeweils 12 Mitarbeiter mindestens eine Möglichkeiten zum hygienischen Händewaschen und zur Händedesinfektion bereitgestellt werden.
c. sollen alle Beschäftigten jährlich über die Bedeutung von regelmäßigen Grippeschutzimpfungen aufgeklärt werden.
d. soll allen Beschäftigten und ihren Familienangehörigen jährlich eine kostenlose Grippeschutzimpfung angeboten werden.

5.2.2 Finden von Strategien und Methoden

Ebenfalls in Phase (2) werden die Strategien und Methoden festgelegt, mit deren Hilfe die spezifischen Ziele erreicht werden sollen. Als *Strategien* bezeichnet man detaillierte Pläne, die die hierfür nötigen Handlungen auflisten, als *Methoden* die zur Planung und Umsetzung benötigten Werkzeuge bzw. Hilfsmittel.

Es bietet sich an, zuerst einmal zu recherchieren, welche Methoden bei ähnlichen Projekten der Betrieblichen Gesundheitsförderung bzw. des Betrieblichen Gesundheitsmanagements bereits erfolgreich eingesetzt wurden. Man sollte sich jedoch auch darüber informieren, welche Strategien und Methoden in ähnlichen Fällen nicht zum Ziel geführt haben. Darüber hinaus sollten die Beschäftigten in den betroffenen Abteilungen nach möglichen Lösungsvorschlägen gefragt werden, da diese die konkreten Gegebenheiten in ihrem Arbeitsbereich am besten kennen. Welche Strategien und Methoden letztlich ausgewählt werden, hängt oft auch von den zur Verfügung stehenden finanziellen und personellen Mitteln, den Vorstellungen der Unternehmensleitung sowie vom Fachwissen der Projektverantwortlichen ab. Bei der Auswahl spielen zudem die Qualität[15] und die Quantität[16] der jeweiligen Maßnahme eine bedeutende Rolle. Unter der Qualität einer Maßnahme versteht man den hierdurch zu erwartenden Nutzen. Bei der Beurteilung der Quantität wird danach gefragt, wie viele Menschen von der Maßnahme profitieren.

An dieser Stelle wird deutlich, dass es bereits vor der Festlegung von *spezifischen Ziele* und der sich hieraus ableitenden *Strategien* und *Methoden* sinnvoll sein kann, entsprechendes Fachwissen einzuholen. Bei dem in Kap. 5.2.1 genannten Beispiel aus dem Bereich der Infektionsverhütung wäre dies neben Public-Health-Fachwissen v. a. auch medizinisches Wissen. Es bietet sich daher an, beispielsweise den Betriebsarzt und/oder die Hygiene-Fachkraft schon frühzeitig in die Planung mit einzubeziehen. Ist das benötigte Fachwissen im Unternehmen nicht vorhanden, können externe Fachleute hinzugezogen werden. Zudem gibt es für viele Themenbereiche gut aufbereitete Informationsmaterialien, die es auch Nichtfachleuten ermöglichen, sich in die jeweiligen Themen einzuarbeiten (z. B. Materialien der *Bundeszentrale für gesundheitliche Aufklärung* [BZgA],

15 *Qualität:* Beschaffenheit oder Güte
16 *Quantität:* Menge, Häufigkeit

des *Robert Koch-Instituts* [RKI] oder der *Bundesanstalt für Arbeitsschutz und Arbeitsmedizin* (BAuA][17]).

5.3 Umsetzung

Phase (3) ist die Phase der Umsetzung (*Implementierung*). Um eine Maßnahme umsetzen zu können, müssen zuerst die hierfür nötigen Ressourcen (v. a. materieller, personeller und finanzieller Art, s. a. Kap. 2.1) ermittelt und beschafft werden. Manche Maßnahmen lassen sich allerdings auch ohne größeren finanziellen Aufwand planen und umsetzen. Oftmals braucht es in erster Linie Fantasie und Elan sowie Durchsetzungs- und Durchhaltevermögen, um mehr Gesundheit für die Beschäftigten eines Unternehmens zu erreichen. In Deutschland gibt es darüber hinaus die Möglichkeit, auf der Basis des *Präventionsgesetzes* (PrävG, 2015; s. Kap. 3.3.1) von den gesetzlichen Krankenkassen Unterstützung bei der Planung und Umsetzung von Maßnahmen der Betrieblichen Gesundheitsförderung (BGF) zu erhalten.

Die umzusetzenden BGM-Maßnahmen können sowohl im Bereich der Umgebung der Beschäftigten (= verhältnisorientierte Maßnahmen) als auch an ihrem Verhalten (= verhaltensorientierte Maßnahmen) ansetzen. Sind die zur Umsetzung nötigen Ressourcen vorhanden, werden die Maßnahmen dann auf der Basis des ausgearbeiteten Maßnahmenplans mithilfe der festgelegten Methoden durchgeführt. Manchmal werden bereits während der Umsetzungsphase Probleme sichtbar, die den Erfolg der Maßnahmen beeinträchtigen können. In diesem Fall muss der Maßnahmenplan ggf. schon während der Umsetzungsphase überarbeitet und an die Gegebenheiten vor Ort angepasst werden. Hier ist also ein gewisses Maß an Flexibilität nötig, um schließlich das gewünschte Ziel – die Verbesserung der gesundheitlichen Situation der Beschäftigten und die Stärkung ihrer gesundheitlichen Ressourcen und Fähigkeiten – zu erreichen.

5.4 Evaluation und daraus ableitbare Folgen

Idealerweise sollte man folglich schon während und dann insbesondere auch nach der Umsetzung überprüfen,

- ob die richtigen Maßnahmen ausgewählt wurden,
- ob die Maßnahmen von allen Beteiligten im Setting angenommen werden,
- ob diese Maßnahmen zum Erfolg führen.

Die Überprüfung während der Planung und Umsetzung bezeichnet man als *Prozessevaluation*. Wird der Erfolg einer Maßnahme überprüft, spricht man von *Ergebnisevaluation*. Nach

17 In der Schweiz gibt es entsprechende Materialien z. B. vom *Bundesamt für Gesundheit* (BAG), dem *Schweizerischen Gesundheitsobservatorium* (obsan) und der *Gesundheitsförderung Schweiz*. In Österreich findet man Materialien u. a. *beim Bundesministerium für Arbeit, Soziales, Gesundheit und Konsumentenschutz* (BMGF) sowie beim *Netzwerk Betriebliche Gesundheitsförderung*.

der Definition des Begriffs „Evaluation“ (s. Kap. 12.4) dient die Evaluation jedoch nicht nur zur Bewertung von Maßnahmen. Ihr Ergebnis soll zudem bei der Planung von weiteren Vorhaben als Entscheidungshilfe hinzugezogen werden, um auf diese Weise eine bessere Planung und Umsetzung dieser Maßnahmen zu erreichen.

Damit ihr Erfolg auch nachhaltig ist, sollen erfolgreiche Maßnahmen sinnvollerweise verstetigt, d.h. langfristig im Unternehmen verankert werden. Dies geschieht u.a. dadurch, dass die erhaltenen Evaluationsergebnisse im Rahmen des *Public Health Action Cycles* (s. Abbildung 5-1) jeweils wieder in die Betrachtung der aktuellen Situation vor Ort einfließen, sodass der Zirkel von vorne beginnen kann. Auf diese Weise können die Maßnahmen der Betrieblichen Gesundheitsförderung bzw. des Betrieblichen Gesundheitsmanagements optimal an die jeweiligen, sich ändernden Gegebenheiten angepasst werden. Jede Runde des *Public Health Action Cycles* kann damit idealerweise zu mehr Gesundheit im Unternehmen beitragen.

Aufgabe 5

Sie haben sich in den letzten Monaten bereits des Öfteren mit Ihren Kolleginnen und Kollegen darüber ausgetauscht, welche gesundheitsfördernden Maßnahmen an Ihrem Arbeitsplatz im Bereich der Altenpflege sinnvoll sein könnten.

a. Entscheiden Sie sich bitte für eine gesundheitsfördernde Maßnahme.
b. Beschreiben Sie nun für dieses Beispiel anhand des *Public Health Action Cycles* die wichtigsten Planungsschritte, von der Problemdefinition über die Zielformulierung, das Finden von passenden Strategien und Methoden, die Umsetzung (Implementierung) der Maßnahme bis hin zur Evaluation und den daraus ableitbaren Folgen.

6 Voraussetzungen und Rahmenbedingungen für ein gutes BGM

Ein *Betriebliches Gesundheitsmanagement* kann in der Regel nicht ohne den Rückhalt und die Unterstützung der Führungsebene nachhaltig in einem Unternehmen verankert werden (s. Stilijanow & Richter, 2017). Oft ist jedoch zuerst einmal umfangreiche und nicht selten auch langfristige Überzeugungsarbeit nötig, um der Betriebsleitung die Sinnhaftigkeit eines Betrieblichen Gesundheitsmanagements bewusst zu machen. Dabei ist es meist nicht die *Effektivität* (s. Kap. 12.2) der jeweils ausgewählten BGM-Maßnahmen, die hier in der Praxis den Ausschlag gibt. Häufiger sind es finanzielle Aspekte, (s. Kap. 6.1, Kap. 6.4 und Kap. 12.2), die die Firmenleitung dann letztlich überzeugen. Von zentraler Bedeutung sind in diesem Zusammenhang die finanziellen Folgen, die der demografische Wandel und der damit zusammenhängende Mangel an Fachkräften (s. Kap. 1.3.1) mit sich bringen, ebenso wie die gesundheitlichen – und damit auch finanziell sichtbaren – Folgen der sich stetig ändernden Arbeitswelt (s. Kap. 1.3.2). Mittlerweile gibt es immer mehr Führungskräfte, die verstanden haben, dass es auch im Sinne des Unternehmens ist, wenn rechtzeitig Maßnahmen ergriffen werden, die dazu beitragen, dass Arbeitskräfte möglichst lange bei guter Gesundheit im Arbeitsleben verbleiben können. Die Basis bildet dabei eine gesundheitsfördernde, altersgerechte Arbeits- und Personalpolitik, die in eine *wertschätzende Unternehmenskultur* eingebettet ist (s. Abbildung 6-1). Von großer Bedeutung sind darüber hinaus ein gutes, *kooperatives Führungsverhalten* und die Verfolgung eines *Bottom-up-Ansatzes* bei der Etablierung eines Betrieblichen Gesundheitsmanagements (s. Kap. 4.1).

6.1 Warum braucht man ein BGM?

Es gibt eine Reihe von Gründen, die für die Einrichtung eines Betrieblichen Gesundheitsmanagements sprechen. Der wichtigste Grund für ein Unternehmen, sich mit diesem Thema zu beschäftigen, ist eine hohe Zahl an krankheitsbedingten Ausfällen. Für einen Betrieb bedeuten krankheitsbedingte Ausfälle in erster Linie erhebliche zusätzliche *Kosten*. Allerdings sehen Unternehmensleiter oftmals kaum Möglichkeiten, hier kausal[18] zu handeln, d.h. die Zahl der krankheitsbedingten Ausfälle zu reduzieren. Gründe dafür

18 *kausal:* die Ursache betreffend

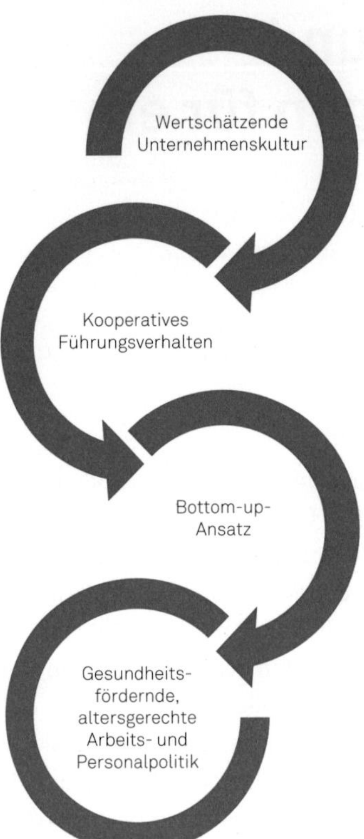

Abbildung 6–1: Grundlagen eines guten Betrieblichen Gesundheitsmanagements.

sind die in der Regel fehlende eigene Kenntnisse in diesem Bereich bzw. das fehlende Fachpersonal. Stattdessen werden oft betriebswirtschaftliche Möglichkeiten der Einflussnahme (z.B. im Personalsektor) gesucht, um das Problem anzugehen.

Es ist daher wichtig, noch zögernde Unternehmensleitungen zuerst auf die sozialen und Public-Health-Zusammenhänge zwischen *Arbeit und Gesundheit* hinzuweisen. Dabei sollte auf folgende Themenbereiche eingegangen werden:

- Die Arbeitssituation hat einen deutlichen Einfluss auf unsere Gesundheit (s. Kap. 1).
- Wir verbringen einen großen Teil des Lebens im erwerbsfähigen Alter mit Arbeit (s. Kap. 1.1).
- Aufgrund des demografischen Wandels gibt es z.B. in Deutschland immer weniger Menschen im erwerbsfähigen Alter (s. Kap. 1.3.1).
- Wir werden u.a. auch deshalb zunehmend länger im Arbeitsleben verbleiben.
- Daher ist es für ein Unternehmen noch wichtiger als bisher, auf die Gesundheit seiner Beschäftigten zu achten.

Weitere Argumente, die Arbeitgeber und Arbeitnehmer von der Sinnhaftigkeit der Einrichtung eines Betrieblichen Gesundheitsmanagements überzeugen können, findet man in Tabelle 6-1. Für ein Unternehmen gehören hierzu neben der Kostensenkung durch die Reduzierung von Krankheits- und Produktionsausfällen v.a. auch die Förderung der Leistungsfähigkeit der Beschäftigten und die dann oftmals auch geringere Fluktuation von Mitarbeitern. Die Steigerung der Leistungsfähigkeit der Mitarbeiter kann zu einer erhöhten Produktivität und einer besseren Qualität der Produkte bzw. der erbrachten Leistungen führen, sodass die Wettbewerbsfähigkeit des Unternehmens steigt. Durch die Partizipation aller Betriebsangehörigen kann das Betriebliche Gesundheitsmanagement darüber hinaus idealerweise auch zu einer verbesserten Kommunikation innerhalb des Unternehmens führen. Zudem kann das BGM - sowohl nach innen als auch nach außen hin - zu einem positiven Faktor werden, der die Attraktivität des Unternehmens als Arbeitgeber aufwertet.

Tabelle 6–1: Zusammenstellung der Vorteile, die ein gutes Betriebliches Gesundheitsmanagement für Arbeitnehmer und Arbeitgeber bringen kann. Quelle: Modifiziert nach *Gesunde KMU. Was sind die Vorteile von Betrieblichem Gesundheitsmanagement?*; http://www.gesundekmu.de/gesundekmu/was-sind-die-vorteile-von-betrieblichem-gesundheitsmanagement.html; entwickelt auf der Basis von Froböse, Wilke & Biallas (2010) und Nowak (2010).

Vorteile v.a. für Arbeitnehmer	Vorteile v.a. für Arbeitgeber
Verbesserung der gesundheitlichen Bedingungen im Unternehmen	Kostensenkung durch Reduzierung von Krankheits- und Produktionsausfällen
Verbesserung des Gesundheitszustandes und Senkung gesundheitlicher Risiken	Förderung der Leistungsfähigkeit aller Mitarbeiter
Verringerung von (Arbeits-)Belastungen	Verbesserte Kommunikation
Reduzierung von gesundheitlichen Beschwerden	Erhöhung der Motivation durch Stärkung der Identifikation mit dem Unternehmen
Verbesserung des Wohlbefindens und der Lebensqualität	Steigerung der Produktivität und Qualität
Erhaltung/Zunahme der eigenen Leistungsfähigkeit	Steigerung der Attraktivität als Arbeitgeber
Mitgestaltung des Arbeitsplatzes und des Arbeitsablaufs	Stärkung der Wettbewerbsfähigkeit
Erhöhung der Arbeitszufriedenheit, Verbesserung des Betriebsklimas und des kollegialen Zusammenhalts	Geringere Fluktuation

Ein gut funktionierendes Betriebliches Gesundheitsmanagement sollte v.a. zu einer Verbesserung der gesundheitlichen Bedingungen im Unternehmen führen. Für die einzelnen Mitarbeiter und die Belegschaft als Ganzes sollte dies mit einer Senkung der gesundheitlicher Risiken und einer Verbesserung des Gesundheitszustandes verbunden sein. Gesundheitliche Beschwerden sollten reduziert werden, das Wohlbefinden und die Lebensqualität der Beschäftigten sollten sich u.a. durch eine Verringerung der (Arbeits-) Belastungen verbessern, sodass die eigene Leistungsfähigkeit langfristig erhalten bleibt oder sich sogar verbessert. Über die Möglichkeiten der Mitgestaltung des Arbeitsplatzes und des Arbeitsablaufs (→ Partizipation) lässt sich eine stärkere Arbeitszufriedenheit und eine Verbesserung des Betriebsklimas erreichen.

6.2 Akteure im Betrieblichen Gesundheitsmanagement

Eine grundlegende Voraussetzung für die Erarbeitung und Umsetzung von gesundheitsfördernden Maßnahmen im Rahmen eines Betrieblichen Gesundheitsmanagements ist das Prinzip der Partizipation aller beteiligten Gruppen (s. Kap. 4.2; Friczewski, 2017). Partizipation kann in der Regel nur dann gelingen, wenn die Unternehmensleitung dieses Konzept mitträgt. Zu den Akteuren im Bereich des Betrieblichen Gesundheitsmanagements gehören daher neben der Unternehmensleitung alle Mitarbeiter bzw. Vertreter der jeweils im Blickpunkt stehenden Abteilungen. Dies schließt z.B. auch die Mitarbeiter der Kantine, des technischen Dienstes oder des Hausmeisterbereiches mit ein. Darüber hinaus sollten – falls vorhanden – die Personalabteilung und der Betriebsrat sowie die BGM-Fachkraft, der Betriebsarzt/die Betriebsärztin, die Fachkraft für Arbeitssicherheit etc. in die Planung und Umsetzung einbezogen werden. In größeren Unternehmen oder Institutionen sollten bei bestimmten gesundheitsrelevanten Fragestellungen auch Schwerbehinderten- und/oder Gleichstellungsbeauftragte mit beinbezogen werden. Oftmals ist es sinnvoll, darüber hinaus noch externe Akteure hinzuzuziehen. Dies können z.B. Fachleute aus dem Bereich der Wissenschaft, der Technik und der Praxis sein oder Vertreter einer Krankenkasse, mit deren Hilfe bestimmte gesundheitsfördernde Maßnahmen geplant und umgesetzt werden sollen, oder auch Vertreter der örtlichen Behörden, wenn die geplanten Maßnahmen auch deren Bereich betreffen (s. Kasten unten, s.a. Lenhardt, 2017).

Akteure im Betrieblichen Gesundheitsmanagement

1. Unternehmensleitung
2. Alle Mitarbeiter, insbesondere *auch*
   - Vertreter der jeweils betroffenen Abteilungen
   - Fachkraft für Betriebliches Gesundheitsmanagement
   - Personalabteilung
   - Betriebsrat
   - Betriebsarzt/Betriebsärztin
   - Fachkraft für Arbeitssicherheit
   - ggf. Schwerbehindertenvertreter
   - ggf. Gleichstellungsbeauftragte etc.
3. Vertreter von außerbetrieblichen Institutionen, z.B.
   - Spezialisten aus den Bereichen Wissenschaft/Technik oder aus der Praxis, wenn nicht auf entsprechendes Fachwissen im Unternehmen zurückgegriffen werden kann
   - der Stadtverwaltung, wenn beispielsweise ein Fahrradweg zum Betrieb geplant wird
   - einer Krankenkasse, wenn bestimmte gesundheitsfördernde Maßnahmen mit deren Unterstützung geplant/umgesetzt werden etc.

Quelle: Trueffelpix – Fotolia.com; #69464288

Die BGM-Akteure eines Unternehmens können in manchen Fällen identisch sein mit der Personengruppe, die im Rahmen eines *Gesundheitszirkels* (s. Kap. 11.1) zusammen arbeitet. Insbesondere in größeren Betrieben können Gesundheitszirkel jedoch auch Teil von BGM-Strukturen sein, die z. T. deutlich darüber hinausgehen.

6.3 Gesamtprogramm und Entwicklungsplanung

Bereits in Kap. 4 wurde erwähnt, dass es zu den Charakteristika eines Betrieblichen Gesundheitsmanagements gehört, im Rahmen eines Gesamtprogrammes spezifische gesundheitsfördernde Ziele für das Unternehmen zu definieren. Dies geschieht partizipativ, indem die Beschäftigten des Unternehmens und andere betroffene Akteure hieran beteiligt werden. Auf dieser Basis werden dann detaillierte Maßnahmen geplant und umgesetzt, deren vordringliches Ziel es ist, die Gesundheit und Beschäftigungsfähigkeit der Mitarbeiter zu fördern. Diese Maßnahmen sollten sowohl verhältnis- als auch verhaltensbezogen sein (s. Kap. 2.3) und in ganz unterschiedlichen Bereichen des Unternehmens ansetzen. Sie sollen sich jeweils am aktuellen wissenschaftlichen Stand hinsichtlich der Effektivität und Effizienz von BGM-Maßnahmen orientieren und dann, wenn ihr Erfolg im Rahmen einer Ergebnisevaluation (s. Kap. 12.4) nachgewiesen wurde, nachhaltig im Unternehmen verankert werden.

Gesundheitsfördernde Maßnahmen lassen sich in Unternehmen nur dann erfolgreich umsetzen und nachhaltig verankern, wenn alle beteiligten Gruppen dahinterstehen. Ist dies nicht der Fall, sind sie meist wirkungslos und verschwenden die hierfür nötigen Ressourcen (s. Kap. 6.4). Dies gilt v.a. für Maßnahmen, die den Betroffenen „übergestülpt" wurden, ohne dass sie ihren Sinn verstehen und sie für wichtig bzw. zielführend halten. Die Partizipation aller beteiligten Gruppen ist somit eine grundlegende Voraussetzung für die Erarbeitung und die Umsetzung eines gesundheitsfördernden Gesamtkonzeptes in einem Unternehmen. Dies beinhaltet auch, dass die Betriebsleitung dieses Konzept mitträgt. Hierzu braucht es eine entsprechende positive (Unternehmens-) Kultur des Miteinander-Arbeitens sowie ein gutes Arbeitsklima. Firmen mit Problemen hinsichtlich der Unternehmenskultur und/oder des Arbeitsklimas sollten diese Aspekte in ihr gesundheitsförderndes Gesamtkonzept mit aufnehmen. Zudem sind nachhaltige, d.h. auch langfristig vorhandene Strukturen (z.B. → Gesundheitszirkel, Kap. 11.1) nötig, die sich kontinuierlich mit dem Betrieblichen Gesundheitsmanagement auseinandersetzen, regelmäßig den Bedarf an gesundheitsfördernden Maßnahmen ermitteln sowie überprüfen, ob die bereits durchgeführten Maßnahmen zu mehr Gesundheit im Unternehmen beigetragen haben (s. Evaluation, Kap. 12.4). Nicht sinnvoll sind in der Regel einmalige Projekte, die nur für einen bestimmten Zeitraum durchgeführt und dann nicht weiter verfolgt (d.h. verstetigt) werden. So ist beispielsweise ein jährlicher Gesundheitstag ebenso wirkungslos wie das Angebot einer einmalig durchgeführten Gesundheitswoche mit Bewegungsangeboten und gesunder Ernährung, wenn die Beteiligten nicht dahinterstehen, die Maßnahmen nicht in ein Gesamtkonzept eingebettet sind und dann nicht mithilfe entsprechender Strukturen verstetigt werden.

6.3.1 Verantwortlichkeit für Gesamtprogramm bzw. Entwicklungsplanung

Auch in kleineren Unternehmen (s. a. Kap. 11.2) sollte es daher eine verantwortliche Person für den Bereich des Betrieblichen Gesundheitsmanagements geben. Diese Person sollte über die entsprechenden BGM-Fachkenntnisse verfügen. Ihre Hauptaufgabe ist es, gesundheitsrelevante Themen aufzugreifen und darauf zu achten, dass beschlossene Gesundheitsziele umgesetzt werden. Dies muss nicht unbedingt jemand aus dem Bereich der Unternehmensleitung oder ein medizinisch vorgebildeter Mitarbeiter sein, es kann auch jemand sein, der sich im BGM-Bereich weitergebildet hat. Die Aufgabe dieser Person ist es, „das Ganze" im Blick zu behalten. Vor allem in größeren Unternehmen und Institutionen ist sie in der Regel nicht für die Planung und Umsetzung von gesundheitsfördernden Einzelmaßnahmen verantwortlich. Diese Verantwortlichkeiten sollten in den jeweils betroffenen Bereichen liegen und während der Maßnahmenplanung zu einem möglichst frühen Zeitpunkt festgelegt werden. Grundsätzlich ist es sinnvoll, die einzelnen Planungsschritte und die für die Planung und Umsetzung verantwortlichen Personen detailliert schriftlich festzuhalten (s. Kap. 5.2).

6.3.2 Zentrale Fragestellungen

Zu Beginn der Planung eines gesundheitsfördernden Gesamtkonzeptes sollten sich die BGM-Akteure des Unternehmens mit folgenden zentralen Fragen beschäftigen:

- Wie wird sich die betriebliche Personalstruktur (hinsichtlich Alter, Diversität[19] etc.) voraussichtlich in den nächsten Jahren entwickeln?
- Welche gesundheitsbezogenen Probleme treten schon heute bei den Mitarbeitern in den einzelnen Alters- und Personengruppen auf, welche sind für die Zukunft zu erwarten?
- Wie kann die Arbeits- und Beschäftigungsfähigkeit der Arbeitnehmer in den einzelnen Alters- und Personengruppen und in den einzelnen Arbeitsbereichen erhalten und gefördert werden?

Ein *Good-Practice-Beispiel* für ein solches Gesamtkonzept, das für alle Bereiche des Unternehmens gelten soll, finden Sie im Beispiel auf S. 53. Das *Generationenprogramm LIFE* des österreichischen Unternehmens *voestalpine* sieht weit über den unmittelbaren Gesundheitsbereich hinaus. Es zielt darauf ab, die Rahmenbedingungen für einen optimalen Arbeitsplatz zu schaffen, und zwar für Mitarbeiter jeden Alters. Hierzu gehört, dass das Unternehmen jeweils auf die – sich immer wieder ändernden – individuellen Bedürfnisse und Talente eingeht. Optimal umgesetzt, soll dies dann – wie bereits von der *Ottawa-Charta* (s. Kap. 2.2) und der *Luxemburger Deklaration* (s. Kap. 3.2) gefordert – bei den Arbeitskräften zu mehr Gesundheit und Wohlbefinden führen.

---

19 *Diversity:* Vielfältigkeit, z. B. hinsichtlich Alter, Geschlecht, sozialer und ethnischer Herkunft, Religion, Weltanschauung, sexueller Orientierung, Kultur

Beispiel

Ein Beispiel aus der Praxis – Das LIFE-Programm der Firma voestalpine[20]

(Zitate von der Firmen-Homepage www.voestalpine.com aus dem Jahr 2014. Mit freundlicher Genehmigung der Firma voestalpine vom 26. April 2018)

LIFE steht als Abkürzung für Lebensfroh, Ideenreich, Fit und Erfolgreich.

All unsere Mitarbeiterinnen und Mitarbeiter besitzen individuelle Bedürfnisse und Talente. Diese ändern sich im Laufe des Lebens. Das Generationenprogramm LIFE geht hierauf ein und hilft, die Rahmenbedingungen für einen optimalen Arbeitsplatz für Jung und Alt zu schaffen."

Handlungsfelder von LIFE

- Flexible Arbeitszeitmodelle: Familie und Beruf zu vereinen und Belastungen durch Schichtarbeit abzufedern schafft Zufriedenheit und Motivation.
- Lebensphasengerechte Arbeitsplatzgestaltung: Die Stärken jeder Lebensphase bestmöglich unterstützen und fördern.
- Chancengleichheit: Leistung kennt weder Geschlecht noch Alter.
- Sicherheits- und Gesundheitsvorsorge: Ob Arbeit oder Freizeit, ob aktives Berufsleben oder nach der Pensionierung – die Leistungsfähigkeit der Mitarbeiter fördern und sichern.
- Kultur, Führung, Entwicklungsmaßnahmen: Fürs Leben lernen, innovativ bleiben und Wissen strukturiert weitergeben heißt Chancen bieten.
- Neue Mitarbeiterinnen und Mitarbeiter finden und binden: Durch eine attraktive Arbeitswelt neue Talente finden und gut integrieren.

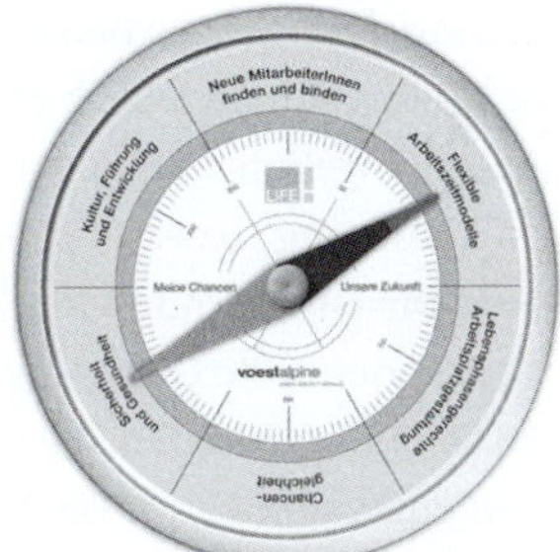

Das LIFE-Programm wurde bereits im Jahr 2000 gestartet. Seit 2010 ist es kein separates Unternehmensprogramm mit Projektstrukturen mehr, sondern wird als Grundhaltung in allen Unternehmensstrukturen im Rahmen des täglichen Arbeitslebens berücksichtigt.

Definition „Good Practice"

Unter dem Begriff **Good Practice** versteht man erfolgreiche und anerkannte Lösungen für ein bestimmtes Problem. Good-Practice-Maßnahmen im BGM-Bereich müssen anerkannte Standards beachten oder übertreffen. Es muss sich hierbei jedoch nicht um die nachgewiesenermaßen besten Lösungsmöglichkeiten *(Best Practice)* für dieses Problem handeln.

Das Beispiel oben zeigt, dass zu den wichtigen BGM-Aktionsfeldern neben den klassischen gesundheitsfördernden Aktivitäten u.a. auch Maßnahmen im Bereich der Personal- und Organisationsentwicklung gehören. Betriebliches Gesundheitsmanagement

20 Die *voestalpine AG* ist ein weltweit agierender österreichischer Technologie- und Industriegüterkonzern mit Sitz in Linz.

beschäftigt sich heute daher u.a. auch mit der besseren Vereinbarkeit von Erwerbs- und Privatleben („Work-Life-Balance", s. Hämmig & Bauer, 2017). Im Gesamtkonzept sollte darüber hinaus aber auch die Einbindung des Unternehmens einschließlich seiner gesundheitsrelevanten Bereichen in die Gesellschaft (regional, überregional, global) deutlich werden. Hierzu gehört z.B. auch die Betrachtung der ökologischen (und damit in der Regel auch gesundheitsbezogenen) Auswirkungen der Unternehmenstätigkeit auf Mensch und Umwelt.

6.4 Kosten und Nutzen

Mitarbeiter und insbesondere Führungskräfte in Unternehmen sind oft der Meinung, dass die Planung und Umsetzung von Maßnahmen der Gesundheitsförderung im Betrieb sehr kosten- und zeitintensiv sind. Sie gehen daher davon aus, dass dies umso mehr für die Einrichtung eines Betrieblichen Gesundheitsmanagements gilt. Deshalb werden solche Maßnahmen vielfach erst gar nicht in Erwägung gezogen. Die Gründe hierfür sind meist mangelndes Wissen und falsche Vorstellungen darüber, was Betriebliche Gesundheitsförderung bzw. Betriebliches Gesundheitsmanagement bedeuten und welche gesundheitsfördernden Maßnahmen möglich sind. Vielfach werden hierunter nur verhaltensorientierte Gesundheitsprogramme (v.a. in den Bereichen Ernährung, Bewegung und Stress) verstanden, die man – überwiegend sehr teuer – bei entsprechenden Institutionen einkaufen kann. Doch Betriebliches Gesundheitsmanagement geht weit darüber hinaus. Zahlreiche Beispiele in diesem Buch – insbesondere in Kap. 13 *Lösungsvorschlägen zu den Aufgaben* – zeigen, dass BGM-Maßnahmen nicht immer teuer, zeitaufwendig und womöglich nicht zielführend sind. Es gibt Maßnahmen, die ohne größeren zeitlichen und finanziellen Aufwand umgesetzt werden können. Andere Maßnahmen kosten v.a. Zeit – und damit indirekt auch mehr Geld für Personal.

Darüber hinaus gibt es jedoch selbstverständlich auch Maßnahmen, für die genügend Geld bereitgestellt werden muss (z.B. für Umbaumaßnahmen, um die Luftqualität in bestimmten Räumen zu verbessern, um ein überdachtes Fahrradpark-System zu installieren, um Pausenräume ansprechend zu gestalten etc.). Gesundheitsfördernde Maßnahmen sollten Maßnahmen sein, die – wenn immer möglich – von vornherein mitgedacht werden (z.B. bei der Planung eines Arbeitsbereichs oder bei der Einrichtung eines Raumes). Dies ist dann meist mit geringeren Kosten verbunden, die Maßnahmen können also mit weniger zusätzlichem zeitlichem und finanziellem Aufwand realisiert werden. Hierbei ist auch zu berücksichtigen, dass Maßnahmen, die die betriebliche Umwelt der Menschen so umgestalten, dass gesundheitsbewusstes Verhalten leichter möglich ist, wesentlich wirksamer sind als kurzfristig durchgeführte Programme, die nur auf eine Verhaltensänderung abzielen (s. Kap. 12).

Viele gesundheitsfördernde Maßnahmen im Unternehmen sind allerdings nicht nur unter dem Gesundheitsaspekt sinnvoll und nötig. Sie können z.B. auch aus betriebswirtschaftlicher Sicht angebracht oder aus Umweltgesichtspunkten empfehlenswert sein. An dieser Stelle wird ein grundsätzliches Problem von Betrieblicher Gesundheitsförderung bzw. Betrieblichem Gesundheitsmanagement deutlich. Die umzusetzenden Maßnahmen können in die Zuständigkeit verschiedener Firmenbereiche oder Abteilungen fallen. Daher gibt es nicht selten Probleme bei der Übernahme der Kosten. Eine klare Regelung der Zuständigkeiten auch im Hinblick auf die Kostenübernahme ist deshalb bereits von Beginn an, d.h. schon bei der Planung und Einführung eines Betrieblichen Gesundheitsmanagements angebracht.

Bei der Entscheidung, welcher Aspekt hinsichtlich des Verhältnisses von Kosten und Nutzen bei einer Maßnahme im Vordergrund stehen soll, können die einzelnen BGM-Akteure in einem Unternehmen durchaus unterschiedliche Vorstellungen haben. Wenn z.B. für die Unternehmensleitung der Kosten-Nutzen-Aspekt im Vordergrund steht, werden in der Regel zuerst die Maßnahmen in Angriff genommen, bei denen aus Sicht des Unternehmens ein ausgesprochen positives Kosten-Nutzen-Verhältnis vorherrscht. Es werden also meist die Maßnahmen umgesetzt, die relativ wenig kosten, aber direkt einen gewissen Nutzen erwarten lassen. Eventuell werden aber auch kostenintensivere Maßnahmen in Angriff genommen, wenn sie für das Unternehmen auch in finanzieller Hinsicht einen so hohen Nutzen erwarten lassen, dass zumindest die anfallenden Kosten gedeckt werden. Darüber hinaus gibt es auch Maßnahmen, die für das Unternehmen und/oder die Mitarbeiter von so großer Bedeutung sind, dass sie in jedem Fall vorrangig umgesetzt werden. Ein Beispiel hierfür ist die Umsetzung von Maßnahmen zum Umgang mit Gefahrstoffen oder die Durchführung von Maßnahmen im Rahmen der gesetzlich vorgeschriebenen arbeitsmedizinischen Vorsorge.

Die Organisation *Gesundheitsförderung Schweiz* hat im Rahmen ihres Programms *KMU - vital. Programm für gesunde Betriebe* eine beispielhafte (fiktive) Kosten-Nutzen-Rechnung erstellt (s. Tabelle 6-2). Sie soll v.a. den potenziellen Akteuren in kleineren und mittleren Unternehmen (KMU) deutlich machen, dass den Kosten von gesundheitsfördernden Maßnahmen in der Regel auch ein erheblicher Nutzen gegenübersteht, und zwar dann, wenn die Maßnahmen nachgewiesenermaßen effektiv und effizient sind (s. Kap. 12).

In Deutschland können die gesetzlichen Krankenkassen die Unternehmen bei der Planung und Durchführung von BGM-Maßnahmen finanziell unterstützen. Die rechtlichen Grundlagen dazu finden sich im *Präventionsgesetz* (s. § 20a des Sozialgesetzbuches, Fünftes Buch [SGB V], s. Kap. 3.3.1).

Tabelle 6–2: Gegenüberstellung von Kosten und Nutzen der geplanten BGM-Maßnahmen eines fiktiven Unternehmens in der Schweiz. Quelle: Modifiziert nach den Folien zum Einstiegsworkshop Betriebliche Gesundheitsförderung der Gesundheitsförderung Schweiz, KMU – vital. Programm für gesunde Betriebe (Download möglich unter http://www.kmu-vital.ch/default2.asp?page=workshop&cat=3&subcat=1).

Kosten für	Nutzen
Arbeitsorganisatorische Veränderungen • Feste Arbeitsgruppen • Eigenverantwortliche Arbeitszeitgestaltung • Neues Entlohnungssystem Ergonomische Umgestaltung • Staubfilter • Neue Sitze Angebote zur Verbesserung des Gesundheitsverhaltens • Fitness • Ernährung	Geringere Lohnfortzahlungskosten Abwesenheitsquote sinkt von 13,5 auf 9 %. 360.000 CHF
	Geringere Arbeitgeberaufwendungen zur Sozialversicherung 70.000 CHF
	Eingesparte Personalreserve (12 Personen) 1.000.000 CHF
	Abbau von Hierarchie 300.000 CHF
	Verringerung von Personalfluktuation 20.000 CHF
360.000 CHF	1,75 Mio. CHF

Aufgabe 6

Ein Kollege, der wie Sie in einem kleineren Industriebetrieb arbeitet, spricht mit Ihnen in der Frühstückspause darüber, dass immer mehr Unternehmen dazu übergehen, ein Betriebliches Gesundheitsmanagement (BGM) einzurichten.

a. Er fragt Sie, warum man eigentlich ein Betriebliches Gesundheitsmanagement in einem Unternehmen braucht und ob dies nicht nur etwas für größere Konzernunternehmen sei?

b. Ihr Kollege möchte auch wissen, welche Rolle die Beschäftigten bei der Etablierung eines Betrieblichen Gesundheitsmanagements spielen oder ob dies ausschließlich eine Angelegenheit der Geschäftsleitung sei?

7 BGM-Werkzeuge

Es gibt eine Reihe von Werkzeugen, die die BGM-Akteure bei der Planung ihres speziell auf die Gegebenheiten vor Ort ausgerichteten Betrieblichen Gesundheitsmanagements unterstützen können. Hierzu gehören die *Altersstrukturanalyse*, die *Mitarbeiterbefragung*, der *Work Ability Index*, das *Workshop-Konzept* und die *Checklisten zur Abklärung des Handlungsbedarfs*. Zudem haben die Unternehmen auch noch die Möglichkeit, eine detaillierte *Fehlzeitenanalyse* (s. Tabelle 7–1) durchzuführen.

Tabelle 7–1: BGM-Werkzeuge, die zur Planung eines auf die jeweiligen Gegebenheiten vor Ort ausgerichteten Betrieblichen Gesundheitsmanagements verwendet werden können.

Altersstrukturanalyse	Zeigt die aktuelle Altersstruktur der Belegschaft und zukünftige Entwicklungen → Gibt es mit dem Altersstrukturwandel verbundene personalpolitische/gesundheitsbezogene Probleme?
Fehlzeitenanalyse	Betrachtet die Fehlzeiten der Mitarbeiter eines Unternehmens hinsichtlich ihrer Häufigkeit, Dauer und Art (und ggf. auch ihrer Ursachen) → Gibt es z. B. Muster im Hinblick auf Alter, Geschlecht, Berufsfeld etc. und entsprechenden gesundheitsbezogenen Handlungsbedarf?
Work Ability Index	Einschätzung der persönlichen Arbeitsfähigkeit durch die Beschäftigten selbst → Droht zukünftig eine Einschränkung der Arbeitsfähigkeit?
Mitarbeiterbefragung + Workshop-Konzept	Befragung der Mitarbeiter zu gesundheitsrelevanten Problemen + innerbetrieblicher Workshop zum Thema „Gesundheit“ → Ziele: a. Sensibilisieren, b. Reflektieren, c. Probleme ermitteln, d. Lösungsansätze finden
Checkliste zum Handlungsbedarf	Betrachtet die Arbeits- und Beschäftigungsbedingungen im Betrieb → Gibt es hier gesundheitsbezogenen Handlungsbedarf?

7.1 Altersstrukturanalyse

Die Altersstruktur einer Belegschaft kann u. a. von der Branche und der Region abhängig sein, in der sich das Unternehmen befindet, aber auch vom Ausmaß der Neueinstellungen, von der Personalfluktuation im Unternehmen und vom üblichen Zeitpunkt des Berufsaustritts älterer Mitarbeiter.

Sie haben bereits in Kap. 1.3.1 gehört, dass die Zahl der chronischen Krankheiten mit dem Alter zunimmt (s. a. Habermann-Horstmeier, 2018). Zwar sind ältere Mitarbeiter nicht häufiger krank als ihre jüngeren Kollegen. Die durchschnittliche Dauer der Arbeitsunfähigkeit aufgrund chronischer Erkrankungen liegt jedoch weit über der bei akuten Krankheiten. So belief sich beispielsweise die durchschnittliche Zahl der Arbeitsunfähigkeitstage (AU-Tage) je Fall bei den Mitgliedern der Betriebskrankenkassen in Deutschland (ohne Rentner) im Jahr 2016 nach dem *BKK*[21] *Gesundheitsreport 2017* (Knieps & Pfaff, 2017) bei den Infektionskrankheiten auf 5,6 Tage, bei den psychischen Störungen aber auf 38,8 Tagen. Es ist daher für die Unternehmen von großer ökonomischer Bedeutung, die AU-Tage aufgrund chronischer Erkrankungen so gering wie möglich zu halten. Die BGM-Akteure eines Unternehmens sollten deshalb immer über die Entwicklung der Altersstruktur in ihrem Betrieb informiert sein. Nur dann können sie frühzeitig Maßnahmen ergreifen, um die Beschäftigten möglichst lange gesund im Beruf zu halten (s. Institut für angewandte Arbeitswissenschaft, 2016).

Die aktuellen Altersstrukturdaten werden in der Regel für die gesamte Belegschaft, in Ausnahmefällen auch nur für einzelne Teile des Betriebs oder der Belegschaft erhoben. Dabei wird die Anzahl der Beschäftigten entweder pro Jahrgang erfasst oder in Altersklassen eingeordnet. Aus diesen Daten können dann neben dem Altersdurchschnitt auch die prozentualen Anteile der Altersklassen errechnet werden. Legt man nun bestimmte Annahmen zur künftigen Personalentwicklung zugrunde (z. B. „In den nächsten fünf Jahren kommen keine neuen Beschäftigten hinzu." oder „In den nächsten fünf Jahren werden 10 % mehr junge Kollegen im Alter von ≤ 30 Jahren eingestellt."), kann auf dieser Basis dann eine Prognose zur zukünftigen Altersstrukturentwicklung erstellt werden. Ein fiktives[22] Beispiel für eine solche Altersstrukturberechnung finden Sie im Beispiel unten. Dort geht man davon aus, dass die bestehende Belegschaft um fünf Jahre altert und keine Personalfluktuation zu verzeichnen ist. In größeren Unternehmen lassen sich durch solche Prognosen zusätzliche Erkenntnisse gewinnen, indem man die Ergebnisse der einzelnen Betriebsstellen, Abteilungen oder Arbeitsgruppen hinsichtlich der Altersstruktur und der Durchschnittswerte miteinander vergleicht. Zusammen mit den Resultaten aus der Fehlzeitenanalyse, der Mitarbeiterbefragung und/oder der Einschätzung der persönlichen Arbeitsfähigkeit (s. Kap. 7.2 bis Kap. 7.4) können diese Ergebnisse dann die Grundlage für die Planung von altersadäquaten Maßnahmen im Rahmen des Betrieblichen Gesundheitsmanagements bilden.

Beispiel

Beispiel für die Berechnung der Altersstruktur der Mitarbeiter eines kleinen, fiktiven Unternehmens mit 28 Mitarbeitern (2018). Prognose der Altersstruktur für das Jahr 2023 (Fortschreibung der bisherigen Entwicklung ohne Neueinstellungen).

21 *BKK:* Betriebskrankenkassen
22 *fiktiv:* angenommen, erdacht, erfunden

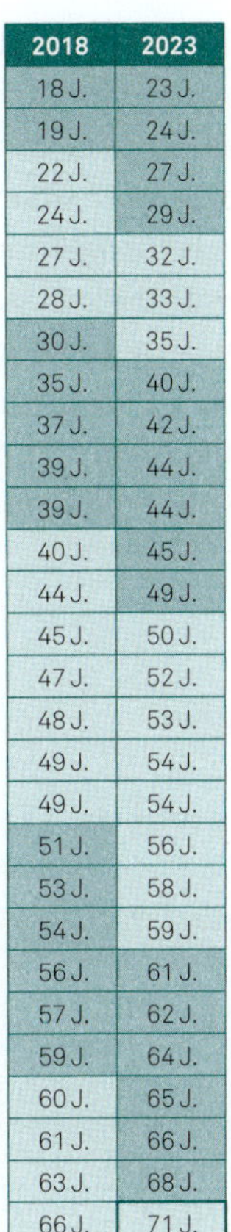

2018	2023
18 J.	23 J.
19 J.	24 J.
22 J.	27 J.
24 J.	29 J.
27 J.	32 J.
28 J.	33 J.
30 J.	35 J.
35 J.	40 J.
37 J.	42 J.
39 J.	44 J.
39 J.	44 J.
40 J.	45 J.
44 J.	49 J.
45 J.	50 J.
47 J.	52 J.
48 J.	53 J.
49 J.	54 J.
49 J.	54 J.
51 J.	56 J.
53 J.	58 J.
54 J.	59 J.
56 J.	61 J.
57 J.	62 J.
59 J.	64 J.
60 J.	65 J.
61 J.	66 J.
63 J.	68 J.
66 J.	71 J.

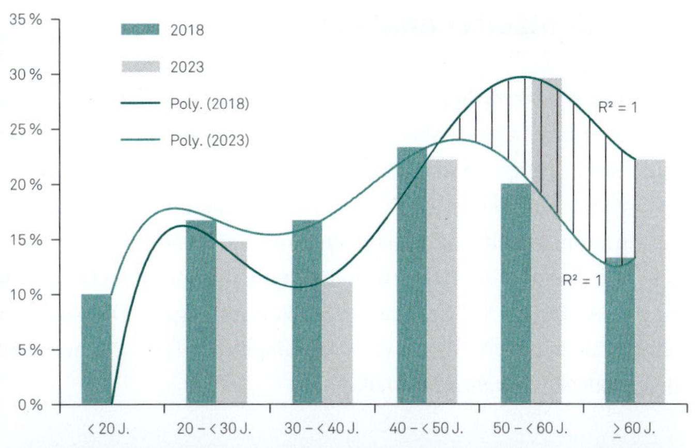

	2018		2023	
	n	%	*n*	%
< 20 J.	2	10,0 %	0	0,0 %
20–< 30 J.	4	16,7 %	4	14,8 %
30–< 40 J.	5	16,7 %	3	11,1 %
40–< 50 J.	7	23,3 %	6	22,2 %
50–< 60 J.	6	20,0 %	8	29,6 %
≥ 60 J.	4	13,3 %	6	22,2 %
Gesamt	28	100,0 %	27	99,9 %

Im Jahr 2018 sind in diesem fiktiven Unternehmen 28 Mitarbeiter beschäftigt. Ihre Alterswerte finden Sie in der nebenstehenden oberen Tabelle. Daraus lässt sich das Durchschnittsalter der Mitarbeiter (= Mittelwert der Alterswerte, MW) berechnen. Es liegt bei 43,6 Jahren (STAB +/–13,8 J.). Ordnet man die Werte dann den zuvor festgelegten Altersgruppen zu (s. untere Tabelle), zeigt sich, dass insgesamt bereits deutlich mehr als die Hälfte der Belegschaft 40 Jahre und älter sind (56,6 %). Die berechneten Werte werden nun in Form eines Balkendiagramms bildlich dargestellt. Die blauen Balken zeigen die relativen Werte für die einzelnen Altersgruppen im Jahr 2018 (Angabe in %, s. obere Abbildung).

Bei der Prognose der Altersstruktur für das Jahr 2023 gehen wir davon aus, dass in den nächsten fünf Jahren keine neuen Mitarbeiter hinzukommen und auch keine vorzeitig ausscheiden. Zudem sollen die Mitarbeiter bis zum 68. Lebensjahr (einschließlich) im Unternehmen verbleiben. Wir addieren daher zu den Alterswerten der einzelnen Mitarbeiter (s. Tabelle links) jeweils fünf Jahre hinzu. Hieraus ergibt sich nun – unter den genannten Bedingungen (→ der Mitarbeiter im Alter von 71 Jahren ist in Rente, die Mitarbeiterzahl sinkt auf 27) – ein Durchschnittsalter von 47,7 Jahren (STAB +/–13,4 J.). Nun sind fast drei Viertel der Mitarbeiter (74 %) 40 Jahre und älter. Im oberen Balkendiagramm stehen die grauen Balken für die einzelnen Altersgruppen im Jahr 2023 (Angabe in %). Eingezeichnet ist darüber hinaus für beide Jahre (2018 + 2023) jeweils eine polynomische Trendlinie als Bestimmtheitsmaß. Die Trendlinien überkreuzen sich in der Altersgruppe „40 – < 50 J.“. Der straffierte Überschneidungsbereich macht die Zunahme der Zahl der Mitarbeiter > 40 J. innerhalb dieses Fünf-Jahres-Zeitraums deutlich.

n = Anzahl, % = Prozentsatz, MW = Mittelwert, STAB = Standardabweichung, R^2 = Bestimmtheitsmaß

7.2 Fehlzeitenanalyse

Versicherte Beschäftigte gelten dann als arbeitsunfähig, wenn sie infolge eines durch Krankheit oder Unfall hervorgerufenen Körper- und Geisteszustand nicht in der Lage sind, ihre bisherige Erwerbstätigkeit weiter auszuüben oder wenn zu befürchten ist, dass die weitere Ausübung der Erwerbstätigkeit zu einer Verschlimmerung ihres Zustandes führen kann. Arbeitsunfähigkeit kann nur nach ärztlicher Untersuchung bescheinigt werden. Der Zustand der Arbeitsunfähigkeit (AU) ist z. B. in Deutschland die Voraussetzung für den Anspruch auf Kranken- bzw. Verletztengeld. Die Stunden oder Tage der Abwesenheit eines Beschäftigten vom Arbeitsplatz aufgrund einer Krankheit bezeichnet man als *krankheitsbedingte Fehlzeiten*.

7.2.1 Kennzahlen zur Beschreibung von Arbeitsunfähigkeit

Zur Beschreibung von Arbeitsunfähigkeit dienen den Unternehmen (und den Versicherungen) eine Reihe von Kennzahlen, wie etwa die *Zahl der AU-Fälle*, die *AU-Quote* und der *Krankenstand*. Die Erläuterungen der Begriffe finden Sie in Tabelle 7–2.

Tabelle 7–2: Erläuterung verschiedener Kennzahlen im Bereich der Arbeitsunfähigkeit.

AU-Fälle	Anzahl der Fälle von Arbeitsunfähigkeit in einem Zeitraum (Angaben z. B. in Bezug auf alle Betriebsangehörigen oder je Krankenkassenmitglied oder je 100 Krankenkassenmitglieder)
AU-Tage	Anzahl der Arbeitsunfähigkeitstage in einem Auswertungszeitraum (z. B. 1 Jahr)
AU-Tage je Fall	Mittlere Dauer eines Arbeitsunfähigkeitsfalls (Angabe in Tagen)
AU-Quote	Anteil der untersuchten Grundgesamtheit (z. B. der Beschäftigten in einem Betrieb oder der Mitglieder einer Krankenkasse), die im Auswertungszeitraum mindestens 1 × krankgeschrieben waren (Angabe in Prozent)
Krankenstand	Anteil der im Auswertungszeitraum angefallenen AU-Tage im Verhältnis zur Soll-Arbeitszeit (Angabe in Prozent)
Kurzzeiterkrankungen	AU-Fälle von 1 bis 3 Tagen Dauer (meist bezogen auf ein Jahr; Angabe in % aller Fälle/Tage)
Langzeiterkrankungen	AU-Fälle von mehr als 6 Wochen Dauer (meist bezogen auf ein Jahr; Angabe in % aller Fälle/Tage)

Mithilfe dieser Kennzahlen lässt sich beispielsweise zeigen, dass ältere erwerbstätige Menschen im Durchschnitt nicht häufiger krank sind als jüngere, dass sie im Krankheitsfall jedoch meist länger arbeitsunfähig sind. Auch lassen sich hier möglicherweise vorhandene Differenzen zwischen Männern und Frauen nachweisen. Insbesondere mit zusätzlicher Hilfe der von den Krankenkassen erhobenen kodierten, anonymisierten Diagnosedaten ist es großen Firmen möglich zu berechnen, wie viele ihrer Beschäftigten durchschnittlich an welchen Erkrankungen leiden. Kleinere Firmen mit geringen Beschäftigtenzahlen können aus Datenschutzgründen in der Regel nicht hierauf zurückgreifen, da auch die anonymisierten Daten u.U. Rückschlüsse darauf erlauben, welche Erkrankungen bei welchem Mitarbeiter vorliegen.

Tabelle 7–3: Überblick über den Krankenstand der Mitglieder der *Allgemeinen Ortskrankenkassen (AOK),* über die AU-Fälle je 100 Mitglieder, die AU-Tage je 100 Mitglieder, die AU-Tage je Fall und die AU-Quote im Jahr 2016, unterschieden nach einzelnen Berufsfeldern. Die Daten sind nicht standardisiert. Quelle der Daten: Badura, Ducki, Schröder, Klose & Meyer (Hrsg.) (2017), S. 279ff.

Tätigkeit	Krankenstand, in %	AU-Fälle je 100 AOK-Mitglieder	AU-Tage je 100 AOK-Mitglieder	AU-Tage je Fall	AU-Quote
Reinigungsberufe (im Gesundheitswesen, ohne Spez.)	8,0	174,5	2.924,1	16,8	64,7
Berufe in der Altenpflege (ohne Spez.)	7,5	190,9	2.732,3	14,3	63,9
Berufe im Metallbau	6,6	209,1	2.407,1	11,5	68,3
Berufe in der Gesundheits- und Krankenpflege (ohne Spez.)	6,3	170,6	2.296,4	13,5	61,9
Berufe in der Heilerziehungspflege und Sonderpädagogik	5,7	181,8	2.100,8	11,6	63,5
Berufe in der Maschinenbau- und Betriebstechnik (im Baugewerbe, ohne Spez.)	5,6	152,8	2.032,7	13,3	48,8
Berufe in der Kinderbetreuung und Erziehung	5,3	226,9	1.931,3	8,5	68.6
Berufe in der Lagerwirtschaft im Bereich Dienstleistungen	5,2	212,4	1.910,4	9,0	44,3
Berufe in der Buchhaltung im Bereich Banken und Versicherungen	3,6	139,4	1.318,8	9,5	51,8
Büro- und Sekretariatskräfte (im Handel, ohne Spez.)	3,3	132,7	1.199,1	9,0	49,8
Anlageberater u. Sonstige im Bereich Banken und Versicherungen	2,8	122,7	1.016,6	8,3	50,3

Tabelle 7-3 zeigt, dass beispielsweise der *Krankenstand* – d.h. der relative Anteil der AU-Tage vom Kalenderjahr (in %) – in verschiedenen Berufsfeldern sehr unterschiedlich sein kann. So ist er etwa in den Reinigungsberufen im Gesundheitswesen mit 8,0 % fast dreimal so hoch wie bei Anlageberatern im Banken- und Versicherungsbereich (2,8 %), bei den Altenpflegeberufen (7,5 %) mehr als doppelt so hoch wie bei den Büro- und Sekretariatskräften im Handel (3,3 %). Auch die Anzahl der *AU-Tage je Fall* sind mit 16,8 Tagen im Reinigungswesen (Gesundheitsbereich) und mit 14,3 Tagen im Altenpflegebereich besonders hoch. Allerdings muss hier berücksichtigt werden, dass auch die Alters- und Geschlechtsverteilung in den verschiedenen Berufsfeldern unterschiedlich sein kann, sodass dies möglicherweise eine Abhängigkeit der Krankenstandszahlen vom Berufsfeld vortäuscht. Es ist daher wichtig anzugeben, ob entsprechende Daten bereits alters- und/oder geschlechtsstandardisiert sind. Dann wurden Alters- und Geschlechtseffekte bereits statistisch herausgerechnet, d.h. die nun noch bestehenden Unterschiede sind nicht mehr auf die Alters- oder Geschlechtsverteilung im Betrieb zurückzuführen, sondern mit größerer Wahrscheinlichkeit auf Faktoren, die mit dem Berufsfeld assoziiert sind.

Die Tabelle zeigt auch, dass in den Berufen der Kinderbetreuung und Erziehung die *Anzahl der AU-Fälle* mit 226,9 Fällen je 100 AOK-Mitgliedern zwar deutlich höher ist als bei den Reinigungsberufen im Gesundheitswesen (174,5 Fälle je 100 AOK-Mitglieder), dass die Dauer der Arbeitsunfähigkeit *(AU-Tage je Fall)* im Bereich Kinderbetreuung und Erziehung mit 8,5 Tagen aber erkennbar kürzer ist als im Reinigungsbereich (16,8 Tage je Fall). Für die kürzere Krankheitsdauer je Fall im Kinderbetreuungs- und Erziehungsbereich sind möglicherweise die häufigen, kurzdauernden Infekte verantwortlich, die von den Kindern auch auf die Betreuungs- und Erziehungskräfte übertragen werden können.

In der Regel haben geringer qualifizierte Arbeitskräfte ein höheres Krankheitsrisiko (und auch ein höheres Sterberisiko) als besser qualifizierte Arbeitskräfte. Auch dies kann man Tabelle 7-2 herauslesen. So ist die *AU-Quote* bei den Anlageberatern im Banken- und Versicherungsbereich mit 50,3 erheblich niedriger als bei den Reinigungsberufen im Gesundheitswesen (64,7). Das heißt, dass die Beschäftigten im Reinigungswesen im Auswertungszeitraum deutlich häufiger mindestens 1 × krankgeschrieben waren als die Anlageberater. Zudem liegt der *Krankenstand* mit 8,0 % bei den Reinigungsberufen wesentlich höher als bei den Anlageberatern (2,8 %).

Die hohe Zahl der *AU-Tage je Fall* bei den Reinigungsberufen (16,8 Tage) und bei den Altenpflegekräften (14,3 Tage) deutet darauf hin, dass in beiden Berufsfelder die krankheitsbedingten Fehlzeiten überwiegend auf länger dauernde, chronische Erkrankungen zurückzuführen sind. Anders dagegen im pädagogischen Bereich (s. o.), wo vieles dafür spricht, dass die Betroffenen öfter auch aufgrund akuter Erkrankungen arbeitsunfähig waren oder dass sie trotz chronischer Beschwerden weiterhin zur Arbeit gingen (*Präsentismus*[23]).

23 *Präsentismus* bezeichnet das Verhalten von Arbeitnehmern, die trotz Krankheit weiterhin zur Arbeit gehen. Eine der Ursachen hierfür ist die Furcht vor dem Arbeitsplatzverlust. Ein anderer Grund ist z. B. bei Beschäftigten im Pflege- und Betreuungsbereich, dass sie die ihnen anvertrauten Patienten/Bewohner nicht im Stich lassen möchten und daher oftmals krank zur Arbeit gehen.

Die Gründe für das höhere Krankheitsrisiko von geringer qualifizierten Arbeitskräften können z.B. in den ungünstigen Arbeitsbedingungen, der größeren körperlichen Belastung und in chronischem Stress liegen, aber auch in der größeren Arbeitsplatzunsicherheit oder einer größeren psychosozialen Belastung, im Vorhandensein geringerer Ressourcen, einer schlechteren Bezahlung und/oder in der geringeren Wertschätzung, die diese Beschäftigten im Arbeitsleben und in der Gesellschaft erfahren. All die genannten Punkte können Ansatzpunkte für Maßnahmen des Betrieblichen Gesundheitsmanagements sein, deren Ziel es ist, das höhere Krankheitsrisiko geringer qualifizierter Arbeitnehmer deutlich zu senken (s. dazu auch Kap. 9 und Kap. 10). Regelmäßig durchgeführte, detaillierte Fehlzeitenanalysen und die daraus ableitbaren gesundheitsfördernden Maßnahmen sind somit nicht nur im Interesse des Unternehmens, sondern insbesondere auch im Interesse der dort beschäftigten Arbeitnehmer.

7.2.2 Umsetzung in die Praxis

Welche der in Kap. 7.2.1 genannten Kennzahlen können nun als Messinstrumente genutzt werden, um die wichtigsten Fragen im Zusammenhang mit dem Thema Arbeitsunfähigkeit zu beantworten? Tabelle 7–4 gibt eine Antwort hierauf. Sie zeigt, dass z.B. *Krankenstand*, *AU-Fälle* und *AU-Quote* im Hinblick auf einzelne Arbeitnehmergruppen (Männer/Frauen, junge/ältere Mitarbeiter, Beschäftigte in verschiedenen Berufsfeldern/Abteilungen) auch getrennt betrachtet und miteinander verglichen werden können, sodass hieraus zusätzliche Informationen gewonnen werden können. Informationen über die Krankheitsdiagnosen, kodiert nach ICD-10[24], können aus Datenschutzgründen jedoch in der Regel nur von Firmen mit einer größeren Beschäftigtenzahl in die Analyse mit einbezogen werden (s. Kap. 7.2.1).

Tabelle 7–4: Überblick über mögliche Fragen im Zusammenhang mit krankheitsbedingten Fehlzeiten und die Messinstrumente, die zur Beantwortung dieser Fragen nötig sind.

Fragen	Messinstrumente bzw. Kennzahlen
Wie viele Mitarbeiter sind in einem bestimmten Zeitraum krank?	AU-Fälle (in einem Zeitraum, meist in Bezug auf alle Betriebsangehörigen), Krankenstand
Wie hoch ist der Anteil der Mitarbeiter, die in einem bestimmten Zeitraum mindestens einmal/gar nicht krankgeschrieben waren?	AU-Quote
Wie lange sind die Mitarbeiter im Durchschnitt krankgeschrieben?	AU-Tage
Wie hoch ist der Anteil der Kurzzeitkranken (1–3 Tage), wie hoch der Anteil der Langzeitkranken (≥6 Wochen)?	Anzahl der Langzeit- und der Kurzzeiterkrankungen

24 *ICD-10:* Internationale statistische Klassifikation der Krankheiten und verwandter Gesundheitsprobleme, 10. Revision (= International anerkannte Klassifikation zur Verschlüsselung von Diagnosen in der ambulanten und stationären Gesundheitsversorgung)

Tabelle 7–4: Fortsetzung

Fragen	Messinstrumente bzw. Kennzahlen
Gibt es altersabhängige Unterschiede bei den krankheitsbedingten Fehlzeiten?	AU-Fälle oder Krankenstand, unterschieden nach Altersgruppen
Gibt es geschlechtsabhängige Unterschiede bei den krankheitsbedingten Fehlzeiten?	AU-Fälle oder Krankenstand, unterschieden nach Geschlecht
Sind einzelne Tätigkeitsbereiche, Berufe bzw. Branchen von krankheitsbedingten Fehlzeiten unterschiedlich betroffen?	AU-Fälle oder Krankenstand, unterschieden nach Tätigkeitsbereichen, Berufen bzw. Branchen
Gibt es eine jahreszeitliche Häufung krankheitsbedingter Fehlzeiten?	AU-Fälle oder Krankenstand in einem Beobachtungszeitraum, untergliedert nach Monaten
Gibt es eine Häufung krankheitsbedingter Fehlzeiten an bestimmten Wochentagen?	AU-Fälle oder Krankenstand in einem Beobachtungszeitraum, untergliedert nach Wochentagen der Krankschreibung
Was sind die häufigsten Krankheiten, die zu einer Krankschreibungen führen?	AU-Fälle oder Krankenstand, unterschieden nach Krankheitsdiagnosen (ICD-10)

Um die Fehlzeitenanalyse dann in der Praxis durchzuführen, müssen zuerst die in Tabelle 7-5 gelisteten Fragen beantwortet werden. Hierbei geht es zum einen darum, welche der benötigten Daten im Betrieb bereits vorhanden sind, welche nicht routinemäßig erhoben werden, und wie man die nicht vorhandenen Daten am besten gewinnen kann. Um die Gesundheitsrelevanz dieser Daten dann der Belegschaft und der Unternehmensleitung deutlich zu machen, müssen sie anschaulich und leicht verständlich präsentiert werden (z. B. in Form von Schaubildern/Diagrammen). Die bildliche Darstellung soll es den Akteuren ermöglichen, hieraus gesundheitsrelevante Schlussfolgerungen zu ziehen, die dann später als wichtige Informationen bei der Formulierung von BGM-Zielen und entsprechenden gesundheitsfördernden Maßnahmen von Bedeutung sein können.

Tabelle 7–5: Fragestellungen zum Vorgehen bei der Umsetzung einer Fehlzeitenanalyse.

Fragestellungen zum Vorgehen bei der Umsetzung einer Fehlzeitenanalyse
Welche Routinedaten zu krankheitsbedingten Fehlzeiten werden im Unternehmen erhoben und sind somit bereits vorhanden?
Welche nicht routinemäßig erhobenen Daten zu krankheitsbedingten Fehlzeiten werden noch benötigt?
Wie können diese noch nicht vorhandenen Daten (z. B. im Rahmen einer Umfrage) erhoben bzw. aus bereits vorhandenen Daten berechnet werden?
Wie können diese Daten anschaulich präsentiert werden?
Welche Informationen können diesen Daten entnommen werden?
Welche Schlussfolgerungen können aufgrund dieser Daten im Hinblick auf die Einführung eines Betrieblichen Gesundheitsmanagements (BGM) gezogen werden?

7.3 Work Ability Index (WAI)

Zusätzlich zur Altersstruktur- und zur Fehlzeitenanalyse können die Mitarbeiter eines Unternehmens auch gebeten werden, eine Einschätzung zu ihrer eigenen Arbeitsfähigkeit vorzunehmen. Dies kann z. B. mithilfe des sog. *Work Ability Index* (WAI, Arbeitsfähigkeits- oder Arbeitsbewältigungsindex) geschehen. Bei diesem Tool (Werkzeug) zur Erfassung der Arbeitsfähigkeit von erwerbstätigen Menschen handelt es sich um einen Fragebogen, der in der Regel vom Befragten selbst oder von einem Betriebsarzt im Rahmen einer betriebsärztlichen Untersuchung ausgefüllt wird. Die auf diese Weise gewonnenen Daten sollen die Basis für Maßnahmen bilden, mit deren Hilfe die Arbeitsfähigkeit der Beschäftigten erhalten bzw. gefördert werden kann. Die Unterlagen zum Work Ability Index des *WAI*-Netzwerks Deutschlands finden Sie auf der Internetseite des Instituts für Arbeitsfähigkeit, Mainz, unter http://www.arbeitsfaehig.com/de/work-ability-index-(wai)-382.html (Institut für Arbeitsfähigkeit und WAI-Netzwerk, o.J.; BAuA, 2013). Hierzu gehören auch eine lange und eine kurze Version des WAI-Fragebogens. Im Fragebogen wird nicht nur nach der subjektiven Einschätzung der aktuellen und zukünftigen Arbeitsfähigkeit gefragt, sondern u.a. auch nach den derzeit bestehenden Erkrankungen, dem Einfluss dieser Erkrankungen auf die Arbeitsfähigkeit und nach der Anzahl der Krankenstandstage im letzten Jahr. Tabelle 7-6 zeigt, dass in Dimension 2 des Fragebogens hinsichtlich der körperlichen und psychischen Anforderungen der Arbeit unterschieden wird.

Tabelle 7–6: Berechnung des Work-Ability-Index-Wertes (WAI-Wert). Quelle: Institut für Arbeitsfähigkeit und WAI-Netzwerk Deutschland. *Wie steht es um Ihre Arbeitsfähigkeit? WAI-Fragebogen (Berechnungsmethode).* Download möglich über http://www.arbeitsfaehig.com/de/work-ability-index-(wai)-382.html.

	Dimension	Zahl der Fragen	Punkteverteilung der Antworten
1	Derzeitige Arbeitsfähigkeit im Vergleich zu der besten je erreichten Arbeitsfähigkeit	1	0–10 Punkte (den angekreuzten Wert aus Fragebogen übernehmen)
2	Arbeitsfähigkeit im Vergleich zu den Anforderungen der Arbeitstätigkeit	2	Gewichtung der Punkte entsprechend dem Arbeitsinhalt anhand einer Formel
3	Anzahl der aktuellen vom Arzt diagnostizierten Krankheiten (nur die ärztliche diagnostizierten Krankheiten werden berücksichtigt)	Langversion: 1 Liste von 51 Krankheiten	Mind. 5 Krankheiten = 1 Punkt 4 Krankheiten = 2 Punkte 3 Krankheiten = 3 Punkte 2 Krankheiten = 4 Punkte 1 Krankheit = 5 Punkte 0 Krankheiten = 7 Punkte
	Alternativ bei der „WAI- Kurzversion" (siehe Text)	Kurzversion: 1 Liste von 14 Krankheitsgruppen	Mind. 5 Krankheiten = 1 Punkt 4 Krankheiten = 1 Punkt 3 Krankheiten = 3 Punkte 2 Krankheiten = 3 Punkte 1 Krankheit = 5 Punkte 0 Krankheiten = 7 Punkte

Tabelle 7–6: Fortsetzung

	Dimension	Zahl der Fragen	Punkteverteilung der Antworten
4	Geschätzte Beeinträchtigung der Arbeitsleistung durch die Krankheiten	1	1–6 Punkte (Wert der im Fragebogen angekreuzten Antworten; bei mehreren Antworten wird der niedrigste Wert gezählt)
5	Krankenstandstage in vergangenen 12 Monaten	1	1–5 Punkte (Wert der im Fragebogen angekreuzten Antworten)
6	Einschätzung der eigenen Arbeitsfähigkeit in 2 Jahren	1	1, 4 oder 7 Punkte (Wert der im Fragebogen angekreuzten Antworten)
7	Psychische Leistungsreserven	3	Die Werte der angekreuzten Antworten auf die drei Fragen werden addiert. Aus der Summe resultiert die folgende Punkteverteilung: Summe 0–3 = 1 Punkt Summe 4–6 = 2 Punkte Summe 7–9 = 3 Punkte Summe 10–12 = 4 Punkte

Die Antworten auf die beiden Fragen werden unterschiedlich gewichtet, je nachdem, ob die Befragten angegeben haben, dass es sich bei ihrer Tätigkeit vorwiegend um eine körperliche oder um eine geistige Tätigkeit handelt (oder ob beide Aspekte etwa gleichwertig sind).

Die übliche Version des Fragebogens ist die Langversion, die in Dimension 3 eine Liste von 51 Krankheiten enthält, aus denen der Befragte die ärztlich diagnostizierten Erkrankungen auswählen kann, an denen er derzeit leidet. Die Kurzversion enthält nur eine Liste mit 14 Krankheitsgruppen. Diese Version wurde aus Praktikabilitätsgründen v.a. für den Einsatz in größeren wissenschaftlichen Studien entwickelt. Insgesamt können maximal 49 Punkte erreicht werden. Dies entspricht der maximalen Arbeitsfähigkeit. Die geringste Punktzahl liegt bei 7 Punkten (minimale Arbeitsfähigkeit). Tabelle 7-7 zeigt die von den Autoren des Fragebogens ermittelte Einordnung der WAI-Werte hinsichtlich der Arbeitsfähigkeit des jeweiligen Probanden.

Achtung: Mit dem Fragebogen zum *Work Ability Index* werden aus Sicht der Beschäftigten äußerst *sensible Daten* (zu ihrer Krankheitssituation und ihrer Arbeitsfähigkeit) erhoben. Viele Arbeitnehmer sind daher bei diesem Instrument sehr misstrauisch, weil sie befürchten, dass ihre Daten - insbesondere bei einer betriebsinternen Erhebung - unverschlüsselt an die Unternehmensleitung weitergegeben werden. Es ist daher sinnvoll, die Daten durch eine externe Stelle (z.B. ein wissenschaftliches Institut) erheben zu lassen. Dieses muss zusichern, dass alle Daten *anonymisiert* werden und dass keine personenbezogenen Einzeldaten weitergeleitet werden, sondern nur Erkenntnisse über die gesamte Belegschaft bzw. Teile der Belegschaft. Je kleiner die Belegschaft ist, desto sensibler muss mit den gewonnenen Daten umgegangen werden. Selbstverständlich müssen die Beschäftigten mit der Erhebung einverstanden sein und dürfen nicht zur Teilnahme gedrängt werden.

Tabelle 7–7: Auswertung des WAI-Fragebogens: Einstufung des ermittelten WAI-Gesamtwertes (modifiziert nach Institut für Arbeitsfähigkeit & WAI-Netzwerk Deutschland. WAI-Fragebogen und Auswertung [Langversion]. Download möglich über http://www.arbeitsfaehig.com/de/work-ability-index-(wai)-382.html).

Einstufung der Arbeitsfähigkeit	Punktzahl	Empfehlung
Kritisch	7 bis 27 Punkte	Arbeitsfähigkeit wiederherstellen
Mäßig	28 bis 36 Punkte	Arbeitsfähigkeit verbessern
Gut	37 bis 43 Punkte	Arbeitsfähigkeit unterstützen
Sehr gut	44 bis 49 Punkte	Arbeitsfähigkeit erhalten

7.4 Mitarbeiterbefragungen

Die *Mitarbeiterbefragung* (MAB) ist ein häufig genutztes Werkzeug im Rahmen des Betrieblichen Gesundheitsmanagements. Über die MAB werden die Beschäftigten in den Prozess der Planung und Umsetzung von BGM-Maßnahmen einbezogen (zur Bedeutung der *Partizipation* s. Kap. 2.2 und Kap. 4.2). Dies gilt insbesondere für die Phase der *Problemdefinition* (s. *Public Health Action Cycle*, Abb. 5-1). Darüber hinaus kann die Mitarbeiterbefragung aber auch als Maßnahme der *Evaluation/Bewertung* im Anschluss an die Einführung bzw. Umsetzung einer BGM-Maßnahme eingesetzt werden. Auf diese Weise können Vergleichsdaten gewonnen werden, mit deren Hilfe dann auch eine Verlaufsbeobachtung möglich ist.

In der Regel werden bei einer Mitarbeiterbefragung alle Beschäftigten oder nur Stichproben von Mitarbeitern und Führungskräfte auf freiwilliger Basis (!) mithilfe eines Fragebogens befragt. Die MAB soll fest in den Strukturen des Betrieblichen Gesundheitsmanagements verankert sein. Dabei ist es besonders wichtig, schon zu Beginn der Planung sowohl die Unternehmensführung als auch die Arbeitnehmervertretung „mit ins Boot zu holen" (s. a. Zepke & Stieger, 2017).

Ziel der Befragung: Das Ziel einer solchen Befragung ist es meist, die Einstellungen, Wünsche und Erwartungen der Beschäftigten hinsichtlich gesundheitsrelevanter, arbeitsbezogener Themen zu ermitteln. Dabei sollen die Befragten auch die Möglichkeit erhalten, gesundheitsrelevante Probleme im Unternehmen anzusprechen und ggf. vielleicht schon Lösungen hierfür zu formulieren. Wenn solche Mitarbeiterbefragungen systematisch und regelmäßig erfolgen sollen, können dadurch auch Veränderungsprozesse im Gesundheitsbereich des Unternehmens beschrieben werden. Da vielen Arbeitnehmern nicht klar ist, dass zu den gesundheitsrelevanten Themen beispielsweise auch Bereiche wie die Kommunikation im Unternehmen sowie Arbeitsorganisation und Arbeitszeitgestaltung gehören, ist es sinnvoll, vor einer gesundheitsbezogenen Mitarbeiterbefragung einen Workshop (s. Kap. 7.5.1) durchzuführen, auf dem diese Zusammenhänge erläutert werden.

Bedenken der Mitarbeiter: In vielen Unternehmen gibt es Mitarbeiter, die einer Mitarbeiterbefragung skeptisch gegenüberstehen. Sie befürchten z.B., dass die Ergebnisse einer solchen Befragung unverschlüsselt an die Unternehmensleitung weitergegeben werden und den Beschäftigten hieraus Nachteile entstehen können. Solche Bedenken lassen sich oftmals zerstreuen, wenn die Durchführung an ein externes, seriöses, fachlich versiertes Institut vergeben wird. Allerdings ist die externe Durchführung oft teurer. Zudem kennen externe Fragebogenentwickler die Bedingungen vor Ort und die Bedürfnisse der Firmenangehörigen oft nur unzureichend. Wird der Fragebogen intern, d.h. durch Firmenangehörige erarbeitet, kann die Fragebogenqualität eingeschränkt sein, wenn keine ausreichenden Kenntnisse zur Fragebogenentwicklung und -auswertung vorhanden sind (s. dazu auch Geyer & Abel, 2018).

Datenschutz: Grundsätzlich gilt es, bei der Planung und Durchführung von Mitarbeiterbefragungen die aktuellen Datenschutzregelungen einzuhalten. Um dies zu gewährleisten, sollte von Beginn an der Datenschutzbeauftragte des Unternehmens mit hinzugezogen werden. Vor der Durchführung der Mitarbeiterbefragung müssen die zu befragenden Mitarbeiter umfassend aufgeklärt und über das Vorhaben informiert werden. Hierzu gehört auch ein deutlicher Hinweis auf die Freiwilligkeit der Teilnahme. Zudem sollen die Teilnehmer über den Ablauf, den Gegenstand und den Zweck der Befragung informiert werden. Sie sollen Informationen darüber erhalten, durch wen und für wen die Daten erhoben und verarbeitet werden sowie darüber, welche Auswertungen vorgesehen sind.

Mitarbeiterbefragungen sollen anonym durchgeführt werden. Dies beinhaltet auch, dass eine nachträgliche Zuordnung der Antworten zu den jeweiligen Mitarbeitern nicht möglich ist.

Seit einigen Jahren werden Mitarbeiterbefragungen immer häufiger in Form von Online-Erhebungen durchgeführt. Der leichteren Handhabbarkeit stehen hier jedoch erhebliche Bedenken hinsichtlich der Transparenz des Verfahrens und der Datensicherheit gegenüber. Insbesondere ist derzeit noch völlig unklar, wie verlässlich die von den Anbietern garantierte Datensicherheit ist und wer letztlich Zugang zu den sensiblen Daten und den damit verknüpften Informationen hat.

Der Fragebogen: In der Regel handelt es sich bei einer Mitarbeiterbefragung um eine schriftliche, standardisierte[25], anonym durchgeführte Befragung. Hierbei kann man entweder auf bereits bewährte Standardfragebogen zurückgreifen oder einen Fragebogen selbst entwickeln. Selbst entwickelte Fragebogen können meist genauer auf die konkrete Situation im Unternehmen eingehen. Die Fragebogen bestehen in der Regel überwiegend aus geschlossenen Fragen, die durch einige offene Fragen ergänzt werden. Die offenen Fragen erlauben es den Befragten, auf einzelne Themenbereiche näher einzugehen bzw. weitere Themen anzusprechen.

25 *Standardisierte/strukturierte Befragung:* Wortlaut und Reihenfolge der Fragen sind genau festgelegt

Beispiel

1. Beispiel einer geschlossenen Frage:

Wie oft hatten Sie in den letzten zwölf Monaten Rückenprobleme, die Sie auch auf Ihre Arbeitssituation zurückführen?

☐ Gar nicht ☐ Einmal ☐ Zwei- bis viermal ☐ Mehr als viermal

2. Beispiel einer offenen Frage:

Gibt es Ihrer Meinung nach Zusammenhänge zwischen ihrer Arbeitssituation und Ihrem Gesundheitszustand? Und wenn ja, welche?

____

____

Der entwickelte Fragebogen soll kompakt sein, die Fragen leicht verständlich. Um die Verständlichkeit der Fragen zu überprüfen, sollte ein *Pretest* (Vortest) mit einigen Mitarbeitern durchgeführt und der Fragebogen dann ggf. noch einmal überarbeitet werden.

Wird der Fragebogen extern erstellt, sollte zumindest ein Firmenangehöriger mit hinzugezogen werden, der die Situation vor Ort kennt, über internes Know-how verfügt und entsprechende Hinweise auf mögliche relevante Problembereiche geben kann, nach denen dann gefragt wird. Auch sollten die Inhalte des Fragebogens einer gesundheitsbezogenen Mitarbeiterbefragung und die Inhalte anderer angewandter BGM-Werkzeuge aufeinander abgestimmt werden.

Statistische Auswertung: Vor der statistischen Auswertung werden die gewonnenen Daten anonymisiert, sodass keine personenbezogenen Rückschlüsse mehr möglich sind. Die Analyse der nun anonymisierten Daten erfolgt nach zuvor festgelegten Kriterien. Ziel der Analyse ist es, Problembereiche und Handlungsfelder in gesundheitsrelevanten Feldern sichtbar zu machen und damit eine Basis für die Planung und Durchführung von konkreten Verbesserungsmaßnahmen zu bilden. Hierzu sind selbstverständlich entsprechende Kenntnisse hinsichtlich der anzuwendenden Methodik nötig. Bei der Auswertung ist zu beachten, dass bei großen Unternehmen eine globale (d.h. auf die gesamte Belegschaft bezogene) Auswertung oft zu allgemeine Ergebnisse und damit zu wenig konkrete Ansatzpunkte bringt. Eine abteilungsbezogene Auswertung kann zwar in solch einem Fall eindeutigere Ansatzpunkte bieten, sie kann aber beispielsweise auch zum Ausgangspunkt für eine interne Konkurrenz zwischen den Abteilungen werden. Zudem kann bei kleinen Abteilungen u.U. eine personenbezogene Interpretation der Daten möglich werden.

Kommunikation/Ergebnismitteilung: Die Ergebnisse der Mitarbeiterbefragung sollen möglichst zeitnah der Belegschaft – insbesondere allen Teilnehmern –, der Mitarbeitervertretung bzw. dem Betriebsrat und der Unternehmensleitung mitgeteilt werden. Grundsätzlich sollte die Information über die gewonnenen Daten schriftlich, detailliert, leicht verständlich und gut illustriert erfolgen. Erfahrungsgemäß gibt es bei einer rein schriftlichen Weitergabe der Ergebnisse immer wieder Fragen und Missverständnisse seitens der Belegschaft und/oder der Unternehmensleitung. Es empfiehlt sich daher für kleinere Unternehmen oder Abteilungen, den *Survey-Feedback-Ansatz* anzuwenden, bei dem die Teilnehmer der Befragung die Ergebnisse gemeinsam analysieren. Darauf basierend werden von ihnen dann auch entsprechende Maßnahmen geplant, die zu einer Verbesserung der Situation führen sollen.

In größeren Unternehmen werden die Daten zuerst innerhalb des Kreises der BGM-Akteure (s. Kap. 6.2) bzw. in den Gesundheitszirkeln (s. Kap. 11.1) besprochen. Danach werden sie der Belegschaft im Rahmen einer Betriebsversammlung und/oder im Rahmen von abteilungsbezogenen oder bereichsübergreifenden Workshops erläutert und anschließend gemeinsam diskutiert. Dabei ist zu berücksichtigen, dass in diesem Rahmen auch Befürchtungen und Ängste der Mitarbeiter zur Sprache kommen können. Insbesondere wird häufig befürchtet, dass es zum Nachteil einzelner oder vieler Mitarbeiter gereichen kann, wenn bestimmte Probleme offen angesprochen werden. Hier ist es wichtig, den Betroffenen einen geschützten Rahmen anzubieten, innerhalb dessen sie ihre Befürchtungen äußern können.

Evaluierung: Mitarbeiterbefragungen können nicht nur in der Anfangsphase der Einrichtung eines Betrieblichen Gesundheitsmanagements eingesetzt werden, um einen Überblick über vorhandene gesundheitsrelevante Probleme im Unternehmen zu gewinnen, sondern auch als regelmäßige Monitoring-Maßnahme[26] bzw. als Instrumente zur Überprüfung des Erfolgs von bereits durchgeführten BGM-Maßnahmen *(Evaluierung)*. MAB können somit also auch als Instrumente des *Qualitätsmanagements*[27] betrachtet werden.

Einen kurzen Überblick über das Vorgehen bei der Planung und Umsetzung einer Mitarbeiterbefragung (MAB) finden Sie in Tabelle 7-8.

Tabelle 7-8: Überblick über das Vorgehen bei einer Mitarbeiterbefragung.

1. Planung: • In BGM verankern • BGM-Akteure (insbesondere Unternehmensleitung und Arbeitnehmervertretung) einbinden • Befürchtungen und Ängste der Mitarbeiter berücksichtigen • Ziel festlegen
2. Methode: • Standardisierter oder selbstentwickelter Fragebogen? • Befragung intern oder extern durchführen? • Detaillierungsgrad der Auswertung festlegen • Mit anderen diagnostischen Maßnahmen (→ BGM-Werkzeuge) abstimmen
3. Auswertung: • Fragebogen nach zuvor festgelegten Kriterien auswerten
4. Kommunikation: • Ergebnisse der Befragung kommunizieren

26 *Monitoring:* Überwachung von Vorgängen

27 *Qualitätsmanagement:* Alle organisatorischen Maßnahmen, die in einem Unternehmen zu einer Verbesserung der Prozessqualität, der Leistungen und der Produkte führen sollen.

7.5 Workshops und Checklisten zum Handlungsbedarf

7.5.1 Workshops

In Kap. 4 wurde bereits erwähnt, dass Mitbestimmung und Teilhabe *(Partizipation)* grundlegende Prinzipien des Betrieblichen Gesundheitsmanagements sind. Damit die Mitarbeiter und ihre Vertreter sowie die Führungskräfte im Unternehmen im Rahmen der Planung und Umsetzung von BGM-Maßnahmen passende Inputs geben und sinnvolle Entscheidungen treffen können, sollten sie zuvor die Möglichkeit erhalten, einführendes Basiswissen zu verschiedenen Bereich des Betrieblichen Gesundheitsmanagements zu erwerben. Dies kann z.B. im Rahmen eines *Workshops* geschehen, auf dem verschiedene Gesundheitsthemen erörtert werden. Die dort behandelten Themen sollen den Teilnehmern zeigen, dass sich Gesundheitsförderung nicht auf den arbeitsmedizinischen Bereich beschränkt, sondern wesentlich mehr bedeutet. Anhand von Beispielen kann deutlichgemacht werden, dass z.B. auch Maßnahmen der Personalplanung und des Arbeitszeitmanagements gesundheitsfördernde Maßnahmen sein können. Vielfach können die Beschäftigten des Unternehmens – und hierzu gehört auch die Führungsebene! – die Probleme erst dann erkennen und die passenden Lösungen dafür finden, wenn entsprechendes Wissen vorhanden ist.

Durch einen solchen Workshop soll jedoch nicht nur die Gesundheitskompetenz *(Health Literacy)* der Belegschaft erhöht werden. Die Beschäftigten sollen dort auch Gelegenheit erhalten, gesundheitsrelevante Probleme in ihrem Unternehmen anzusprechen. Insbesondere während der Aufbauphase eines Betrieblichen Gesundheitsmanagements kann es jedoch in Unternehmen, in denen es bislang an einer wertschätzenden Kommunikationskultur fehlt, vorkommen, dass die Beschäftigten solche Probleme nicht in der Öffentlichkeit diskutieren möchten, weil sie hieraus berufliche Nachteile für sich befürchten (s.a. Kap. 7.4). Daher sollten alle Beteiligten auch die Möglichkeit erhalten, sich in anonymisierter Form zu äußern. So kann beispielsweise ein „Gesundheits-Kummerkasten" im Unternehmen aufgehängt werden, in den jeder Mitarbeiter anonym Informationen zu gesundheitsrelevanten Probleme am Arbeitsplatz oder im Unternehmen hinterlassen und Verbesserungsvorschläge hierzu machen kann. Auf diese Weise kann sichergestellt werden, dass nicht nur die Ideen der Führungskräfte in den BGM-Prozess mit einfließen, sondern auch die der übrigen Beschäftigten. Nicht vergessen werden sollte, dass hierzu z.B. auch die Beschäftigten in der Kantine, im Hausmeisterbereich etc. gehören.

7.5.2 Checklisten zum Handlungsbedarf

Ein weiteres Werkzeug *(Tool)* im Rahmen des Betrieblichen Gesundheitsmanagements sind Checklisten, mit deren Hilfe man sich einen Überblick über die aktuellen Arbeits- und Beschäftigungsbedingungen im Unternehmen verschaffen kann. Auch sie können gesundheitsbezogenen Handlungsbedarf aufdecken. Solche Checklisten werden z.B. von Unternehmensberatungsfirmen angeboten, die sich auf Betriebliches Gesundheitsmanagement spezialisiert haben. So gibt es z.B. Checklisten, die eine Bestandsanalyse vor der Einführung eines Betrieblichen Gesundheitsmanagements ermöglichen. Es gibt Checklisten zur Durchführung von BGM-Maßnahmen, Checklisten zur Vorbereitung von Betrieblichen Gesundheitstagen etc. Auch im Rahmen der Gefährdungsbeurteilung (s. Kap. 8.5) können Checklisten eingesetzt werden. Weitere Tools und Techniken zur Anwendung im Bereich des Betrieblichen Gesundheitsmanagements findet man in Schneider (2018).

Aufgabe 7

7.1 Ihnen wurden die folgenden Daten eines kleinen Unternehmens zur Verfügung gestellt. Welche Informationen zum Thema „Fehlzeiten" können Sie diesen Daten entnehmen? (ID = Identitätszeichen des Mitarbeiters; w = weiblich, m = männlich)

ID	Alter [J]	Geschlecht	1. Tag der Krankschreibung	Letzter Tag der Krankschreibung
A	44	w	13.08.2018	15.08.2018
A	44	w	20.08.2018	11.09.2018
B	18	m	10.01.2018	12.01.2018
C	58	w	23.10.2017	14.02.2018
D	24	w	05.02.2018	11.02.2018
E	28	m	02.05.2018	15.05.2018
F	35	m	08.02.2018	13.02.2018
G	33	w	11.05.2018	15.05.2018
G	33	w	09.11.2018	13.11.2018
H	54	m	–	–
I	49	w	–	–
J	27	w	02.03.2018	02.03.2018

7.2 Sie möchten eine kurze Mitarbeiterbefragung durchführen, mit deren Hilfe Sie die wichtigsten gesundheitsrelevanten Probleme in Ihrer Abteilung ermitteln wollen. Wie würden Sie einen entsprechenden Fragebogen gestalten?

8 Handlungsansätze im Rahmen des BGM

In Kap. 6 konnte man bereits die Voraussetzungen und Rahmenbedingungen kennenlernen, die bei der Planung und Umsetzung eines guten Betrieblichen Gesundheitsmanagements eine zentrale Rolle spielen. Hierzu gehören eine wertschätzende Unternehmenskultur, ein gutes, kooperatives Führungsverhalten, aber in vielen Unternehmen auch ein Paradigmenwechsel, weg vom immer noch vorhandenen „Jugendkult", hin zu einer altersgruppenübergreifenden Arbeits- und Personalpolitik. Sie haben auch gehört, dass sich BGM-Maßnahmen stets an den im Unternehmen vorhandenen Bedingungen orientieren (s. Kap. 4) und alle Unternehmensbereiche, wie z. B. die Arbeitsplatzgestaltung, die Arbeitszeitgestaltung, die Arbeitsorganisation, die Weiterbildung und das Betriebliches Wiedereingliederungsmanagement *(Return-to-Work)* betreffen können. Hinzu kommen noch die Arbeitsmedizin und die Gefährdungsbeurteilung. Über all dem sollte eine ganzheitliche integrative Strategie stehen (→ Entwicklungsplanung), die durch ineinandergreifende Aktivitäten auf unterschiedlichen Handlungsebenen gekennzeichnet ist (s. Abbildung 8-1).

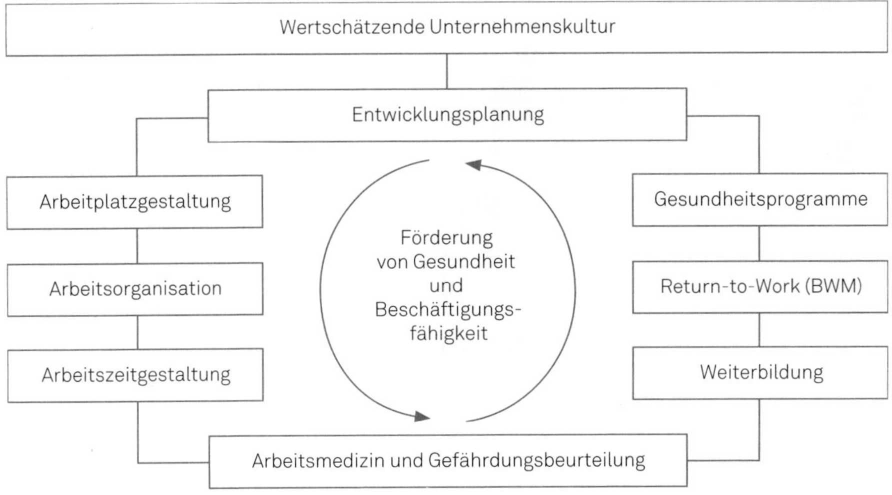

Abbildung 8-1: Grundlegende Handlungsansätze für ein gutes, altersgerechtes Betriebliches Gesundheitsmanagement. Quelle: Eigene Darstellung, in Anlehnung an Morschhäuser & Sochert (2007).

8.1 Arbeitsplatzgestaltung

Der Arbeitsplatz kann vielfältige Auswirkungen auf die Gesundheit der dort tätigen Menschen haben. In Fachbüchern findet man beim Thema Arbeitsplatzgestaltung v.a. Ausführungen zum Thema *Ergonomie*. Zur ergonomischen Gestaltung von Arbeitsplatz und Arbeitsumgebung gehört es, Arbeit und Arbeitsumfeld (z.B. Technik, räumliche Bedingungen, Betriebsmittel) immer wieder an die sich ändernden körperlichen Voraussetzungen der Menschen anzupassen, sodass eine möglichst effiziente und fehlerfreie Arbeitsausführung möglich ist. Hier werden also die Arbeitsmethoden (z.B. die Körperhaltung bei der Arbeit) und die Arbeitsbedingungen (z.B. die Beleuchtung am Arbeitsplatz oder der dort vorkommende Lärm) einerseits und die physiologische Leistungsfähigkeit und Belastbarkeit des Menschen andererseits aufeinander abgestimmt. Eine solche ergonomische Gestaltung des Arbeitsplatzes und der Arbeitsumgebung (s. Abbildung 8-2) soll den dort arbeitenden Menschen vor gesundheitlichen Schäden bewahren – insbesondere wenn er die gleiche Tätigkeit über längere Zeit ausübt. Bei der Umsetzung ergonomischer Maßnahmen stehen damit Arbeitsschutz und Arbeitssicherheit im Vordergrund. Darüber hinaus dienen entsprechende Maßnahmen aber auch der Wirtschaftlichkeit des Unternehmens. Die Arbeitsplatzgestaltung umfasst aber weitaus mehr als „nur" den Bereich der Ergonomie. In diesen Bereich gehört z.B. auch der Schutz vor klimatischen Einwirkungen, der angesichts des Klimawandels eine immer größere Bedeutung einnimmt. Hier ist es sinnvoll, die Arbeitsplatzgestaltung (Jalousien an den Fenstern, Möglichkeiten des Lüftens, ggf. auch Ventilatoren und Klimaanlagen) – wenn möglich – mit

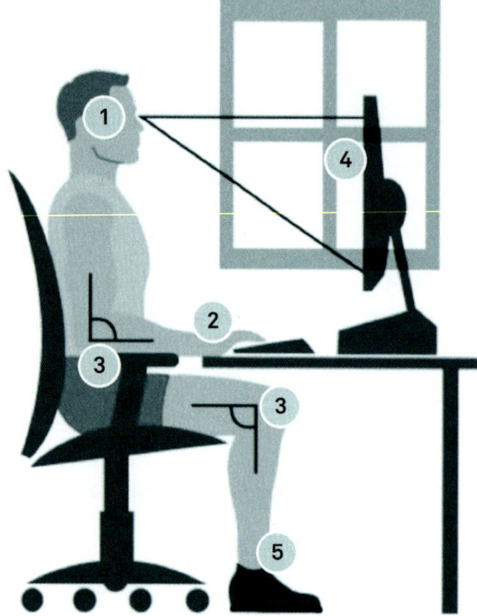

1 Die oberste Bildschirmzeile sollte leicht unterhalb der waagrechten Sehachse liegen.

2 Tastatur und Maus befinden sich in einer Ebene mit Ellenbogen und Handflächen.

3 90°-Winkel zwischen Ober- und Unterarm sowie Ober- und Unterschenkel.

4 Für den Monitor gilt ein Sichtabstand von mindestens 50 cm. Der Bildschirm sollte im 90°-Winkel zum Fenster stehen.

5 Die Füße benötigen eine feste Auflage, gegebenenfalls einen Fußhocker nutzen.

Abbildung 8–2: Vorgaben für die ergonomische Gestaltung eines Bildschirmarbeitsplatzes. Quelle: Marcel Kollmar, Wikimedia; http://upload.wikimedia.org/wikipedia/commons/3/37/Ergonomie_Bildschirm.pngVorgaben für die ergonomische Gestaltung eines Bildschirmarbeitsplatzes.

flexiblen Maßnahmen der Arbeitszeitgestaltung (z.B. in Hitzezeiten: Anpassung der Arbeitszeiten an die Wärmeentwicklung) und klimagerechten baulichen Maßnahmen (weniger Glas bei den Fassaden, begrünte Dächer und Fassaden etc.) zu verknüpfen. Bei der Installation von Klimaanlagen drohen jedoch auch Gefahren. Etwa 40 % der Beschäftigten fühlen sich durch Klimaanlagen beeinträchtigt, eine Reizung der Schleimhäute und Erkältungskrankheiten können die Folge sein. Zudem können Klimaanlagen bei schlechter Wartung Krankheitserreger verteilen (s. Deutsches Grünes Kreuz, o.J.; https://dgk.de/gesundheit/umwelt-gesundheit/informationen/wohnen/kuehl-aber-gefaehrlich-klimaanlagen-risiko-fuer-die-gesundheit.html). Aus ökologischer Sicht sind Raumklimageräte nicht empfehlenswert, weil sie klimaschädliche teilfluorierte Kohlenwasserstoffe (HFKW) enthalten und einen hohen Energiebedarf haben.

Zur gesundheitsfördernden Arbeitsplatzgestaltung gehört darüber hinaus auch die *sicherheitstechnische Arbeitsplatzgestaltung*, bei der der Arbeitsplatz unter dem Aspekt des Unfallschutzes begutachtet und entsprechend gestaltet wird (s.a. Kap. 8.8 Gefährdungsbeurteilung).

Ziel der *psychologischen Arbeitsplatzgestaltung* ist es, ein Arbeitsumfeld zu schaffen, das z.B. in optischer und akustischer Hinsicht als angenehm empfunden wird und die psychischen Bedürfnisse der dort tätigen Menschen berücksichtigt. Am Beispiel der Begrünung von Arbeitsräumen wird allerdings deutlich, dass *psychologische* und *physiologische Aspekte* dabei oft Hand in Hand gehen. So zeigten Studien, dass Beschäftigte, die in begrünten Büroräumen mit höherer Luftfeuchtigkeit arbeiten, pro Jahr und Mitarbeiter bis zu 3,5 Tage weniger krank sind als Beschäftigte in nicht begrünten Büros. Die Pflanzen erhöhen das Wohlbefinden und die (Arbeits-)Zufriedenheit, sie haben eine erhebliche gesundheitsfördernde raumklimatische Wirkung (v.a. durch eine Erhöhung der Luftfeuchtigkeit) und führen u.a. auch zu einer Staubreduktion in den begrünten Räumen. Beschäftigte in begrünten Räumen berichten von einem signifikanten Rückgang von Beschwerden wie Müdigkeit, trockener Hals, Husten und trockene, gereizte Haut. Dabei haben Pflanzen eine deutlich positivere Auswirkung auf die Gesundheit der in einem Raum arbeitenden Menschen als Klimaanlagen, selbst wenn diese bezüglich der Raumtemperatur und der Luftfeuchtigkeit optimal eingestellt sind.

Zur psychologischen Arbeitsplatzgestaltung gehören aber auch Bereiche, die man ebenso gut der *Arbeitsorganisation* (s. Kap. 8.2) oder der *Arbeitszeitgestaltung* (s. Kap. 8.3) zuordnen könnte. Ein Beispiel hierfür ist die Umwandlung monotoner Fließbandarbeit in Gruppenarbeit, bei der die Durchführungsautonomie bei der Arbeitsgruppe selbst liegt. Hier wird also nicht nur der Arbeitsplatz neu gestaltet, sondern gleichzeitig auch die Arbeit neu organisiert. Beides zusammen kann sich dann positiv auf die Gesundheit der dort Beschäftigten auswirken.

Auch die *informationstechnische Arbeitsplatzgestaltung*, die es den menschlichen Sinnesorganen erleichtern soll, Informationen aus ihrer Umgebung aufzunehmen, kann den Arbeitsprozess nicht nur sicherer und schneller machen, sondern auch das Wohlbefinden der dort Beschäftigten positiv beeinflussen. Beispiele sind hier etwa die optimale Gestaltung von Skalen, Ziffern und akustischen Signalen, aber auch die Ausstattung der älteren Beschäftigten mit einer Bildschirmarbeitsplatzbrille (s. Abbildung 10-3). Letzteres ist besonders wichtig, um arbeitsbedingte Fehlbelastungen an Bildschirmarbeitsplätzen zu vermeiden. Die Ursache solcher Fehlbelastungen ist die sich mit dem Alter ändernde Akkomodationsfähigkeit[28] des Auges, oft kombiniert mit einer zunehmenden Schwäche im Kontrastsehen. Zum Ausgleich ist das Tragen einer Altersnahbrille (bzw. Bildschirmarbeitsbrille) nötig, deren Korrekturwert wegen der weiter abnehmenden Akkommodationsbreite bis etwa zum 60. Lebensjahr kontinuierlich verstärkt werden muss.

8.2 Arbeitsorganisation

Um Arbeit zielgerichtet durchführen zu können, braucht es eine entsprechende Organisation der Arbeitsprozesse. Dies bedeutet zum einen, dass die Art der Arbeitsaufgaben festgelegt werden muss. Zudem werden die Aufgaben zwischen den Beschäftigten und den Betriebsmitteln (z.B. Maschinen, Robotern) sowie unter den Beschäftigten aufgeteilt. Arbeitsorganisation regelt auch die Zusammenarbeit zwischen den Menschen. Sie beschäftigt sich mit der internen und externen Kommunikation im Unternehmen und mit der Handhabung von Informationen. Zur Arbeitsorganisation gehören darüber hinaus die Regelungen der Arbeitszeiten und des Entgeltsystems. Auch die Unternehmensführung ist Teil dieses Arbeitsbereiches.

Wie Arbeit organisiert wird, kann in all diesen Gebieten erhebliche Auswirkungen auf die Gesundheit der Beschäftigten haben. Im Folgenden sind einige Beispiele für eine mangelhafte Arbeitsorganisation aufgeführt, die zu gesundheitlichen Probleme führen kann:

- Es besteht häufig Zeit- und Termindruck.
- Es gibt zu wenig Personal, um die anfallenden Arbeiten in der zur Verfügung stehenden Zeit zu erledigen.
- Die Arbeiten müssen in einem unangemessenen Arbeitstempo erledigt werden.
- Die Aufgabenstellung ist unklar.
- Es gibt häufig Unterbrechungen bei der Arbeit.

Zu den Aufgaben eines Betrieblichen Gesundheitsmanagements gehört es daher auch, für ausreichend Personal, eine gesundheitsgerechte Verteilung der Arbeitsaufgaben (*Beispiele:* Jobrotation[29], Gruppenarbeit), ein angemessenes Arbeitstempo und eine klare Aufgabenstellung zu sorgen. Auch Maßnahmen, die zu einer besseren Zusammenarbeit der Mitarbeiter und einem guten Arbeitsklima führen, zählen hierzu (s.a. Tabelle 6-2 und Kap. 8.4). In einer alternden Belegschaft gewinnt die *Flexibilisierung der Arbeitsgestaltung* zunehmend an Bedeutung. Hierunter versteht man beispielsweise häufigere Tätigkeits- und Belastungswechsel, die den Beschäftigten mehr Abwechslung bieten und ein besseres Lernen bei der Arbeit ermöglichen. Auch altersgemischte Teams können sich als vorteilhaft erweisen. Zu einer in gesundheitlicher Hinsicht besseren Arbeitsorganisation

28 *Akkomodation:* Anpassung; im Bereich des Auges versteht man darunter die Anpassung der Brechkraft des Auges (v.a. der Linse), um unterschiedlich entfernte Gegenstände scharf auf der Netzhaut abzubilden

29 *Jobrotation:* Die Mitarbeiter eines Arbeitsbereichs wechseln sich regelmäßig bzw. nach einem bestimmten System an den Arbeitsplätzen ab.

gehören jedoch z.B. auch Richtlinien, die die ständige Erreichbarkeit der Mitarbeiter (auch nach Feierabend und am Wochenende) einschränken und Maßnahmen, die den immer stärker werdenden Zeitdruck reduzieren. Bei BMW wurde z.B. auf Initiative des Betriebsrates eine Betriebsvereinbarung erarbeitet, die vorsieht, dass jeder Beschäftigte mit seinem Vorgesetzten Zeiten festlegen kann, in denen er zu Hause erreichbar ist. Die Bearbeitung von E-Mails in der Freizeit kann im Stundenkonto des Beschäftigten erfasst werden und wird ggf. als Überstunde bezahlt (Deutscher Gewerkschaftsbund, 2014).

Der Begriff der Arbeitsorganisation kann jedoch auch als „persönliche Arbeitsorganisation" verstanden werden. Bei weitgehend selbstständig arbeitenden Menschen bezeichnet man damit die von ihnen selbst vorgenommene Einteilung ihrer Arbeit einschließlich des eigene Zeit- und Terminmanagements. Auch hier können die Art und die Qualität der Arbeitsorganisation erhebliche Auswirkungen auf die gesundheitliche Situation des arbeitenden Menschen haben. Der am häufigsten genutzte Ansatzpunkt für eine Verbesserung der Situation sind in diesem Fall Schulungen im Zeit- oder Terminmanagement, die dann Verhaltensänderungen zur Folge haben sollen.

8.3 Arbeitszeitgestaltung

Die Arbeitszeitgestaltung ist Teil der Arbeitsorganisation. Aufgrund ihrer großen Bedeutung hinsichtlich möglicher gesundheitlicher Auswirkungen wird dieses Thema hier jedoch noch einmal in einem gesonderten Kapitel (s. Kap. 8.2) besprochen. Bei der Arbeitszeitgestaltung spielen Dauer, Lage und Verteilung der Arbeitszeiten eine entscheidende Rolle. Im Zentrum stehen beispielsweise Themen wie die Arbeitszeitverkürzung, die Arbeitszeitflexibilisierung und Arbeitszeitkonten. Es sind Maßnahmen, die immer mehr Beschäftigte in Anspruch nehmen, um für sich eine ausgeglichene *Work-Life-Balance*[30] zu erreichen oder um die Betreuung und Pflege von Familienangehörigen zu ermöglichen. Flexible Arbeitszeiten weichen im Hinblick auf die Lage und Dauer der Arbeitszeit von der gesetzlich oder tarifvertraglich geregelten „Normalarbeitszeit" (z.B. 8 Stunden pro Tag oder 40 Stunden pro Woche) ab. Diese Abweichungen von der Normalarbeitszeit können Regelungen umfassen, die sich auf die tägliche, wöchentliche oder monatliche Arbeitszeit beziehen, sie können aber auch unabhängig hiervon sein. In diesen Bereich fallen z.B. schwankende Arbeitszeiten, Gleitzeit, Schichtarbeit oder das Ableisten von Überstunden. Als Arbeitszeitkonto bezeichnet man das schriftliche oder elektronische Festhalten der tatsächlich geleisteten Arbeitszeit eines Beschäftigten (inkl. Urlaub, Krankheit, Überstunden etc.) im Vergleich zu der von ihm arbeitsvertraglich oder tarifvertraglich zu leistenden Arbeitszeit. Im Hinblick auf eine ausgeglichene Work-Life-Balance werden insbesondere Langzeitkonten bzw. Lebensarbeitszeitkonten diskutiert, die es erlauben, zu bestimmten Zeiten Mehrarbeit auf das Konto „einzuzahlen", um diese Zeiten dann bei Bedarf (z.B. zur Pflege von Angehörigen, zur Durchführung eines Sabbaticals oder Bildungsurlaubs, um früher in den Ruhestand gehen zu können) in Form einer Freistellung in Anspruch zu nehmen.

30 *Work-Life-Balance:* Zustand, in dem Arbeits- und Privatleben miteinander in Einklang stehen.

Aufgrund bürokratischer Hemmnisse ist es in vielen Bereichen noch immer recht schwierig, die Arbeitszeiten bei Bedarf flexibel zu gestalten, wie z.B. bei extremen Wetterlagen mit längeren Hitzeperioden. BGM-Akteure sollten sich daher an den entsprechenden Stellen dafür einsetzen, dass auch solche, aus gesundheitlicher Sicht sehr wichtigen Maßnahmen möglich sind.

Weitere Themen der Arbeitszeitgestaltung sind die gesundheitsschonende Durchführung von Arbeitspausen (z.B. genügend oft und genügend lange Pausen bei sinnvoller Pausengestaltung) und die Gestaltung bzw. Begrenzung von Nacht-, Schicht- und Wochenendarbeit. Zu den negativen gesundheitlichen Auswirkungen von Schichtarbeit gehören u.a. Störungen des Schlaf-Wach-Rhythmus und Konzentrationsstörungen. Insbesondere ältere Beschäftigte haben bei Schichtarbeit ein höheres Erkrankungsrisiko. Falls auf Schichtarbeit nicht verzichtet werden kann, sollte der Schichtrhythmus möglichst gesundheitsschonend sein. Außerdem sollten dabei die individuellen Voraussetzungen des Schichtarbeitenden berücksichtigt werden. Die Nachtschichtblöcke sollten möglichst kurz sein, da der menschliche Körper nicht in der Lage ist, sich an Nachtschichten zu gewöhnen. Dauernachtschichten führen zudem dazu, dass die Beschäftigten von vielen Freizeitaktivitäten langfristig ausgeschlossen sind und ein Familienleben kaum noch stattfinden kann. Weniger gesundheitliche und soziale Probleme haben in der Regel die Beschäftigten mit einem vorwärtsrotierenden Schichtplan (Frühschicht > Spätschicht > Nachtschicht). Schlechter vertragen wird dagegen das rückwärts rotierende Schichtsystem (Nachtschicht > Spätschicht > Frühschicht). Die Frühschicht sollte nicht zu früh beginnen, da z.B. viele Pendler einen längeren Anfahrtsweg haben und aus der Frühschicht dann schon eine „Fast-Nachtschicht" werden kann. Nach einer Nachtschichtphase sollten möglichst 24 Stunden Freizeit eingeplant werden. Allerdings ist ein längerer Freizeitblock am Wochenende günstiger als einzelne freie Tage. Die meisten Schichtarbeitenden bevorzugen vorhersehbare, überschaubare Schichtpläne, die über einen längeren Zeitraum gelten.

8.4 Kommunikation

Nach dem Kommunikations- und Medienwissenschaftler *Ansgar Zerfaß* versteht man unter der *Unternehmenskommunikation*[31] alle kommunikativen Handlungen der Mitglieder eines Unternehmens, die diese dort im Rahmen der Definition und Erfüllung von Unternehmensaufgaben leisten (Zerfaß & Piwinger, 2014). Dazu gehören die Bereiche Organisationskommunikation, Marktkommunikation und Öffentlichkeitsarbeit *(Public Relations)*. Als *Organisationskommunikation* bezeichnet Zerfaß die Kommunikation zwischen den Mitgliedern eines Unternehmens. Sie kann alle Unternehmensaufgaben umfassen und in allen Unternehmensbereichen stattfinden. Unter dem Begriff der *Marktkommunikation* versteht er die Kommunikation, die z.B. in produzierenden Unternehmen für die Abstimmungsprozesse zwischen Zulieferbetrieben, Abnehmern

31 *Kommunikation:* 1. Verständigung zwischen Menschen mithilfe von Sprache oder Zeichen; 2. Austausch von Informationen zwischen Geräten.

und Wettbewerbern nötig ist. Kommunikation im Rahmen der Öffentlichkeitsarbeit umfasst alle kommunikativen Maßnahmen, die der Integration des Unternehmens in das gesellschaftspolitische Umfeld und insbesondere der positiven Öffentlichkeitsdarstellung dienen.

Gesundheitsrelevante Aspekte ergeben sich v.a. im Bereich der Organisationskommunikation. Diese kann in vielerlei Hinsicht zum Problem werden. Es gibt Unternehmen, in denen überhaupt nicht oder kaum kommuniziert wird. Die Beschäftigten erfahren die für sie relevanten Informationen entweder überhaupt nicht oder aus inoffiziellen Quellen. In anderen Betrieben wird nicht offen und ehrlich kommuniziert, oder es werden aus verschiedenen Kanälen widersprüchliche Aussagen weitergegeben. Werden Beschäftigte durch die Führungsebenen zu spät informiert, kann es dazu kommen, dass Mitarbeiter relevante Informationen zuerst über externe Quellen erfahren. Als problematisch empfinden es viele Beschäftigte auch, wenn „von oben herab" kommuniziert wird, wenn sich niemand für die Kommunikation verantwortlich fühlt, wenn die Kommunikation nur in eine Richtung verläuft (kein Dialog) und/oder die Kommunikation als nicht anerkennend und wertschätzend empfunden wird. Zu einem erheblichen Vertrauensverlust kommt es dann, wenn falsche oder unzureichende Informationen weitergeben und/oder wichtige Informationen zurückhalten werden. Dies alles kann zu Konflikten am Arbeitsplatz bzw. im Unternehmen führen. Solche Konflikte können von den Betroffenen dann als Stress auslösende Situationen empfunden werden (s. Kap. 9.1).

Man unterscheidet verschiedene Arten von *Konflikten,* die mit Kollegen und Vorgesetzten ausgetragen werden können. Wahrnehmungskonflikte sind beispielsweise dadurch gekennzeichnet, dass bestimmte Dinge unterschiedlich gesehen werden. Bei Beziehungskonflikten sind die sozialen Beziehungen zwischen zwei oder mehreren Beschäftigten gestört, die Personen kommen nicht mehr miteinander aus. Oft geht es bei einem Konflikt aber auch um die berufliche Rolle oder um die Verteilung dessen, was von mehreren Kollegen beansprucht wird. Dabei kann es z. B. zu lautstarkem Streit kommen oder auch dazu, dass hinter dem Rücken der Kollegen schlecht über diese geredet wird. Dauern solche Konflikte über einen längeren Zeitraum an, werden sie zu *Stressoren* (d.h. Stress auslösende Faktoren), die in der Folge körperliche und psychische Beschwerden bis hin zu Stressfolgeerkrankungen (wie Burnout[32], Bluthochdruck, Herzinfarkt, Schlaganfall, Magen-Darm-Geschwüre oder eine geschwächten Immunabwehr; s. Kap. 9.1) auslösen können (s. Habermann-Horstmeier, 2017c).

Eine besonders schwere Form der Kommunikationsstörung am Arbeitsplatz ist das *Mobbing.* Hierunter versteht man ein Verhalten von einzelnen oder mehreren Unternehmensangehörigen (auch von Vorgesetzten), das dadurch gekennzeichnet ist, dass sie Kollegen ständig bzw. wiederholt und regelmäßig seelisch verletzen, indem sie sie schikanieren und quälen. Dies kann direkt vor Ort im Unternehmen geschehen oder auch über das Internet *(Cyber-Mobbing).* Beispiele für typische Mobbinghandlungen sind ständiges Kritisieren der geleisteten Arbeit, die Vergabe sinnloser Arbeitsaufgaben, die soziale Isolation von Kollegen, die Behauptung falscher Tatsachen, die Androhung von Gewalt etc.

---

32 *Burnout:* ein stressbedingter, schleichend einsetzender Prozess, der durch eine körperliche, emotionale, geistig-mentale und soziale Erschöpfung gekennzeichnet ist

Ein weiterer gesundheitsrelevanter Aspekt im Feld der Unternehmenskommunikation ist das *Betriebsklima*. Für das Gabler Wirtschaftslexikon ist das Betriebsklima „das subjektive Erleben eines Betriebes durch seine Mitarbeiter mit Vorgängen der zwischenmenschlichen Interaktion und Kommunikation als Schwerpunkt" (Gabler Wirtschafslexikon, 2019). Als maßgebende Faktoren *(Determinanten)* des Betriebsklimas werden in der betriebswissenschaftlichen Literatur u.a. das Vorgesetztenverhalten, das Verhältnis der Mitarbeiter zueinander, die Mitwirkungsmöglichkeiten der Beschäftigten und die Informationspolitik des Unternehmens genannt. In der psychologischen Fachliteratur geht es im Zusammenhang mit dem Betriebsklima v.a. um zwischenmenschliche Beziehungen, um Führungsverhalten, psychische Belastungen, Anerkennung, Sicherheit oder Angst. Eine zentrale Rolle spielt bei alldem die Kommunikation im Unternehmen. So ist z.B. die Art der Kommunikation zwischen Führungskräften und Mitarbeitern ein wesentlicher Punkt des Führungsverhaltens leitender Mitarbeiter. Zudem hat das Arbeitsklima erheblichen Einfluss auf die Freude an der ausgeübten Tätigkeit. Diese beeinflusst ihrerseits wiederum die Gesundheit der Beschäftigten sowie die Effektivität und damit einhergehend die Effizienz am Arbeitsplatz. Auf diese Weise wirkt sich auch das Arbeitsklima – und mit ihm die Kommunikation – auf die Gesundheit der Mitarbeiter eines Unternehmens aus. Ein negatives Arbeitsklima trägt darüber hinaus wesentlich dazu bei, dass öfter über einen Unternehmenswechsel bzw. einen vorzeitigen Berufsausstieg nachgedacht wird.

8.5 Weiterbildung

Dass auch die Weiterbildung der Betriebsangehörigen ein wichtiger Teil eines guten Betrieblichen Gesundheitsmanagements ist, wird oft verkannt. Nur durch eine offensive betriebliche Qualifizierungspolitik, die alle Mitarbeiter unabhängig von Alter, Geschlecht und Herkunft, aber auch unabhängig von ihrer bisherigen Qualifizierung und einer möglicherweise vorhandenen Behinderung anspricht, kann auf längere Sicht das im Unternehmen vorhandene Know-how umfassend erweitert werden. Ein solches Vorgehen bietet insbesondere für ältere Beschäftigte und Beschäftigte mit Behinderung verbesserte Einsatzmöglichkeiten und schützt sie vor einer möglichen Überforderung (z.B. durch körperlich zu anstrengende Arbeit). Gut weitergebildete Mitarbeiter können bei chronischer Krankheit oder Behinderung mit entsprechender Unterstützung (s. Kap. 8.7 und Habermann-Horstmeier, 2018) innerhalb des Unternehmens leichter das Aufgabengebiet oder die Stelle wechseln, sodass ihr Know-how dem Unternehmen auch langfristig erhalten bleibt. Für die Betroffenen ist dies eine wichtige Chance, auch mit chronischer Krankheit bzw. Behinderung weiter im Berufsleben verbleiben zu können.

8.6 Gesundheitsprogramme

Betriebliche Gesundheitsprogramme sind Programme in Form von Schulungen, Zuwendungen oder Aktivitäten, die Unternehmen anbieten, um die Gesundheit und die Fitness ihrer Mitarbeiter zu fördern. In vielen Betrieben, v.a. aber in den Köpfen der Beschäftigten und der Führungskräfte stehen Gesundheitsprogramme im Zentrum einer Betrieblichen Gesundheitsförderung (BGF) bzw. eines Betrieblichen Gesundheitsmanagements (BGM). Oft werden BGF bzw. BGM sogar mit entsprechenden Gesundheitsprogramm-Maßnahmen gleichgesetzt. Selbstverständlich gehören auch Gesundheitsprogramme zu den Handlungsansätzen eines guten Betrieblichen Gesundheitsmanagements. Anders als von den Betrieben und der Belegschaft oft gedacht, stehen sie jedoch nicht immer im Zentrum der Planung oder sind gar alleinige Maßnahme.

Gute Gesundheitsprogramme können z. B. Gesundheitschecks und/oder Früherkennungsuntersuchungen für die Mitarbeiter beinhalten (s. a. Kap. 8.8). Sinnvoll ist auch die Initiierung von Betriebssportgruppen und anderer Maßnahmen, die mehr Bewegung in den betrieblichen Alltag bringen. Gesundheitsprogramme können auch die Errichtung von Ruheoasen im Betrieb oder ein gesundes Ernährungsangebot in der Kantine, am Kiosk oder auf Geschäftsreisen zum Ziel haben. Zu den am häufigsten umgesetzten gesundheitsfördernden Programmen gehören z. B. Anti-Stress-Programme und Nichtraucher-Programme sowie andere Programme in den Bereichen Ernährung, Bewegung, Entspannung und Sucht. Es handelt sich dabei in der Regel um Schulungen zu gesundheitsbewusstem Verhalten, also um verhaltenspräventive Maßnahmen (s. Kap. 2.3). Solche Maßnahmen werden oft in Form von vorgefertigten BGM-Bausteinen von externen Anbietern (z. B. Krankenkassen) eingekauft. Leider berücksichtigen sie in der Regel nicht die Verhältnisse vor Ort. Die Mitarbeiter verstehen zudem deren Sinn oft nicht oder können keinen Bezug zu ihnen herstellen. Daher sollten alle Beschäftigten und insbesondere die BGM-Akteure von Anfang an in die Planung und Umsetzung von Gesundheitsprogrammen eingebunden sein. Maßnahmen, die keinen direkten Bezug zu den Beschäftigten haben und daher von diesen nicht akzeptiert werden, sind meist wirkungslos und verschwenden die hierfür nötigen *Ressourcen* (s. Kap. 12). Nicht sinnvoll sind in der Regel auch einmalige Projekte, die nur in einem bestimmten Zeitraum umgesetzt und dann nicht verstetigt werden. So ist beispielsweise ein jährlicher Gesundheitstag meist ebenso wirkungslos wie das Angebot einer einmalig durchgeführten Gesundheitswoche mit Bewegungsangeboten und gesunder Ernährung, wenn die Beteiligten nicht dahinter stehen, die Maßnahmen nicht in ein Gesamtkonzept eingebettet sind und dann auch nicht mithilfe entsprechender Strukturen verstetigt werden.

Leider beinhalten die von den großen „Playern" im BGM-Bereich angebotenen Gesundheitsprogramm-Bausteine fast ausschließlich solche verhaltenspräventiven Maßnahmen (s. Kap. 4.1) in Form von Fitness-Programmen bzw. Programmen, die einen gesunden Lebensstil propagieren. Kritiker wie der Sozial- und Gesundheitswissenschaftler David Beck von der *Bundesanstalt für Arbeitsschutz und Arbeitsmedizin* (BAuA) bemängeln, dass das Betriebliche Gesundheitsmanagement hier dazu genutzt wird, die Verantwortung für Gesundheit komplett auf die Beschäftigten zu übertragen – nach dem Motto: „Wer nicht mitmacht und krank wird, ist selbst schuld" (Süddeutsche Zeitung, 2016). Darüber hinaus werden einige dieser Programme auch deshalb als kritisch angesehen, weil ihre Effektivität und Effizienz bislang entweder noch nicht nachgewiesen wurde oder weil wissenschaftliche Studien mittlerweile ihre Unwirksamkeit bestätigen konnten. Einer der Gründe für ihre Ineffektivität liegt darin, dass die Ursachen der Gesundheitsbelastung (z. B. die Stress auslösenden Faktoren) in der Regel weiterhin bestehen bleiben. Da sich Verhältnisse und Verhalten jedoch gegenseitig bedingen und Veränderungen des Verhaltens ohne ausreichende strukturelle Voraussetzungen nur schwer umsetzbar sind, sollten Maßnahmen der Verhältnis- und der Verhaltensprävention möglichst immer kombiniert angeboten werden.

Aktuell werden von den Krankenkassen Gesundheitsprogramme getestet, bei denen sogenannte *Fallmanager* eingesetzt werden (Beerheide, 2018). Hierbei geht es insbesondere darum, dass Fallmanager den Betriebsangehörigen mit bereits bestehenden gesundheitlichen Probleme Möglichkeiten aufzeigen, die eine Verschlechterung ihrer gesundheitlichen Situation verhindern *(Tertiärprävention)* und eine Weiterbeschäftigung im Unternehmen ermöglichen sollen. Sie unterstützen die Beschäftigten u.a. dabei, passende Maßnahmen zu finden und daran teilzunehmen. Die durchzuführenden Maßnahmen betreffen sowohl den verhältnis- als auch den verhaltenspräventiven Bereich (s.a. Kap. 8.7). Solche Fallmanager werden derzeit insbesondere in Projekten eingesetzt, die sich um Beschäftigte mit Muskel-Skelett-Beschwerden kümmern, da diese ein besonders häufiger Grund für die Entstehung von Fehltagen sind.

8.7 Return-to-Work und Integration von Menschen mit Behinderung

Return-to-Work

Ein wichtiger Teil des Betrieblichen Gesundheitsmanagements ist das Betriebliche (Wieder-)Eingliederungsmanagement (BEM, *Return-to-Work*). In Deutschland haben Arbeitgeber die Pflicht, ihren Beschäftigten ein Betriebliches Eingliederungsmanagement anzubieten, wenn diese mehr als sechs Wochen innerhalb eines Zeitraumes von zwölf Monaten arbeitsunfähig waren. Die Betroffenen sind jedoch nicht verpflichtet, dieses Angebot anzunehmen. Aufgabe des BEM ist es, die Arbeitnehmer nach einer längeren Erkrankung wieder in den Betrieb einzugliedern. Sie werden mithilfe verschiedener personenbezogener Maßnahmen darin unterstützt, ihre Arbeitsunfähigkeit zu überwinden und erneuter Arbeitsunfähigkeit vorzubeugen. Wichtig ist zudem, dass der Arbeitsplatz erhalten bleibt. Der Arbeitgeber versucht dabei, gemeinsam mit den betroffenen Beschäftigten und ggf. zusätzlichen Fachleuten (z.B. Betriebsarzt, Fachkraft für Arbeitssicherheit, Schwerbehindertenvertreter etc.) herauszufinden, unter welchen Bedingungen sie ihre Arbeit wieder aufnehmen können. Dies kann z.B. durch eine schrittweise Verlängerung der geleisteten Arbeitszeiten (pro Tag oder pro Woche) geschehen. Eine andere Möglichkeit ist das *Work Hardening*. Damit bezeichnet man ein Training, mit dessen Hilfe – ebenfalls schrittweise – die motorische Leistungsfähigkeit im Arbeitsalltag eines Betroffenen verbessert werden soll, indem z.B. wiederkehrende Arbeitsabläufe trainiert werden. Auch eine längerfristige Reduzierung der Arbeitszeit oder die Ausstattung des Arbeitsplatzes mit technischen Hilfsmitteln sind Maßnahmen, die im Rahmen des BEM angewandt werden. Zudem können durch organisatorische Veränderungen und/oder durch den Neuzuschnitt von Arbeitsaufgaben neue Einsatzmöglichkeiten für die Betroffenen geschaffen werden (s.a. Kap. 8.6). Es handelt sich hierbei um einen *ressourcenorientierten Ansatz*, der zuerst nach den Fähigkeiten und Möglichkeiten der Menschen *(→ persönliche Ressourcen)* schaut, und nicht nach den vorhandenen Einschränkungen (s. a. betriebliche Weiterbildung in Kap. 8.5; Weber, Peschkes & de Boer, 2015 und Habermann-Horstmeier, 2015).

Zusätzlich zu solchen Wiedereingliederungsmaßnahmen wird auch danach geschaut, welche präventiven Leistungen oder Hilfen die Gesundheit der betroffenen Beschäftigten auf längere Sicht hin stärken können.

Berufliche Integration von Menschen mit Behinderung

Das Betriebliche (Wieder-)Eingliederungsmanagement wendet sich nur an Menschen, die bereits einer Erwerbsarbeit nachgegangen sind. Menschen mit schwerer Behinderung, die bislang noch nicht auf dem sogenannten ersten oder allgemeinen Arbeitsmarkt tätig waren und dort einen auf ihre speziellen Bedürfnisse angepassten Arbeitsplatz suchen, werden in Deutschland von Integrationsfachdiensten oder Integrationsämtern unterstützt. Diese sind auch für die arbeitsbegleitende Betreuung der Betroffenen zuständig. Allerdings gibt es in Deutschland auf dem regulären Arbeitsmarkt noch immer viel zu wenige Beschäftigungsmöglichkeiten für Menschen mit einer Schwerbehinderung.

Definition „Schwerbehinderung“

In Deutschland gilt als Schwerbehinderter, wer einen Grad der Behinderung (GdB) von mindestens 50 hat. Die Einteilung nach dem Grad der Behinderung führt in Zehnerschritten bis 100. Die Festlegung des Grades der Behinderung erfolgt nach Kriterien, die in den „Versorgungsmedizinischen Grundsätzen“ (Anlage zu § 2 der Versorgungsmedizin-Verordnung [VersMedV]) festgelegt sind. Auf Antrag erhält der Betroffene einen Schwerbehindertenausweis. Die Einstufung als „schwerbehindert“ ist mit einem Rechtsanspruch auf finanzielle Vergünstigungen und Hilfen verbunden.

Obwohl in Deutschland Firmen ab 20 Mitarbeitern verpflichtet sind, zu mindestens 5 % Menschen mit einer Schwerbehinderung zu beschäftigen, wird dieses Ziel in der privaten Wirtschaft noch immer nicht erreicht. Einer der Gründe hierfür ist, dass Unternehmen die Möglichkeit haben, sich hiervon durch eine Ausgleichsabgabe „freizukaufen“. Zudem wissen vor allem kleinere Firmen oft nicht, dass es von der Öffentlichen Hand Zuschüsse bis zur vollen Höhe der Kosten einer behindertengerechten Ausstattung des Arbeits- bzw. Ausbildungsplatzes gibt (*Zuständigkeit:* Integrationsamt), ebenso wie Zuschüsse für befristete Probebeschäftigungen von Menschen mit Behinderung oder schwerbehinderten Menschen (max. 3 Monate; *Zuständigkeit:* Agentur für Arbeit) und Zuschüsse zur Ausbildungsvergütung für schwerbehinderte Menschen (*Zuständigkeit:* Agentur für Arbeit).

8.8 Rolle der Arbeitsmedizin und der Gefährdungsbeurteilung

Aus medizinischer Sicht sind Betriebliche Gesundheitsförderung (BGF) bzw. Betriebliches Gesundheitsmanagement (BGM) inhärente[33] Teile der Arbeitsmedizin. Gesundheitswissenschaftler/Public-Health-Fachleute sehen Arbeitsmedizin und Gefährdungsbeurteilung dagegen zwar als wichtige Teile, aber eben nur als Teile des Betrieblichen Gesundheitsmanagements. Das deutsche *Präventionsgesetz* (Gesetz zur Stärkung der Gesundheitsförderung und der Prävention, PrävG) bekräftigt ausdrücklich die enge Verzahnung zwischen Arbeitsschutz und Arbeitssicherheit einerseits (*Zuständigkeit:* Betriebsärzte, Fachkräfte für Arbeitssicherheit, Sicherheitsingenieure etc., s.a. Dokumentation auf S. 32) und Betrieblicher Gesundheitsförderung andererseits. Durch die zentrale Rolle, die der Gesetzgeber hier den gesetzlichen Krankenversicherungen (GKV) – insbesondere im Hinblick auf die Finanzierung, aber auch hinsichtlich der Erarbeitung und Umsetzung von präventiven und gesundheitsfördernden Maßnahmen – zuweist, ordnet er die Betriebliche Gesundheitsförderung zwangsläufig ebenfalls den Bereichen Arbeitsmedizin und Arbeitssicherheit zu (s. Dokumentation auf S. 85). Allerdings ist es nach medizinischem Verständnis v.a. die Aufgabe der Arbeitsmedizin, arbeitsbedingte bzw. arbeitsassoziierte Krankheiten zu diagnostizieren und ihre Entstehung bzw. Verschlimmerung zu verhindern *(Prävention)*. Gesundheitsförderung spielt im Bereich der Arbeitsmedizin bislang nur eine untergeordnete Rolle. Es bleibt abzuwarten, inwieweit sich dies in den nächsten Jahren ändern wird.

Die im Arbeitsschutzgesetz verpflichtend vorgeschriebene *Gefährdungsbeurteilung* ist in Deutschland das zentrale Element des betrieblichen Arbeitsschutzes. Der Arbeitgeber ist verpflichtet, Gefährdungen der Beschäftigten im Rahmen der Arbeit umfassend zu beurteilen, um herauszufinden, welche Arbeitsschutzmaßnahmen erforderlich sind. Dabei müssen nicht nur Arbeitsstoffe, Arbeitsschwere, Umgebungsbedingungen, physikalische Einwirkungen und andere Kriterien berücksichtigt werden, sondern auch psychische Faktoren (s. Abbildung 8-3 und Tabelle 8-1). Die Gefährdungsbeurteilung ist die Grundlage für ein systematisches und erfolgreiches *Sicherheits- und Gesundheitsmanagement*. Gefährdungsbeurteilungen werden v.a. dann durchgeführt, wenn Änderungen im Bereich der Betriebsanlagen oder der verwendeten Verfahren stattgefunden haben oder geplant werden, aber auch wenn es Hinweise auf eine besondere Unfall- oder Gesundheitsbelastung in einem Arbeitsbereich gibt. Ein weiterer Grund für die Durchführung einer Gefährdungsbeurteilung ist die Feststellung einer unzureichenden Wirksamkeit der aktuellen Arbeitsschutzmaßnahmen. Die Gefährdungsbeurteilung bezieht sich immer auf die vorliegenden betrieblichen Verhältnisse und die dort möglichen Gefährdungen. Eine Tätigkeit mit Gefahrstoffen darf erst nach Abschluss der Gefährdungsbeurteilung und nach der Veranlassung und Umsetzung der erforderlichen Schutzmaßnahmen aufgenommen werden.

33 *inhärent:* immer schon zu einer Sache dazugehörend und Teil von ihr

Dokumentation

Zitate aus dem Entwurf eines Gesetzes zur Stärkung der Gesundheitsförderung und der Prävention (Präventionsgesetz – PrävG) vom 11.03.2015 im Hinblick auf die Rolle von Arbeitsmedizin und Arbeitsschutz (Deutscher Bundestag, 2015):

I. „Die Vorschrift stellt die Beteiligung der Betriebsärztinnen und Betriebsärzte sowie der Fachkräfte für Arbeitssicherheit als Berater in allen Fragen des Gesundheitsschutzes beziehungsweise der Arbeitssicherheit nach dem Gesetz über Betriebsärzte, Sicherheitsingenieure und sonstige Fachkräfte für Arbeitssicherheit ausdrücklich klar. Damit wird das enge Verhältnis zwischen Arbeitsschutz und betrieblicher Gesundheitsförderung betont. Der Auftrag der gesetzlichen Krankenversicherung im Bereich der betrieblichen Prävention steht in einem Ergänzungsverhältnis zu den arbeitsschutzrechtlich begründeten Pflichten der Arbeitgeber und dem Präventionsauftrag der gesetzlichen Unfallversicherung."

II. „Die Regelung des Satz 2 dient der engeren Verzahnung von Maßnahmen des Arbeitsschutzes mit der betrieblichen Gesundheitsförderung und soll insbesondere sicherstellen, dass die Krankenkassen die Ergebnisse von vorliegenden Gefährdungsbeurteilungen bei der Entwicklung von Vorschlägen zur Verbesserung der gesundheitlichen Situation verbessern."

III. „Die Krankenkassen werden verpflichtet, ihr Engagement auszuweiten, indem sie mindestens zwei Euro jährlich für jeden ihrer Versicherten für Leistungen zur betrieblichen Gesundheitsförderung ausgeben. Die Kompetenz der Betriebsärztinnen und Betriebsärzte und der Fachkräfte für Arbeitssicherheit ist verbindlich zu nutzen, indem sie an der Ausführung von Leistungen im Betrieb zu beteiligen sind."

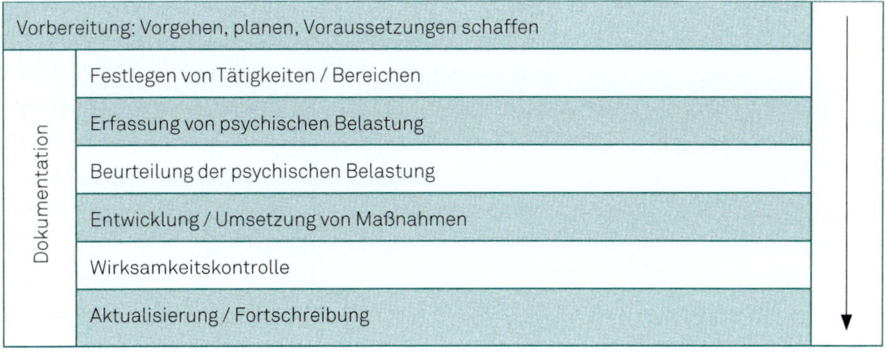

Abbildung 8–3: Ablauf der Gefährdungsbeurteilung hinsichtlich der psychischen Belastungen am Arbeitsplatz. Quelle: Modifiziert nach Beck (2015).

Tabelle 8–1: Merkmalsbereiche, in denen es zu einer psychischen Belastung am Arbeitsplatz kommen kann. Quelle: Beck (2015); auf der Basis der Leitlinie Beratung und Überwachung bei psychischer Belastung am Arbeitsplatz der Gemeinsamen Deutschen Arbeitsschutzstrategie.

Arbeitsinhalt/Arbeitsaufgabe
• Vollständigkeit der Aufgabe • Handlungsspielraum • Variabilität (Abwechslungsreichtum) • Information/Informationsangebot • Verantwortung • Qualifikation • Emotionale Inanspruchnahme
Arbeitsorganisation
• Arbeitszeit • Arbeitsablauf (Zeitdruck/hohe Arbeitsintensität, häufige Störungen/Unterbrechungen, Taktbindung) • Kommunikation/Kooperation
Soziale Beziehungen
• Zu Kollegen • Zu Vorgesetzten
Arbeitsumgebung
• Physikalische und chemische Faktoren • Physische Faktoren • Arbeitsplatz- und Informationsgestaltung • Arbeitsmittel

Aufgabe 8

a. Frau A. arbeitet als Kauffrau für Büromanagement in einem mittelgroßen Industrieunternehmen. Sie sitzt die meiste Zeit am Computer. Seit längerer Zeit schon hat sie Probleme mit geröteten, gereizten und schmerzhaften Augen. Zudem ist ihr Nacken ständig verspannt. Abends hat sie immer öfter Rücken- und Kopfschmerzen.

b. Herr B. ist Marketingmanager. Er berichtet, dass das Telefon an seinem Arbeitsplatz pausenlos klingelt. Zudem kommen oft Kollegen aus anderen Abteilungen mit Fragen oder Aufträgen vorbei. Er kommt schon gar nicht mehr dazu, die sich ebenfalls häufenden E-Mail-Anfragen zu bearbeiten. Herr B. hat das Gefühl, in einem Hamsterrad festzustecken. Abends kann er nicht abschalten, obwohl er völlig erschöpft ist. Nun hat sein Chef ihm auch noch gedroht, dass sein befristeter Arbeitsvertrag nicht verlängert wird, wenn sich seine Arbeitsleistung nicht bessert.

c. Herr Y. arbeitet bereits seit Jahren in einem Chemieunternehmen im Schichtbetrieb. Seit einiger Zeit hat er – anders als früher – erhebliche gesundheitliche Probleme, die er auf die Schichtarbeit zurückführt. Es fällt ihm zunehmend schwer abzuschalten, wenn er am späten Abend von der Spätschicht nach Hause kommt. Er fühlt sich ständig müde. Während der Nachtschichten hat er starke Konzentrationsprobleme. Er befürchtet, dass es dadurch irgendwann zu einem Arbeitsunfall kommen wird. Sein Hausarzt meinte, dass auch seine Verdauungsprobleme, sein

Übergewicht, sein Diabetes und sein Bluthochdruck mit der Schichtarbeit zu tun haben könnten.

Definieren Sie bitte anhand des *Public Health Action Cycles* (s. Kap. 5) die in den drei Fällen geschilderten Probleme, formulieren Sie dazu jeweils entsprechende BGM-Ziele und nennen Sie Strategien, mit deren Hilfe Sie diese Ziele erreichen wollen. Nutzen Sie dazu nicht nur die Informationen aus Kap. 8, sondern recherchieren Sie bitte auch im Internet (s. Linkverzeichnis, Kap. 15.3).

9 Risikofaktoren als BGM-Ansatzpunkte

Der Grad der Gesundheit eines Menschen wird durch verschiedenste Faktoren beeinflusst. Gesundheitsfördernde Faktoren bezeichnet man als *Ressourcen* oder *protektive Faktoren* (Schutzfaktoren). Faktoren, die die Gesundheit – alleine oder gemeinsam mit anderen Faktoren – schädigen können, nennt man *Risikofaktoren*. Die Faktoren können vom menschlichen Organismus ausgehen oder von seinen unmittelbaren sozialen Beziehungen sowie von den ökologischen Umweltbedingungen, in denen er lebt. Sie können darüber hinaus auch Teil der Strukturen des regionalen, nationalen und globalen menschlichen Miteinanders sein. Da viele dieser Faktoren nicht gleichbleibend, sondern potenziell veränderbar sind, können sie Ansatzpunkte für Gesundheitsförderung und Prävention im Rahmen eines Betrieblichen Gesundheitsmanagements sein. Die wichtigsten Risikofaktoren (s. Habermann-Horstmeier, Egger & Bolliger-Salzmann, 2018), die weltweit den größten Anteil an der gesamten Krankheitslast *(Burden of Disease)* haben, sind

- ungesunde Ernährung,
- Bewegungsmangel,
- Alkoholmissbrauch,
- Tabakrauchen und
- Stress.

Im Bereich der Arbeitswelt kommen bestimmte Arbeitszeitmodelle wie Schicht-, Nacht- und Wochenendarbeit als weitere wichtige Risikofaktoren hinzu.

9.1 Stress, psychische Belastung und Burnout

Bereits in den Kap. 1.3.1 und Kap. 1.3.2 wurde erwähnt, dass die Änderungen in der Arbeitswelt in den letzten Jahrzehnten zu einem Wandel bei den gesundheitlichen Risiken im Arbeitsbereich geführt haben. Ein zentraler Aspekt ist hierbei der Stress. Negativer Stress oder *Dis-Stress* tritt dann auf, wenn es zu einem Missverhältnis zwischen den Anforderungen, die an eine Person gestellt werden, und den Möglichkeiten und Fähigkeiten dieser Person kommt, die Anforderungen zu kontrollieren bzw. zu bewältigen *(Coping)*. Stressoren oder Stressfaktoren sind dabei innere und äußere Reize, die auf den Menschen einwirken und eine Anpassungsreaktion von ihm erfordern (s. Habermann-Horstmeier, 2017c).

9.1.1 Stressauslöser

Nicht nur die Arbeitswelt hat sich geändert, auch die Komplexität der Lebenssituationen insgesamt hat in den letzten Jahrzehnten erheblich zugenommen. Beides zusammen führt immer häufiger dazu, dass sich viele Menschen belastet und immer öfter auch überfordert fühlen, sodass sie auf längere Sicht hin krank werden. Im Arbeitsbereich kommen verschiedenste äußere Stressoren vor, die z.B. physikalischer (z.B. Lärm) oder sozialer Art sein können (z.B. Probleme in den Beziehungen zu Kollegen oder Vorgesetzten). Aber auch Überforderung und Zeitdruck können Stress hervorrufen (s. Tabelle 8-1). Für viele junge Menschen kommen befristete Arbeitsverträge - die große Unsicherheit hinsichtlich der weiteren Lebensplanung mit sich bringen - als weiterer potenzieller Stressfaktor hinzu. Zudem können persönlichkeitsbedingte Stresssituationen entstehen, wenn Beschäftigte über ungenügende Problemlösungskompetenzen verfügen, wenn sie perfektionistisch sind oder ihnen ein starkes Kontrollbedürfnis eigen ist. Ob es bei einem Menschen letztlich zu Stress kommt, hängt jedoch entscheidend davon ab, wie der Betroffene selbst die Situation bewertet. Stress entsteht v.a. dann, wenn sich ein Mensch einer Situation hilflos ausgeliefert fühlt, wenn er keine Möglichkeit für sich sieht, etwas an diesem Zustand zu ändern.

9.1.2 Häufigkeit von Stress bei Berufstätigen

Nach einer repräsentativen Untersuchung zum Thema „Stress“, die das Meinungsforschungsinstitut Forsa im September 2013 in Deutschland im Auftrag der Techniker Krankenkasse durchführte, gaben 70% der dort befragten Berufstätigen an, „manchmal“ bzw. „häufig“ gestresst zu sein (s. Abbildung 9-1, Techniker Krankenkasse, 2013). Als

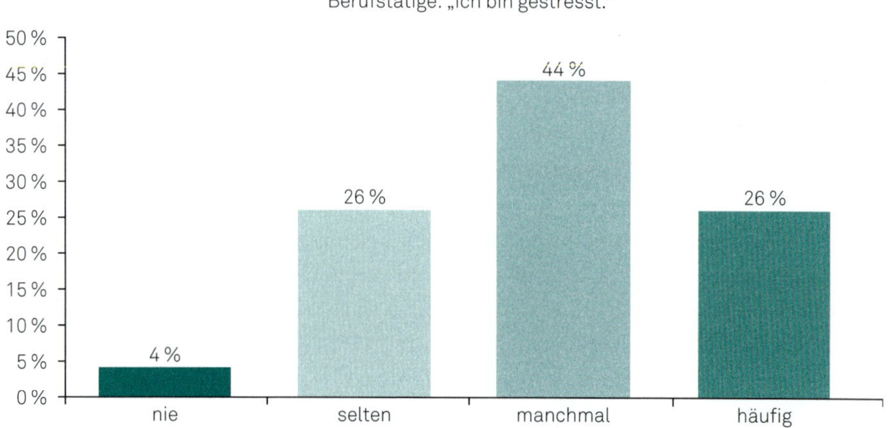

Abbildung 9–1: Wie häufig fühlen sich Berufstätige in Deutschland gestresst? Ergebnisse einer Forsa- Umfrage im Auftrag der Techniker Krankenkasse im September 2013. Quelle: nach den Daten der Broschüre der Techniker Krankenkasse (2013) „Bleib locker Deutschland! TK-Studie zur Stresslage der Nation“, 10/2013.

häufigste Gründe nannten die Beschäftigten bei einer weiteren Befragung im Juni und Juli 2016 „zu viel Arbeit", „Termindruck/Hetze" und „Unterbrechungen/Störungen". Aber auch andere Gründe, wie z. B. die Informationsüberflutung (z. B. durch E-Mails) und das Gefühl der mangelnden Anerkennung im Beruf spielten hier eine große Rolle (s. Abbildung 9–2; Techniker Krankenkasse, 2016).

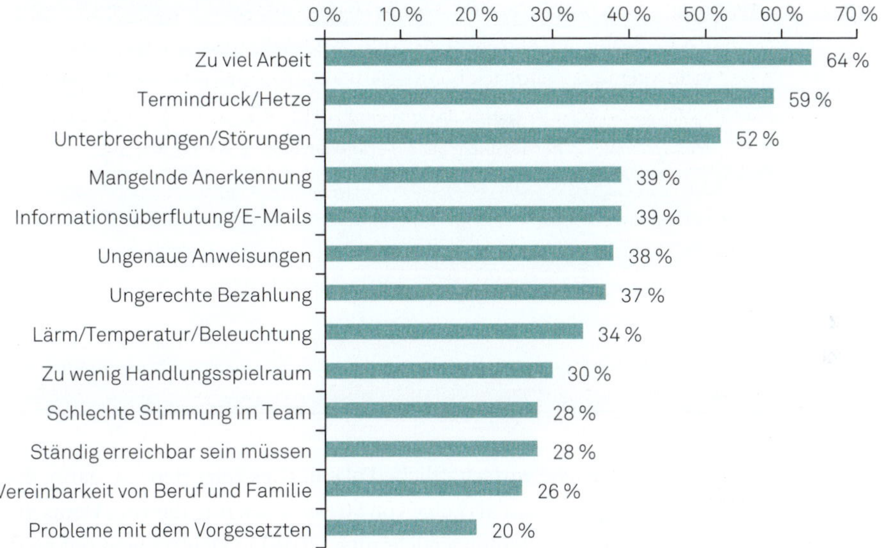

Abbildung 9–2: Anteil der befragten Berufstätigen, die die genannten Stressfaktoren als belastend empfinden. Quelle: nach den Daten der Broschüre der Techniker Krankenkasse (2016), S. 24.

9.1.3 Stressfolgen

Stress wird dann zum Gesundheitsproblem, wenn er chronisch wird. Stressfolgeerkrankungen können die verschiedensten Organsysteme des menschlichen Körpers betreffen. Im Bereich des Herz-Kreislauf-Systems kann Stress als Risikofaktor z. B. zur Auslösung von Bluthochdruck *(Hypertonie)*, koronarer Herzkrankheit (KHK), Herzinfarkt und Schlaganfall beitragen. Stressfolgen können sich aber auch im Bereich der Muskulatur, des Verdauungssystems, des Stoffwechsels, des Immunsystems, der Sexualität und/oder der Schmerzverarbeitung zeigen. Seit einiger Zeit weiß man, dass Stress auch direkten Einfluss auf die Lebenserwartung eines Menschen hat, indem er zu einer vorzeitigen Verkürzung der Chromosomenenden *(Telomere)* führt. Normalerweise werden Telomere mit zunehmendem Alter immer kürzer. Dieser natürliche Vorgang wird durch Stress beschleunigt. Wenn die Telomere schließlich zu kurz sind, kann sich eine Zelle nicht mehr teilen (Kiecolt-Glaser, Gouin, Weng et al., 2011). Stress führt darüber hinaus aber auch zu psychischen Folgen, die sich z. B. in Form einer depressiven Verstimmungen oder eines Burnouts äußern können. Unter einem *Burnout-Syndrom* versteht man einen umfassenden Erschöpfungszustand, der körperliche, emotionale, mentale[34] und soziale Bereiche umfassen kann. Die wichtigsten Burnout-Symptome sind in Tabelle 9-1 zusammengestellt.

Tabelle 9–1: Zusammenstellung der Symptome bei körperlicher, emotionaler, mentaler und sozialer Erschöpfung im Rahmen eines Burnouts.

Erschöpfung	Symptomatik
körperliche	Energiemangel, chronische Müdigkeit, Schwächegefühl, psychosomatische Symptome
emotionale	Niedergeschlagenheit, Hoffnungslosigkeit, Ausweglosigkeit, Gefühl der inneren Leere oder von Abgestorbensein, aber auch Reizbarkeit, Ärger, Schuldzuweisungen
mentale	Abbau der geistigen Leistungsfähigkeit und Kreativität, negative Einstellung zur eigenen Person, zur Arbeit, allgemein zum Leben, Zynismus, Gefühl der Sinnlosigkeit und existenzielle Verzweiflung
soziale	Gefühl, von anderen ausgesaugt zu werden, Verlust der Empathie*, Verlust des Interesses an anderen Menschen, sozialer Rückzug
*Empathie: Fähigkeit und Bereitschaft, sich in andere Menschen hineinzuversetzen, ihre Gedanken, Emotionen, Motive und Persönlichkeitsmerkmale zu erkennen und zu verstehen.	

Stress hat jedoch auch erhebliche wirtschaftliche Folgen. Dies zeigt sich v. a. darin, dass z. B. psychische Erkrankungen – meist als Folge von Stress – nach Angaben der Deutschen Rentenversicherung (s. Deutsche Rentenversicherung, 2019) in Deutschland mit knapp 43% an der Spitze der Ursachen für die Beantragung einer Erwerbsminderungsrente stehen. Zu den steigenden Stressfolgekosten tragen neben der Frühverrentung jedoch auch häufige und langdauernde Fehlzeiten am Arbeitsplatz bei.

9.1.4 Ansatzpunkte für einen gesundheitsfördernden Umgang mit Stress

Der beste Weg („Königsweg") gesundheitsfördernd mit Stress umzugehen, besteht darin, die Entstehung von Stress auslösenden Situationen und Gegebenheiten zu vermeiden oder zu verhindern. Dies kann am Arbeitsplatz in erster Linie dadurch geschehen, dass organisatorische Verbesserungen vorgenommen werden. Beispiele für solche **verhältnispräventive Maßnahmen** sind:

- Genügend Personal einstellen.
- Für eine ausreichende Bezahlung sorgen.
- Die Vereinbarkeit von Beruf und Familie ermöglichen.
- Für eine bessere Aufgabenverteilung sorgen.
- Arbeitsabläufe besser planen.
- Ständige Arbeitsunterbrechungen verhindern.

34 *mental:* geistig, den Verstand betreffend

- Regeln zur Kommunikation und zur Informationsverarbeitung im Unternehmen einführen.
- Das Arbeitsklima verbessern.
- Anweisungen klar formulieren.
- Regeln für ein gutes Führungsverhalten aufstellen.
- Handlungsspielräume der Beschäftigten erweitern.
- Lärm am Arbeitsplatz vermeiden.
- Für eine angenehme Temperatur und Belüftung am Arbeitsplatz sorgen etc.

Eine weitere Möglichkeit des gesundheitsfördernden Umgangs mit Stress auslösenden Situationen liegt im Bereich des Selbstmanagements (→ **Verhaltensprävention**). Hierzu gehören z. B. Schulungen der Beschäftigten in folgenden Bereichen:
- *Persönliche Arbeitsorganisation:* Klare Festlegung von Prioritäten, realistische Zeitplanung, Delegation von Aufgaben an andere Personen etc.
- *Sozialkommunikative Kompetenzen:* Grenzen setzen, „Nein" sagen lernen, Unterstützung suchen, sich ein Netzwerk aufbauen, Mitmenschen auch etwas Positives sagen können, Mitmenschen verstehen lernen etc.
- *Problemlösekompetenzen.*
- *Fachlichen Kompetenzen.*

Hinzu kommen die Möglichkeiten der *kognitive Stressbewältigung,* die ebenfalls wieder im Bereich der *Verhaltensprävention* anzusiedeln sind. Hierbei geht es darum, sich im Rahmen von Schulungen selbstkritisch der eigenen stresserzeugenden oder stressverschärfenden Einstellungen und Bewertungen bewusst zu werden und diese allmählich zu verändern. Schwierigkeiten werden dann nicht als Bedrohung, sondern als Herausforderung gesehen, perfektionistische Leistungsansprüchen werden überprüft, Leistungsgrenzen akzeptiert etc.

Da es nicht ganz zu vermeiden ist, dass Stressreaktionen immer wieder einmal auftreten, geht es bei den *palliativen*[35] *oder regenerativen Maßnahmen der Stressbewältigung* darum zu lernen, die körperliche und psychische Erregung während einer solchen Reaktion zu dämpfen und abzubauen sowie langfristig die eigene Belastbarkeit zu erhalten (z. B. durch das Erlernen von Entspannungstechniken wie Yoga, Autogenem Training oder der Progressiven Muskelentspannung). Auch diese Maßnahmen setzen wiederum an der betroffenen Person an, und zwar im Bereich ihrer Stressreaktion.

Näheres zur *Psychosozialen Gesundheit im Beruf* finden Sie in Weber & Hörmann (2007), zum *Psychosozialen Gesundheitsmanagement im Betrieb* in Schneider, Gerecke, Kastner, Parpart & Peschke (2013).

35 Eine *palliative* Maßnahme zielt nicht mehr auf eine (ggf. nicht mehr mögliche) Heilung einer bestehenden Erkrankung ab, sondern auf die Linderung ihrer Folgen (z. B. Schmerzreduktion, Reduzierung von Atemnot, Verbesserung der Ernährungssituation).

9.2 Alkohol, Tabak und andere Suchtmittel

9.2.1 Alkohol

Das, was umgangssprachlich als Alkohol bezeichnet wird, ist chemisch gesehen *Ethanol*. Ethanol entsteht durch das Gären von Fruchtzucker oder anderen zuckerhaltigen Rohstoffen (z.B. Getreide, Kartoffeln oder Mais). Die Substanz wird in vielen Ländern als Genussmittel betrachtet, obwohl es sich hierbei um eine Droge handelt, deren Konsum unmittelbar und auf längere Sicht zu erheblichen negativen gesundheitlichen und sozialen Folgen führen kann. Eine britische Studie aus dem Jahr 2007 (Nutt, King, Saulsbury & Blakemore, 2007) konnte zeigen, dass Alkohol weltweit zu den zehn schädlichsten Drogen überhaupt zählt. Betrachtet wurden dabei der körperliche Schaden und die mögliche Abhängigkeit beim Konsumenten sowie die Folgen der Auswirkungen des Drogengebrauchs für die Familie und die Gesellschaft. Alkohol wird v.a. deshalb konsumiert, weil mit dem Trinken ein Rausch einhergeht, bei dem sich das Bewusstsein und die Wahrnehmung des Konsumenten verändern. Die Substanz kann zudem abhängig machen und ist ein Zellgift, das fast alle Körperzellen und Organe schädigen kann.

Pro Jahr nimmt in Deutschland jeder Einwohner über 14 Jahre nach Angaben der OECD (2017; s.a. OECD, 2014) durchschnittlich 11,0 l reinen Alkohols zu sich. In Österreich sind es hiernach sogar 12,3 l, in der Schweiz 9,5 l. Allerdings schwankten die entsprechenden Daten in den letzten Jahren je nach Quellenangabe. Es gibt jedoch keinen Zweifel daran, dass die genannten Länder damit erheblich über dem Durchschnitt weltweit (Ø 6,2 l; WHO 2014) liegen.

Definition „Risikoarmer Alkoholkonsum"

Aus Sicht der Prävention kann es keinen risikolosen Alkoholkonsum geben (s. u. „Gesundheitliche Folgen"). Suchtforscher sprechen daher von einem *risikoarmen Alkoholkonsum*. Nach dem wissenschaftlichen Kuratorium der *Deutschen Hauptstelle für Suchtfragen* (DHS) liegt dieser Grenzwert bei gesunden erwachsenen Menschen bei 140 g (♂) bzw. 70 g (♀) reinem Alkohol pro Woche – mit wöchentlich zwei alkoholfreien Tagen (Schaller, Kahnert & Mons, 2017). Eine große internationale Untersuchung aus dem Jahr 2018 konnte jedoch feststellen, dass bereits der regelmäßige Konsum von mehr als 100 g reinen Alkohols pro Woche das Leben der Konsumenten erheblich verkürzt. Schon das Trinken von zwei Litern Bier oder einer Flasche Wein pro Woche gehen hiernach im Durchschnitt mit einem deutlich höheren Risiko für Schlaganfall oder Herzversagen einher. Auch ist die Gesamtsterblichkeit bei Personen, die mehr als 100 g Alkohol pro Woche konsumieren, deutlich erhöht (Wood, Kaptoge et al., 2018). Für Jugendliche vor dem 20. Lebensjahr gibt es keine Grenzwerte für einen risikoarmen Alkoholkonsum, da ihre körperliche Reifung und insbesondere die Hirnentwicklungen noch nicht abgeschlossen sind, sodass die Gefahr von möglichen Schäden bei ihnen noch deutlich höher ist als bei Erwachsenen. Die *Deutsche Hauptstelle für Suchtfragen* weist darauf hin, dass auch gesunde Erwachsene in bestimmten Situationen besser ganz auf Alkohol verzichten sollten, so z.B. am Arbeits- und Ausbildungsplatz, im Straßenverkehr, beim Sport, während der Schwangerschaft und Stillzeit sowie bei gleichzeitiger Einnahme von Medikamenten.

Insgesamt zeigen durchschnittlich 18,2% der Männer und 13,8% der Frauen in Deutschland einen riskanten Alkoholkonsum. Dabei gibt es deutliche Unterscheide zwischen den verschiedenen Altersgruppen. Überdurchschnittlich häufig sind junge Männer bis 24 Jahre sowie Männer und Frauen im Alter von 45 bis 64 Jahren betroffen (s. Abbildung 9–3).

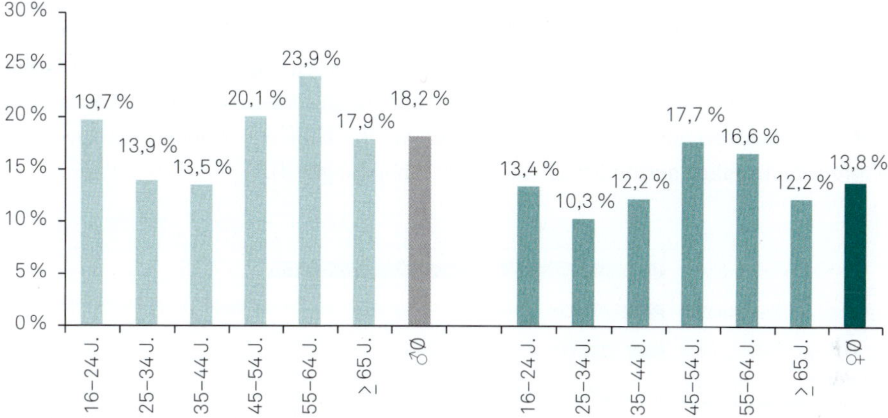

Abbildung 9–3: Prozentsatz der Männer (Konsum > 20 g Reinalkohol/Tag; hellgrün) und Frauen (Konsum > 10 g Reinalkohol/Tag; mittelgrün) mit riskantem Alkoholkonsum in Deutschland, unterschieden nach Altersgruppen. Durchschnitt Männer (♂ Ø): hellgrau; Durchschnitt Frauen (♀ Ø): dunkelgrün. Quelle: Eigene Darstellung auf der Basis der Daten (GEDA 2014/2015) von Lange, Manz & Kuntz (2017).

Körperliche und psychische Folgen des Alkoholkonsums

Typische Folgen des Alkoholkonsums sind die Entwicklung einer Abhängigkeit, die Verringerung der körperlichen und geistigen Leistungsfähigkeit und die Entstehung von Alkohol-Folgeerkrankungen. Bei alkoholabhängigen Menschen kreisen die Gedanken immer mehr um die Beschaffung und den Konsum von Alkohol, sodass dies das Leben des Konsumenten bestimmt. Es kommt zum Kontrollverlust über das Trinkverhalten, zur Vernachlässigung anderer Interessen, des familiären Umfeldes und des eigenen Äußeren. Das Suchtverhalten und Persönlichkeitsveränderungen werden geleugnet. Aufgrund der zunehmenden Toleranz gegenüber Alkohol werden immer größere Alkoholmengen benötigt, um den gewünschten Effekt zu erzielen. Bei geringerem Konsum treten Entzugserscheinungen auf. Ein Alkohol-Missbrauch kann sich auch unabhängig von einer Alkohol-Abhängigkeit entwickeln und zu einer Verringerung der körperlichen und geistigen Leistungsfähigkeit führen. So kann Alkohol u.a. auch die Orientierungs- und Reaktionsfähigkeit beeinträchtigen, sodass die Unfallgefahr steigt. Typische Alkohol-Folgeerkrankungen sind neben der Fettleber und der Leberzirrhose auch Entzündungen im Bereich der Schleimhäute im Magen-Darm-Trakt, Bluthochdruck (mit den möglichen Folgen eines Schlaganfalls und eines Herzinfarktes), Herzmuskelerkrankung *(Kardiomyopathie)*, Krampfadern im Bereich der Speiseröhrenvenen *(Ösophagusvarizen)*, Bauchspeicheldrüsenentzündung *(Pankreatitis)* und Gicht. Auch das Gehirn ist betroffen, sodass es zu Hirnschädigungen *(Enzephalopathie)* bis hin zur *Demenz* kommen kann. Alkoholkonsum in der Schwangerschaft führt zu schweren Entwicklungsstörungen beim Ungeborenen (*fetales Alkoholsyndrom* oder *Alkohol-Embryofetopathie*).

Ein weiterer unerwünschter Effekt des regelmäßigen Alkoholkonsums ist die Gewichtszunahme („Bierbauch"), da dem Körper mit jedem Gramm Alkohol 7 kcal zugeführt werden (Vergleich: 1 g Zucker enthält 4 kcal, 1 g Fett enthält 9 kcal).

Wirtschaftliche Folgen des Alkoholkonsums

Doch der Konsum von Alkohol hat nicht nur gesundheitliche und soziale Folgen, sondern auch wirtschaftliche Konsequenzen. Eine Berechnung von Effertz (2015) zeigte, dass die *direkten Kosten* des Alkoholkonsums in Deutschland jährlich insgesamt 9,15 Mrd. € betragen. Hierzu gehören v.a. die Krankheits- und Pflegekosten sowie die Kosten von Reha-Maßnahmen, aber auch die Leistungen zur Teilhabe am Arbeitsleben sowie die Kosten von Unfällen aufgrund von Alkohol (s. Abbildung 9–4).

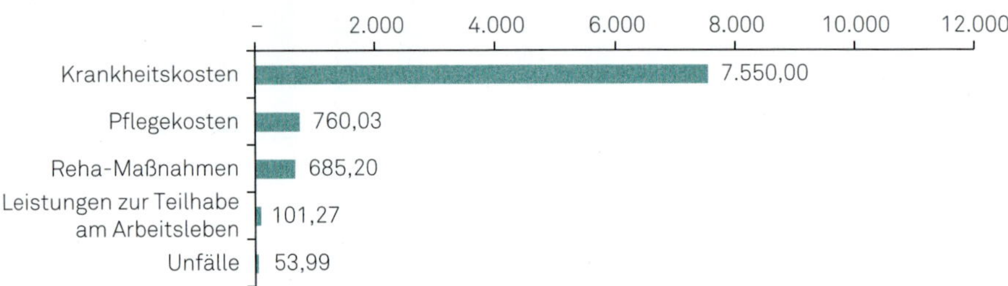

Abbildung 9–4: Jährliche direkte Kosten infolge Alkoholkonsums in Deutschland (Angaben in Mio. €). Quelle: Eigene Darstellung auf der Basis der Berechnungen von Effertz (2015), s.a. Schaller, Kahnert & Mons (2017).

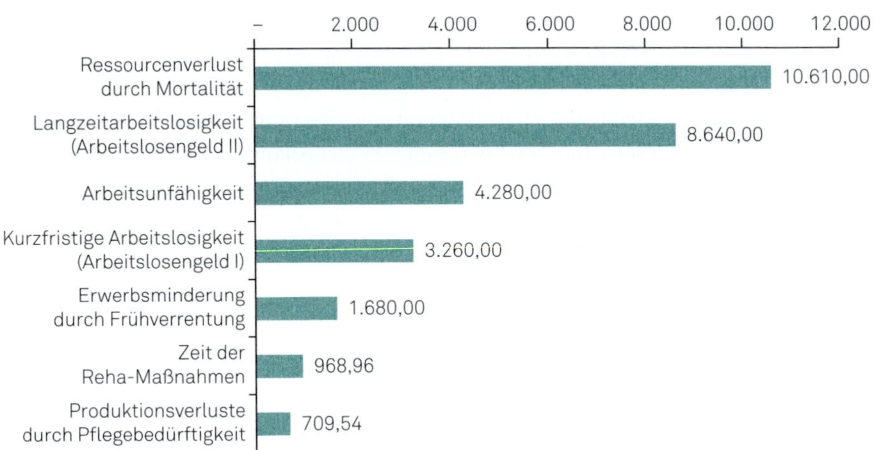

Abbildung 9–5: Jährliche indirekte Kosten infolge Alkoholkonsums in Deutschland. (Angaben in Mio. €). *Mortalität:* Sterblichkeit. Quelle: Eigene Darstellung auf der Basis der Berechnungen von Effertz (2015), s.a. Schaller, Kahnert & Mons (2017).

Noch deutlich höher sind die *indirekten Kosten* des Alkoholkonsums. Sie betragen in Deutschland nach Effertz (2015) 30,15 Mrd. € pro Jahr. Zu den indirekten Kosten zählen v.a. die Kosten durch den vorzeitigen Tod der Betroffenen, durch Arbeitslosigkeit, Arbeitsunfähigkeit und Frühverrentung (s. Abbildung 9–5). Damit müssen in Deutschland jährlich 1,3 % des Bruttoinlandsproduktes[36] (BIP) für die Folgekosten des Alkoholkonsums aufgebracht werden[37].

Durch riskanten Alkoholkonsum bei den Mitarbeitern können auch dem einzelnen Betrieb hohe betriebswirtschaftliche Kosten entstehen. Nach der *Schweizerischen Fachstelle für Alkohol- und andere Drogenprobleme* (sfa; zitiert nach DHS & BARMER GEK, 2014) kann die Höhe des wirtschaftlichen Schadens mithilfe der folgenden einfachen Formel grob geschätzt werden:

Höhe des wirtschaftlichen Schadens =
(Anzahl der Mitarbeiter × 5 %) × (Durchschnittslohn × 25 %) eines Unternehmens
wenn z. B.
5 % = prozentualer Anteil von riskant Alkohol konsumierenden Mitarbeitern
25 % = durchschnittlicher Leistungsausfall einer suchtgefährdeten Person

Alkohol und Arbeit

Abgesehen von den arbeitsrechtliche Konsequenzen (mögliche Folgen: Abmahnung, Kündigung) kann Alkohol am Arbeitsplatz auch ernsthafte gesundheitliche Folgen haben. Bereits bei einem Blutalkoholspiegel von 0,2 Promille lässt das Sehvermögen nach, die Bewegungskoordination ist eingeschränkt. Dadurch ist die Sicherheit beeinträchtigt, die Leistungsfähigkeit des Betroffenen ist eingeschränkt, die Qualität der Arbeit lässt nach. Ein erhöhter Blutalkoholspiegel kann auch noch nach einer durchfeierten Nacht bestehen und die Unfallgefahr am Arbeitsplatz sowie im Straßenverkehr (auf dem Weg zur Arbeit) deutlich erhöhen. Gefährdet sind dabei nicht nur die Betroffenen, sondern auch ihre Arbeitskollegen und andere Teilnehmer des Straßenverkehrs. Nach Angaben der DHS (2014) werden schätzungsweise mindestens 20 % aller Arbeitsunfälle durch Alkoholkonsum verursacht oder beeinflusst (s. Tabelle 9–2).

Tabelle 9–2: Alkoholfolgen bei und auf dem Weg von und zur Arbeit. Quelle: Modifiziert nach DHS (2014). Die Aussagen wurden dort getroffen auf der Basis von: BARMER GEK. (2010). Siehe auch Leggat & Smith (2009); Mangoine et al. (1999) und WHO (2014).

Alkoholeinfluss bei der Arbeit
• Alkoholeinfluss beeinträchtigt die Arbeitsleistung. • Es besteht ein nahezu linearer Zusammenhang zwischen Alkoholeinfluss und Minderung der Arbeitsleistung. • Die Unfallgefahr ist erhöht.
Wege- und Arbeitsunfälle
• Bei 20 % bis 25 % aller Arbeitsunfälle sind Personen unter Alkoholeinfluss beteiligt.

36 *Bruttoinlandsprodukt:* Gesamtwert aller Güter (= Waren und Dienstleistungen), die während eines Jahres innerhalb der Landesgrenzen einer Volkswirtschaft hergestellt wurden. Es ist ein Maß für die Wirtschaftsleistung einer Volkswirtschaft in einem bestimmten Zeitraum.

37 Bruttoinlandsprodukt in Deutschland (2015): 3.033,0 Mrd. €; Kosten des Alkoholkonsums (berechnet von Effertz, 2015): 39,3 Mrd. €

Ansatzpunkte für gesundheitsfördernde und präventive Maßnahmen im Zusammenhang mit Alkohol am Arbeitsplatz

Es gibt zahlreiche Gründe, weshalb Menschen Alkohol in für sie und ihre Umgebung schädlichen Mengen konsumieren. Diese Gründe können im privaten und persönlichen Bereich liegen, sie können aber auch durch verschiedenste Gegebenheiten in einem Unternehmen zumindest mitbeeinflusst werden.

Verhältnispräventiver Ansatz

Einige typische arbeitsbedingte Risikofaktoren für einen unkontrollierten, schädlichen Alkoholkonsum bei den Mitarbeitern finden Sie in Tabelle 9-3.

Tabelle 9–3: Arbeitsbedingte Risikofaktoren für Alkoholkonsum. Quelle: Modifiziert nach DHS & BARMER GEK (2014), S. 10.

Arbeitsbedingte Risikofaktoren für Alkoholkonsum
• Konsumkultur im Unternehmen, z. B. hohe Verfügbarkeit alkoholischer Getränke, hoher sozialer Druck oder Zwang zum (Mit-)Trinken, Deputat-Lohn („Haustrunk" in Form von Alkoholika) in der Getränkeindustrie • Soziale Spannungen unter Kollegen und ein schlechtes Betriebsklima sowie Mobbing • Hoher Leistungsdruck, Stress, Zeitdruck • Soziale Isolation am Arbeitsplatz • Ständige Unter- bzw. Überforderung, zu viel/zu wenig Verantwortung • Nacht- und Schichtarbeit unter schlechten Rahmenbedingungen • Fehlende Anerkennung und Wertschätzung für geleistete Arbeit • Konkurrenz und Verdrängungsdruck, insbesondere bei Einführung neuer Techniken und Arbeitsstrukturen, ohne hierfür qualifiziert zu sein

Viele dieser Faktoren haben Sie bereits in Kap. 9.1 als potenziell Stress erzeugende Faktoren kennengelernt. Es gibt Menschen, die in Stresssituationen dazu neigen, sich selbst zu „therapieren". Sie suchen sich den Umgang mit unangenehmen Situationen zu erleichtern, indem sie z. B. zu Alkohol, Zigaretten, Medikamenten oder anderen Drogen greifen. Daher können die in Kap. 9.1.4 genannten, **an den Verhältnissen ansetzenden**, Stress reduzierenden Maßnahmen auch grundlegende Maßnahmen der Alkoholprävention sein.

Jugendliche als Zielgruppe präventiver Maßnahmen

Alkoholprävention im Rahmen des BGM bedeutet jedoch auch,

- jugendliche Arbeitnehmer – im Sinne der *Primärprävention* – über die Folgen des Alkoholkonsums aufzuklären sowie
- gefährdete Jugendliche mithilfe *sekundärpräventiver Maßnahmen* zu erkennen und zu unterstützen bzw.
- Jugendliche mit größeren Alkoholproblemen und bereits eingetretenen Folgeschäden *tertiärpräventiven Maßnahmen* zuzuführen.

Aufklärungs- und Informationskampagnen sind bislang die häufigsten Zugangswege, um Jugendliche besser über Alkohol und seine Folgen zu informieren. Das Ziel dieser Maßnahmen ist es, auf diesem Weg bei ihnen eine kritische Einstellung zu riskantem Konsum zu erreichen. Dies allein reicht jedoch nicht aus. So fehlt es bislang auch im betrieblichen Umfeld an strukturellen Maßnahmen (z.B. einer Verbesserung der Lern-, Arbeits- und Freizeitbedingungen für Jugendliche und jungen Erwachsene) bei gleichzeitiger konsequenter Umsetzung von Jugendschutzmaßnahmen. Hinzu kommt die Einschränkung der Verfügbarkeit von Alkohol für Jugendliche. Zudem sollte in den Betrieben eine Diskussion zum Umgang mit Alkohol am Arbeitsplatz und in der Freizeit angestoßen werden. Nur dann, wenn auch Erwachsene hier Vorbild sind, werden Jugendliche sich auf dieses Thema einlassen. Darüber hinaus ist anzustreben, dass Betriebe und Arbeitnehmervertretungen ihren politischen Einfluss nutzen, um ein generelles Verbot von Alkoholwerbung in Deutschland durchzusetzen.

Sekundär- und tertiärpräventiver Ansatz

Bei Mitarbeitern mit Verdacht auf einen riskanten Alkoholkonsum, aber noch ohne offensichtliche Folgeschäden, ist es im Sinne der *Sekundärprävention* sinnvoll, diesen Zustand zuerst einmal festzustellen und zu thematisieren. Es gibt zahlreiche Merkmale, die auf ein riskantes Alkohol-Konsumverhalten hinweisen können (s. DHS und BARMER GEK, 2014). Hierzu gehören u.a. ein verändertes Arbeitsverhalten (z.B. häufige kurze, nicht arbeitsbedingte Abwesenheit vom Arbeitsplatz, Pausenüberziehung, Unpünktlichkeit), Persönlichkeitsveränderungen (z.B. starke Stimmungsschwankungen im Umgang mit Kollegen, Vorgesetzten und Kunden), körperliche Veränderungen (z.B. aufgedunsenes Aussehen mit geröteter Gesichtshaut, glasige Augen, Zittern der Hände, Schweißausbrüche) und veränderte Trinkgewohnheiten (z.B. Alkoholkonsum bei unpassenden Gelegenheiten, Ausreden für auffälliges Trinkverhalten, Alkoholfahne, Versuch, die Fahne mit Mundwasser, übermäßig viel Rasierwasser oder Kaugummi zu kaschieren). *Achtung:* Auch Führungskräfte können selbstverständlich Suchtprobleme haben!

Grundsätzlich sollte im Rahmen einer *Betriebs- bzw. Dienstvereinbarung* „Alkohol" festgelegt werden, wie in solchen Fällen vorgegangen wird. Hierzu gehört auch das Vorgehen bei einer akuten Einschränkung der Arbeitssicherheit. Es muss klar sein, dass alkoholisierte Mitarbeiter ihre Tätigkeit nicht (weiter) verrichten können, da sie sich und andere gefährden können. Auch muss in einer solchen Vereinbarung ausgeführt werden, wie bei erneuten Auffälligkeiten grundsätzlich vorgegangen werden soll. Darüber hinaus ist es sinnvoll, im Rahmen einer Betriebs- bzw. Dienstvereinbarung „Alkohol" auch Grundsätzliches zum Umgang mit Alkohol im Betrieb, zum Verkauf von alkoholhaltigen Getränken und Lebensmitteln am Betriebskiosk bzw. -automaten, zum Angebot solcher Getränke und Lebensmittel in der Kantine sowie zum Umgang mit Alkohol auf Betriebsfesten und anderen gemeinsamen Veranstaltungen (Betriebsausflug, Betriebssport etc.) festzuhalten. Die Vereinbarung sollte partizipativ unter Beteiligung aller Betriebsangehörigen erarbeitet werden. Denn nur dann, wenn möglichst viele Mitarbeiter hinter den Beschlüssen stehen, können sie auch erfolgreich umgesetzt werden. Darüber hinaus kann es sinnvoll sein, eine Betriebliche Selbsthilfegruppe zu gründen, für die der Betrieb u.a. Räumlichkeiten zur Verfügung stellt. Weiterhin gehört zum Betrieblichen Gesundheitsmanagement auch die Unterstützung der betroffenen Mitarbeiter bei der Inanspruchnahme von Maßnahmen der medizinischen, sozialen und beruflichen Rehabilitation *(= Tertiärprävention)*.

9.2.2 Tabakrauchen

Es gibt eine Reihe von Gründen, weshalb Menschen anfangen zu rauchen. Vor allem Jugendliche möchten auf diese Weise das Zugehörigkeitsgefühl zu einer bestimmten Gruppe betonen oder finden es cool bzw. angenehm, in bestimmten Situationen zu rauchen. Weitere Aspekte, die hier eine Rolle spielen können, sind Erholung, Stressreduktion und ein vermindertes Hungergefühl.

Durch das Glimmen tabakhaltiger Erzeugnisse wie Zigaretten oder Zigarillos entsteht Tabakrauch, der inhaliert wird. Im Tabakrauch sind verschiedene Substanzen mit hohem Abhängigkeitspotenzial (u.a. Nikotin) enthalten. Sie sind der Grund dafür, dass sehr schnell ein Abhängigkeitsverhalten entstehen kann. Zudem ist Tabakrauchen einer der größten Risikofaktoren für die Entstehung bestimmter chronischer Krankheiten (z.B. Herz-Kreislauf-Erkrankungen, COPD[38] und bösartige Tumore wie Lungenkrebs, Lippenkrebs, Blasenkrebs etc.). Nach Angaben der Weltgesundheitsorganisation (WHO; s. http://www.who.int/gho/phe/secondhand_smoke/en/) sterben jährlich deutlich mehr als 6 Mio. Menschen durch aktives Tabakrauchen, schätzungsweise weitere 600.000 Menschen an den Folgen des Passivrauchens. Raucher sterben im Durchschnitt etwa drei Jahre früher als Nichtraucher. Der Raucheranteil ist in vielen Ländern in Schichten mit geringer Bildung bzw. mit niedrigem sozioökonomischem Status besonders hoch. Obwohl der Anteil der Raucher in Deutschland in den letzten Jahren abgenommen hat, rauchen noch immer durchschnittlich zwischen 25% und 29% der erwachsenen Bevölkerung. Frauen rauchen etwas seltener als Männer. Bei den Jugendlichen ist der Anteil der Zigarettenraucher niedriger (DHS, 2018). Sie konsumieren Tabak zunehmend als E-Zigarette oder Shisha (Wasserpfeife). Die gesundheitlichen Folgen dieser Konsumformen lassen sich derzeit noch nicht in allen Details absehen.

Körperliche Folgen

Typische Folgeerkrankungen des Tabakrauchens sind Lungenkrebs und andere bösartige Tumore, COPD, Herzinfarkt, Schlaganfall und Durchblutungsstörungen in den Beinen. Prinzipiell kann jedoch fast jedes Körperorgan durch Rauchen geschädigt werden. Raucher haben ein etwa 25-mal höheres Risiko für Lungenkrebs als Nichtraucher. Mehr als 90% der Lungenkrebs-Todesfälle sind auf das Rauchen zurückzuführen. Raucher erkranken zudem 2- bis 4-mal häufiger an Herzinfarkt und Schlaganfall, sie sterben 12- bis 13-mal häufiger an COPD als Nichtraucher. Damit ist Rauchen einer der wichtigsten vermeidbaren Risikofaktoren für einen vorzeitigen Tod.

Rauchen beeinflusst darüber hinaus u.a. die Knochen- und Zahngesundheit negativ, fördert die Entstehung von Diabetes mellitus und rheumatoider Arthritis, reduziert die Fruchtbarkeit *(Fertilität)* und stört die kindliche Entwicklung vor und nach der Geburt, sodass es z.B. zu Fehlbildungen, Fehl- und Frühgeburten und niedrigem Geburtsgewicht kommen kann.

38 *COPD:* Chronic **O**bstructive **P**ulmonary **D**isease, chronisch obstruktive Lungenerkrankung

Wirtschaftliche Folgen

Aufgrund der zahlreichen Folgeerkrankungen ist das Rauchen für eine hohe Anzahl an Fehlzeiten (= Abwesenheit vom Arbeitsplatz) verantwortlich. Das DHS (2018) schätzt die jährlichen Kosten des Tabakkonsums für Deutschland auf knapp 80 Mrd. € (direkte Kosten: 25,4 Mrd. €, indirekte Kosten: 53,7 Mrd. €). Sie sind damit etwa doppelt so hoch wie die Folgekosten des Alkoholkonsums. Allein durch Passivrauchen fallen jährlich Kosten in Höhe von 1,2 Mrd. € an.

Ansatzpunkte für gesundheitsfördernde und präventive Maßnahmen

Wenn das Rauchen aufgegeben wird, kann das Risiko für die hierdurch hervorgerufenen Erkrankungen wieder sinken. Schon nach einem Jahr reduziert sich z. B. das Risiko für einen Herzinfarkt deutlich, nach etwa 2 bis 5 Jahren normalisiert sich das Schlaganfallrisiko. Das stark erhöhte Risiko für Lungenkrebs sinkt jedoch erst nach etwa zehn Jahren um die Hälfte.

Für das Betriebliche Gesundheitsmanagement gibt es hinsichtlich des Rauchens drei Haupt-Zielgruppen: a. Personen, die (noch) nicht rauchen, b. Personen, die bereits rauchen und c. Personen, bei denen es bereits zu Folgeschäden durch das Rauchen gekommen ist (s. Tabelle 9–4).

Tabelle 9–4: BGM-Haupt-Zielgruppen im Hinblick auf das Rauchen. (Eine solche Unterscheidung lässt sich analog hierzu z. B. auch bei anderen Suchtmitteln wie Alkohol oder illegalen Drogen, aber auch hinsichtlich Computerabhängigkeit oder Glücksspiel treffen.)

Art der Prävention/ Gesundheitsförderung		Zielgruppe	Ziel der Maßnahmen
Gesundheitsförderung	Primärprävention	Personen (v. a. Jugendliche), die nicht rauchen	Sie sollen dabei unterstützt werden, nicht mit dem Rauchen anzufangen.
	Sekundär-/Tertiärprävention	Personen, die bereits rauchen	Sie sollen dabei unterstützt werden, mit dem Rauchen aufzuhören.
	Tertiärprävention	Personen, bei denen es bereits zu Folgeschäden durch das Rauchen gekommen ist	Sie sollen durch medizinische, psychosoziale und berufliche (Reha-)Maßnahmen mobilisiert und (wieder) in die Gesellschaft integriert werden.

Ähnlich wie beim Thema Alkohol können in den Unternehmen auch zum Thema Rauchen *Betriebs- bzw. Dienstvereinbarungen* abgeschlossen werden. Die dort festgehaltenen Maßnahmen sollten grundsätzlich unter Einbeziehung aller Beteiligten, d. h. der gesamten Belegschaft diskutiert und anschließend beschlossen werden. Dies ist u. a. auch deshalb wichtig, weil „Rauchen" erfahrungsgemäß ein Thema ist, bei dem es sehr leicht zu innerbetrieblichen Konflikten kommen kann. In einer solchen Vereinbarung können u. a. *verhältnispräventive Maßnahmen* wie z. B. das Einschränken der Verfügbarkeit von Zigaretten (→ keine Zigarettenautomaten auf dem und in der Nähe des Betriebsgeländes, kein Verkauf von Tabakprodukten am Kiosk oder in der Kantine), keine Werbung für Tabakprodukte auf dem Firmengelände, ein generelles Rauchverbot auf dem gesamten Betriebsgelände oder nur an den Arbeitsplätzen, das Verbot des Rauchens an bestimmten Orten (z.B. auf den Toiletten, an feuergefährdeten Orten), die Einhaltung gesetzlicher Regelungen zum Nichtraucherschutz (s. Dokumentation unten) etc. festgehalten werden. Bei der Einrichtung von Raucherecken oder Raucherinseln und der zeitlichen Vorgabe für die Möglichkeit von Rauchpausen handelt es sich um gesundheitsfördernde bzw. präventive Maßnahmen im Hinblick auf die Nichtraucher in Unternehmen. Hinzu kommen Maßnahmen der gesundheitlichen Aufklärung, die sich an Betriebsangehörige richten. So gibt es zum Thema „Rauchen" z.B. Broschüren und Internetinformationen der Bundeszentrale für gesundheitliche Aufklärung (BZgA; s. www.bzga.de), die auch im Rahmen des BGM genutzt werden können.

Bei dem Angebot von Kursen zur Raucherentwöhnung handelt es sich um individuum- bzw. gruppenbezogene Maßnahmen der *Verhaltensprävention*. Rauchende Mitarbeiter, bei denen es bereits zu Folgeerkrankungen gekommen ist, benötigen Unterstützung bei der Inanspruchnahme von Maßnahmen der medizinischen, sozialen und beruflichen Rehabilitation *(= Tertiärprävention)*.

Dokumentation

Auszug aus der **Arbeitsstättenverordnung** (ArbStättV; http://www.gesetze-im-internet.de/arbst_ttv_2004/__5.html) in Deutschland:

§ 5 Nichtraucherschutz

(1) Der Arbeitgeber hat die erforderlichen Maßnahmen zu treffen, damit die nicht rauchenden Beschäftigten in Arbeitsstätten wirksam vor den Gesundheitsgefahren durch Tabakrauch geschützt sind. Soweit erforderlich, hat der Arbeitgeber ein allgemeines oder auf einzelne Bereiche der Arbeitsstätte beschränktes Rauchverbot zu erlassen.

(2) In Arbeitsstätten mit Publikumsverkehr hat der Arbeitgeber Schutzmaßnahmen nach Absatz 1 nur insoweit zu treffen, als die Natur des Betriebes und die Art der Beschäftigung es zulassen.

9.2.3 Andere Suchtmittel

Suchtverhalten aufgrund von Alkohol- und Tabakkonsum wird auch als *stoffgebundenes Suchtverhalten* bezeichnet, bei dem eine süchtig machende Substanz auf das Gehirn (z.B. anregend oder beruhigend) einwirkt. In diese Stoffgruppe gehören auch die illegalen Drogen (Beispiele: Cannabis, Heroin, Ecstasy, Crystal oder LSD). Wenn eine Abhängigkeit von illegalen Drogen in einem Unternehmen bekannt wird, sind oftmals schon Folgeschäden eingetreten, sodass hier dann v.a. tertiärpräventive bzw. rehabilitative Maßnahmen infrage kommen.

Eine weitere Gruppe stoffgebundener Suchtmittel sind Medikamente mit einer potenziell süchtig machenden Wirkung (z.B. Benzodiazepine wie Valium und Opioide wie Morphin, Codein, Fentanyl etc.). Nach Angaben der Deutschen Hauptstelle für Suchtgefahren (Soyka, Queris, Küfner & Rösner, 2005; zitiert nach DHS, 2018) sind in Deutschland schätzungsweise 1,4–1,5 Mio. Menschen von Medikamenten mit Suchtpotenzial abhängig. Auch hier kann es bei einem Missbrauch zu erheblichen körperlichen, psychischen und sozialen Folgeschäden kommen. Eine Medikamentenabhängigkeit wird jedoch von der Umgebung oft erst sehr spät erkannt. Aus BGM-Sicht stehen daher v. a. Aufklärungsmaßnahmen und Hinweise auf Suchtberatungsstellen im Vordergrund.

Im Gegensatz zu den bisher genannten Formen des Suchtverhaltens sind *nichtstoffgebundene Süchte* Verhaltensweisen, die zwanghaft ausgeführt werden, um immer wieder einen ähnlichen Belohnungseffekt im Gehirn zu erzielen, wie er bei der Einnahme der oben genannten Substanzen entsteht. Beispiele hierfür sind die Online-Spielsucht/Internetabhängigkeit und die Glücksspielssucht. Es gibt Hinweise darauf, dass die Internetabhängigkeit in der Gesellschaft häufiger vorkommt als eine Abhängigkeit von illegalen Drogen (Rumpf, Meyer, Kreuzer & John, 2011), sodass die Wahrscheinlichkeit auch höher ist, dass sie bei Mitarbeitern in einem Betrieb oder Unternehmen festgestellt wird. Ähnlich wie die Alkoholabhängigkeit können auch diese Formen des Suchtverhaltens zu erheblichen Problemen am Arbeitsplatz führen und sollen daher ebenfalls im Rahmen des Betrieblichen Gesundheitsmanagements berücksichtigt werden.

9.3 Ernährung und Bewegung

Ernährung und Bewegung sind zwei Faktoren, die sich auf das Körpergewicht und somit auch auf die Gesundheit eines Menschen auswirken können. Sie sind daher auch wichtige Ansatzpunkte für gesundheitsfördernde und präventive Maßnahmen.

9.3.1 Ernährung

Überernährung ist mittlerweile nicht nur in den westlichen Industrieländern ein gravierendes Problem. Der Körper nimmt hierbei mehr Energie in Form von Nahrung auf als er benötigt. Dadurch kommt es zu einer Erhöhung des Körpergewichtes. Krankhaft erhöhtes Körpergewicht *(Adipositas)* kann zu zahlreichen Folgeerkrankungen führen. Die Weltgesundheitsorganisation (WHO) spricht dann von Übergewicht, wenn ein Body-Mass-Index[39] (BMI) von ≥ 25 kg/m² vorliegt. Bei einem BMI von ≥ 30 kg/m² geht sie von einem krankhaften Übergewicht (Adipositas) aus, das zu gesundheitlichen Beeinträchtigungen führen kann. Nach Angaben des Robert Koch-Instituts (2014) sind in Deutschland 67 % der Männer und 53 % der Frauen übergewichtig (BMI ≥ 25 kg/m²), 23 % der Männer und 24 % sogar stark übergewichtig (BMI ≥ 30 kg/m²). Dabei nimmt der Anteil der Menschen mit Übergewicht ebenso wie der Anteil der adipösen Menschen mit dem Alter zu (s. Abbildung 9-6).

Eine der Hauptursachen dafür, dass die Zahl der übergewichtigen und adipösen Menschen in den letzten Jahrzehnten so stark angestiegen ist, liegt darin, dass es erstmals in der Geschichte der Menschheit einem großen Teil der Weltbevölkerung möglich ist, jederzeit und praktisch überall jahreszeitenunabhängig auf ein breites Nahrungsmittel-

39 Der *BMI (Body-Mass-Index)* wird errechnet aus dem Körpergewicht eines Menschen, dividiert durch das Quadrat seiner Körpergröße in Metern.

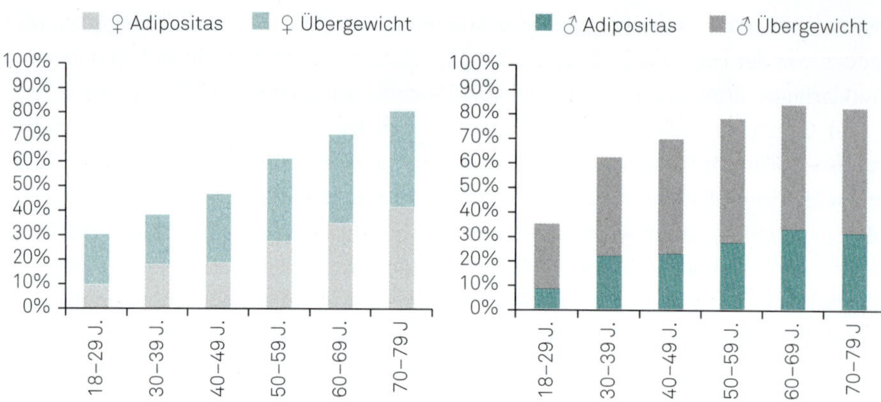

Abbildung 9–6: Prozentsatz der Frauen (links) und Männer (rechts) in Deutschland mit Übergewicht bzw. Adipositas. Quelle: Mensink et al. (2013).

angebot zurückzugreifen. Wichtige Gründe hierfür sind u.a. die Industrialisierung der Nahrungsgewinnung und -verarbeitung sowie die Globalisierung der Nahrungsmittelmärkte. Auch viele Menschen in Deutschland nehmen regelmäßig zu große Portionen an zu energiereicher Nahrung zu sich. Vor allem die industriell verarbeiteten Lebensmittel und Fastfood-Angebote enthalten überwiegend zu viel Zucker und andere kurzkettige Kohlenhydrate sowie zu viel tierisches Fett. Hinzu kommen sehr viele Ersatzstoffe (z.B. Zucker- oder Fettersatzstoffe) und Lebensmittel-Zusatzstoffe, die in der Regel bei der industriellen Herstellung von Lebensmitteln eingesetzt werden, um die Struktur, den Geschmack, den Geruch, die Farbe und/oder die chemische bzw. mikrobiologische Haltbarkeit von Lebensmitteln in einer gewollten Richtung zu verändern und/oder die Produktion der Lebensmittel störungsfrei ablaufen zu lassen.

Welche Ernährung trägt zur Entstehung von Übergewicht bei?

Bislang gibt es noch keine allgemein anerkannte Definition von ungesunder Ernährung. Man geht jedoch davon aus, dass v.a. der Konsum von

- zu großen Portionen und/oder zu häufiges Essen,
- Nahrungsmitteln und Getränken mit zu hoher Energiedichte,
- Nahrungsmitteln und Getränken mit einem zu hohen Zuckergehalt,
- Nahrungsmitteln mit zu hohem Fettgehalt (insbes. von tierischem Fett)

zur Entstehung von Übergewicht beitragen. Zudem gibt es deutliche Hinweise darauf, dass auch einige Lebensmittel-Ersatzstoffe (z.B. die Verwendung von Fruktose anstatt Haushaltszucker in industriell hergestellten Lebensmitteln; Stanhope & Havel, 2009) hierbei eine Rolle spielen. Die Auswirkungen der zahlreichen in der Lebensmittelindustrie verwendeten Zusatzstoffe auf die Entwicklung von Übergewicht sind bislang noch weitgehend unklar.

Körperliche, psychische, soziale und wirtschaftliche Folgen des Übergewichts

Typische Adipositas-Folgeerkrankungen sind Bluthochdruck, Diabetes mellitus Typ 2, Fettstoffwechselstörungen und Arthrose. Darüber hinaus können bei krankhaftem Übergewicht jedoch noch weitere körperliche und/oder psychische Folgeerkrankungen auftreten (Tabelle 9-5). Diese Folgeerkrankungen treten umso früher im Leben eines Menschen auf, je früher es zu krankhaftem Übergewicht kam. Je früher die genannten Erkrankungen auftreten, umso gravierender sind sie auch meist. Zudem steigt das Risiko für Folgeerkrankungen bei adipösen Menschen mit dem BMI deutlich an. Starkes Übergewicht hat oftmals auch deutliche psychosoziale Auswirkungen. Insbesondere Einsamkeit und soziale Isolation können bei adipösen Menschen zur Entstehung von psychischen Erkrankungen (z. B. Depression) beitragen.

Man geht davon aus, dass allein die medizinischen Kosten von Übergewicht, Adipositas und Untergewicht in den deutschsprachigen Ländern etwa 10 % des Bruttosozialproduktes betragen (Laederach, 2018). Bei der Berechnung der direkten und der indirekten Kosten von Übergewicht/Adipositas gibt es jedoch – je nachdem, welche Bevölkerungsgruppe der Untersuchung zugrunde lag, in welchem Jahr die Untersuchung stattfand, wie die BMI-Klassen eingeteilt wurden, welche Folgeerkrankungen mit einbezogen wurden und welche Leistungsarten berücksichtigt wurden – sehr große Unterschiede, sodass die Werte hier nicht angeführt werden. Da jedoch ein erheblicher Anteil der Bevölkerung betroffen ist, ist die Adipositas in der Regel auch ein großes Problem für die Unternehmen und damit ein zentrales Anliegen des Betrieblichen Gesundheitsmanagements. Die in Tabelle 9-5 genannten Adipositas-Folgeerkrankungen können in den Betrieben zu einem Anstieg der Fehlzeiten, der Anzahl der Frühverrentungen und der vorzeitigen Todesfälle führen.

Tabelle 9–5: Zusammenstellung der wichtigsten körperlichen und psychischen Folgeerkrankungen des krankhaften Übergewichts (Adipositas).

Mögliche körperliche Folgen
• Diabetes mellitus Typ 2 • Fettstoffwechselstörung • Bluthochdruck • Herzinsuffizienz • Arthrose • Osteoporose • Lungenembolie • Fettleber • Schlaganfall • Krampfadern (Varikosis) • Gallensteinleiden • Magenkrebs (erhöhtes Risiko) • Erhöhtes Risiko für andere bösartige Tumore (Prostata-, Gebärmutter-, Eierstock- und Brustkrebs) • Darmkrebs (erhöhtes Risiko) • Chronische Infekte • Unfruchtbarkeit, Impotenz • Schlaf-Apnoe-Syndrom
Mögliche psychische Folgen
• Depressionen • Zwangsstörungen • Angststörungen • Suchterkrankungen

Ansatzpunkte für gesundheitsfördernde und präventive Maßnahmen

Übergewicht und Adipositas gehören derzeit zu den wichtigsten Ansatzpunkten im Bereich des Betrieblichen Gesundheitsmanagements. Es werden beispielsweise *Aufklärungskampagnen* durchgeführt, um die Gesundheitskompetenz *(Health Literacy)* der Beschäftigten in diesem Bereich zu erhöhen. Vermittelt wird insbesondere verloren gegangenes Wissen über unsere Nahrung sowie über eine gesunde Ernährung und ihre Zubereitung. Ein wichtiger Grund für den Verlust dieses Wissen in weiten Teilen der Bevölkerung ist der stark gestiegene Konsum von industriell hergestellten Nahrungsmitteln. Weiterhin werden häufig verhaltenspräventive Maßnahmen angeboten, die bei betroffenen (übergewichtigen bzw. adipösen) Menschen Verhaltensänderungen hervorrufen sollen (→ mehr Obst essen, Verzicht auf Süßigkeiten etc.). Das Ziel der genannten Maßnahmen ist es, zu verhindern, dass noch mehr Menschen adipös werden *(Primärprävention)* oder an Folgeerkrankungen der Adipositas leiden *(Tertiärprävention)*. Auch die Weltgesundheitsorganisation (WHO, 2015) wendet sich unter dem Slogan „Adipositas ist vermeidbar" mit den „5 keys to a healthy diet" direkt an den einzelnen Menschen. Sie propagiert abwechslungsreiches Essen mit reichlich Gemüse und Früchten, aber nur wenig Zucker etc.

Allerdings lassen sich Übergewicht und Adipositas in der Regel nicht alleine durch Maßnahmen der Verhaltensprävention verhindern, da bei der Entstehung und v. a. beim Fortbestehen von Übergewicht die verschiedensten biologischen, psychologischen, sozialen, kulturellen und Umweltfaktoren eine Rolle spielen. Es ist deshalb von großer Bedeutung, auch die Lebensbedingungen mit einzubeziehen, die (mit) dazu führen, dass eine Adipositas entstehen und fortbestehen kann. Eine besondere Rolle spielt dabei das jederzeit verfügbare, große Angebot an Nahrungsmitteln, die ein ungünstiges Nährstoffprofil aufweisen. Eine Möglichkeit, hier verhältnispräventiv einzugreifen, besteht u. a. in der Einschränkung des Verkaufs von übergroßen Portionen (XXL) in Kantinen (s. Abbildung 9-7) und an Kiosken, im Angebot von gesunder Kantinenernährung und dem Verkauf von gesunden Nahrungsmitteln und Getränken an Kiosken. Dies bedeutet gleichzeitig die Einschränkung oder sogar den Verzicht auf den Verkauf von Soft- und Energydrinks sowie von kalorien-, zucker- und fettreichen Snacks. Knabbergebäck in Tagungsräumen kann beispielsweise durch Obst ersetzt werden. Trinkwasser-Spender können die Belegschaft mit kostenlosem Trinkwasser versorgen. Auch bei der Seminar- und Tagungsver-

Abbildung 9–7: Gesunde Ernährung in der Kantine. Quelle: © CandyBox Images – Fotolia.com #41564668.

pflegung sollte auf ein gesundes, abwechslungsreiches Nahrungsmittelangebot geachtet werden. Den Mitarbeitern, die im Rahmen ihrer Arbeit viel unterwegs sind, kann das Unternehmen ein Angebot an gesunder, abwechslungsreicher Verpflegung für auswärtige Termine zur Verfügung stellen.

Ein Problem bei der betrieblichen Umstellung auf gesunde Ernährung können bestimmte Verhaltenstraditionen darstellen, bei denen Formen des sozialen Miteinanders mit dem Verzehr von Nahrungsmitteln einhergehen, die in größeren Mengen ungesund sind (s. Beispiel).

Beispiel

Beispiele für Formen des sozialen Miteinanders in Unternehmen, die mit dem (regelmäßigen) Konsum größerer Mengen ungesunder Nahrung verbunden sind:

1. Alle Mitarbeiter einer Abteilung bringen zu ihrem Geburtstag einen Geburtstagskuchen für die Kollegen mit, der dann zum Frühstück oder Nachmittagskaffee gemeinsam gegessen wird.
2. Auf einer Baustelle ist es üblich, dass alle Bauarbeiter gemeinsam frühstücken und dazu üblicherweise Brötchen mit Kotelett oder einer dicken Scheibe Leberkäse zusammen mit einer oder zwei Flaschen Bier konsumieren. Die Kollegen legen Wert darauf, dass sich neue Mitarbeiter dieser Tradition anschließen.
3. In einer Abteilung hat es sich eingebürgert, dass die Beschäftigten jeden Nachmittag der Reihe nach „dran" sind, um für jeden ihrer Kollegen in der benachbarten Eisdiele jeweils eine große Portion Eis zu besorgen.

Es ist nicht immer einfach, und man benötigt oft sehr viel Fingerspitzengefühl, wenn man diese für das Betriebsklima und die Zusammenarbeit im Unternehmen äußerst wichtigen sozialen Verhaltensweisen beibehalten und gleichzeitig auf eine gesunde Ernährung achten möchte. An diesen Beispielen wird deutlich, welche große Bedeutung das gemeinsame Essen als wichtiger soziokultureller Faktor auch im Bereich der Arbeit hat. Nicht zuletzt deshalb sollten auch beim Thema „Ernährung" alle Betriebsangehörigen möglichst frühzeitig in die Planung und Umsetzung von präventiven und gesundheitsfördernden Maßnahmen mit einbezogen werden.

Da solche Maßnahmen umso erfolgreicher sein können, je früher sie einsetzen, sollten individuum- und gruppenbezogene BGM-Maßnahmen im Bereich „Ernährung" insbesondere auch die jungen Mitarbeiter (Jugendliche und junge Erwachsene) ansprechen, sodass eine übermäßige Gewichtszunahme von Anfang vermieden wird. Solche Maßnahmen sind beispielsweise Informationsangebote zu gesunder Ernährung sowie Kochkurse für Mitarbeiter und ihre Angehörigen, aber auch Kurse der Verhaltensprävention, in deren Rahmen u.a. sog. Was-Wann-Wo-Pläne[40] und Strategien zur Abschirmung der Pläne gegenüber möglichen Störeinflüssen thematisiert werden. Hierbei sollte es nicht um kurzfristige Projekte gehen, sondern um nachhaltige Maßnahmen, die dem Einüben eines gesunden Lebensstils dienen. Dazu gehört auch eine Verknüpfung von Ernährungs-

40 Beispiel für *Was-Wann-Wo-Plan:* Was werde ich tun, wenn ich tagsüber während der Arbeit wieder einmal nicht zum Essen kam und dann abends zu Hause den Kühlschrank plündern möchte?

und Bewegungsangebote (s. u.) sowie v. a. eine Kombination von verhältnis- und verhaltensassoziierten Maßnahmen. Ein zentrales Ziel sollte es dabei sein, die betriebliche Umwelt der übergewichtigen bzw. von Übergewicht bedrohten Menschen so zu gestalten, dass es ihnen leichter fällt, ihr ernährungsbezogenes Verhalten dauerhaft zu ändern (Pudel, 2006). Grundsätzlich ist eine Kombination aus verhältnis- und verhaltensassoziierten Ansätzen – im Sinne einer Evidenzbasierung[41] – besonders erfolgversprechend (s. Kap. 2.3).

9.3.2 Bewegung

Vor allem für die Menschen in den Industrienationen haben sich die Bewegungsmöglichkeiten in den letzten Jahrzehnten dramatisch geändert. So gibt es z. B. kaum noch Industriearbeit, die körperlich sehr anstrengend ist. Viele dieser Arbeiten werden von Industrierobotern ausgeführt. Die meisten Beschäftigten arbeiten heute in einer sitzenden Position, meist vor Bildschirmen. Hinzu kommt, dass viele Menschen auch einen Großteil ihrer Freizeit überwiegend unbeweglich vor den verschiedensten Displays verbringen.

Dieser chronische Mangel an körperlicher Betätigung kann eine Vielzahl von pathophysiologische[42] Prozessen im Körper auslösen, die dann die Basis für Folgeerkrankungen bilden. Alle Altersgruppen sind hiervon betroffen. Durch vermehrtes Sitzen im Kindergarten- und Schulalter wird bereits die Grundlage hierfür gelegt. Nach der AOK-Familienstudie 2018 bewegen sich heute nur noch 10 % der Kinder der befragten AOK-Mitglieder moderat an durchschnittlich 3,6 Tagen pro Woche (Sander, Ochmann, Marschall, Schiffhorst & Albrecht, 2018). Erwachsene verbringen in Deutschland täglich durchschnittlich etwa 6½ Stunden in sitzender Position. Mehr als ein Fünftel sitzt sogar mehr als 9 Stunden pro Tag. Aufgrund der zunehmenden Bildschirmarbeit arbeiten heute etwa 40 % der Berufstätigen fast nur noch im Sitzen. Bei den gut ausgebildeten Arbeitskräften mit höherer Bildung sind es sogar 56 %.

Nur 29 % der Menschen in Deutschland bewegen sich täglich gut eine Stunde oder länger mit dem Fahrrad oder zu Fuß. Und nur 7 % der erwachsenen Bevölkerung treibt wöchentlichen mehr als fünf Stunden Sport. Fast die Hälfte (48 %) der Deutschen betätigt sich überhaupt nicht oder nur selten sportlich. Für 42 % der Befragten ist der Alltag so anstrengend, dass sie abends am liebsten auf dem Sofa entspannen. In ihrer Freizeit verbringen etwa 28 % der Bevölkerung pro Tag mindestens vier Stunden vor dem Bildschirm (TV, PC etc.). Sie nennen v. a. Zeitmangel, zu lange Wege, Krankheit oder körperliche Einschränkungen und fehlende Motivation als Gründe für ihren Bewegungsmangel (Techniker Krankenkasse, 2016).

---

41 *Evidenz:* Die Wirksamkeit einer gesundheitsfördernden, präventiven oder therapeutischen Maßnahme wurde auf dem Boden der besten zur Verfügung stehenden Daten empirisch nachgewiesen.

42 Pathophysiologie: Lehre von den Krankheitsvorgängen und Funktionsstörungen.

Körperliche, psychische, soziale und wirtschaftliche Folgen des Bewegungsmangels

Bewegungsmangel ist oftmals eine Mit-Ursache für Übergewicht, mit all den in Kap. 9.3.1 genannten Folgen. Gleichzeitig verstärkt insbesondere die Adipositas bei vielen Menschen den Bewegungsmangel noch weiter. Bewegungsmangel führt im Zusammenhang mit Bildschirmarbeit oftmals zu Rückenproblemen. Fast ein Drittel der Menschen in Deutschland, die sich wenig bewegen, leiden ständig oder oft an Rückenproblemen. Das Problem tritt besonders häufig bei denjenigen auf, die auch in ihrer Freizeit oft vor dem Bildschirm sitzen. Daher sind junge Erwachsene besonders häufig davon betroffen. Bewegungsmangels führt nicht nur zu muskulären Verspannungen, Schmerzen und Ermüdung, sondern auch zum Muskelabbau. Schließlich kann der gesamte Bewegungsapparat in Mitleidenschaft gezogen werden. Der vorzeitige Muskelabbau kann zudem zu einem Kraftverlust führen, sodass schließlich sogar tägliche Aktivitäten wie Laufen, Heben und Treppensteigen nur noch eingeschränkt möglich sind und im ausgeprägten Fällen dann irgendwann gar nicht mehr selbstständig durchgeführt werden können. Weitere typische Folgen des Bewegungsmangels sind Verdauungsprobleme, Arthrose, Osteoporose und Bluthochdruck (s. Abbildung 9-8).

Bei Vielnutzern von TV, PC und Smartphone treten die genannten Probleme wesentlich häufiger auf. Sie fühlen sich zudem auch öfter schlapp und müde, haben häufiger eine niedergedrückte Stimmung (bis hin zur Depression) und leiden aufgrund eines geschwächten Immunsystems öfter an Erkältungskrankheiten. Insbesondere PC-, Smartphone- und TV-Vielnutzer sind zudem in ihren realen sozialen Kontakten (Offline-Kontakten) eingeschränkt. Welche Folgen die dann auch meist eingeschränkten realen Körpererfahrungen für Psyche und Körper sowie für das soziale Miteinander haben kön-

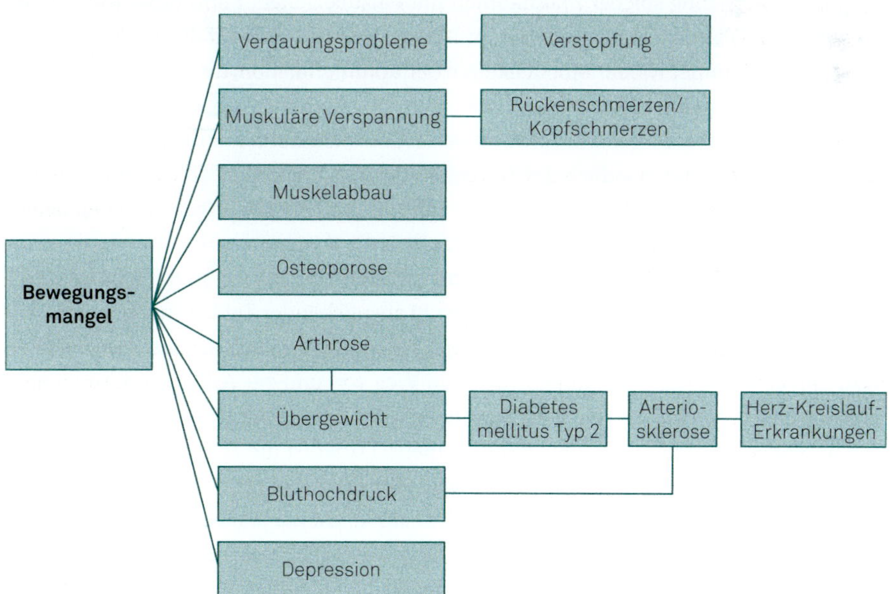

Abbildung 9-8: Der Bewegungsmangel und seine körperlichen und psychischen Folgen. Quelle: Eigene Darstellung.

nen, ist noch nicht im Detail untersucht. Auch gibt es im deutschsprachigen Raum bislang keine Untersuchungen, die die wirtschaftlichen Folgen des Bewegungsmangels allein betrachten.

Ansatzpunkte für gesundheitsfördernde und präventive Maßnahmen

Ähnlich wie im Ernährungsbereich ist es auch hier besonders wichtig, zuerst einmal die entsprechenden Lebens- und Arbeitsbedingungen zu schaffen, die es den Menschen erlauben, sich wieder mehr zu bewegen. Sie bilden die Basis dafür, dass es den Beschäftigten dann auch leichter fällt, sich mehr zu bewegen. Ein Beispiel für eine *verhältnispräventive Maßnahme* in diesem Bereich ist die Integration von Bewegungsphasen in den Arbeitsablauf. Arbeitsabläufe können so gestaltet werden, dass nicht immer die gleichen Bewegungen ausgeführt werden müssen. In diesem Zusammenhang könnte z. B. auch überlegt werden, ob es in manchen Fällen sinnvoller ist, eine Information innerhalb des Unternehmens persönlich zu Fuß zu überbringen, als eine E-Mail zu schicken oder anzurufen – und bei dieser Gelegenheit sich etwas zu bewegen. Betriebsangehörige ohne körperliche Bewegungseinschränkungen können dazu angeregt werden, grundsätzlich die Treppe, anstatt des Aufzugs zu nutzen. Treppenhäuser sollten daher ansprechender und einladender gestaltet werden (z. B. mithilfe von Begrünung und leiser Musik, v. a. aber auch unter Beachtung der Barrierefreiheit und des Unfallschutzes im Hinblick auf Stufenabstände, Stufenkanten, Handlaufgestaltung und Beleuchtung). Zudem bietet sich die Einrichtung spezieller Räumlichkeiten und/oder Außenflächen für Bewegungspausen an, die mit entsprechenden Geräten (z. B. Tischtennisplatten, Fitnessgeräte, Bälle) ausgestattet werden. Damit diese Angebote dann auch regelmäßig im Sinne der Verhaltensprävention genutzt werden, ist es wichtig, die Beschäftigten von Anfang an in die Planung und Umsetzung solcher Maßnahmen mit einzubeziehen. Führungskräfte können bei der regelmäßigen Nutzung mit gutem Beispiel vorangehen. Auf diese Weise entstehen dann auch immer wieder Möglichkeiten der Kommunikation, die sich positiv auf das Betriebsklima auswirken können.

Zu den wichtigsten verhältnispräventiven BGM-Maßnahmen im Bereich der Bewegungsförderung gehören jedoch der Anschluss des Unternehmens an das örtliche Fuß- und Radwegenetz sowie die Förderung des fahrrad- und fußgängergerechten Ausbaues des Straßenverkehrs. Hierzu ist selbstverständlich die Zusammenarbeit mit den zuständigen örtlichen Stellen nötig. Hinzu kommt der Bau von geschützten, wettersicheren Fahrradüberständen und Fahrradparkplätzen in ausreichender Zahl. Aktionen und Kampagnen (z. B. Fahrrad-Servicetag, Fahrradreparatur-Kurse etc.) können die Beschäftigten dazu anregen, das Fahrrad häufiger für ihren Weg von und zur Arbeit zu nutzen. Aber auch die Beschäftigten, die mit öffentlichen Verkehrsmitteln zur Arbeit fahren, bewegen sich im Vergleich zur Autonutzung deutlich mehr. Daher ist die Förderung der Nutzung öffentlicher Verkehrsmittel durch den Arbeitgeber nicht nur eine ökologisch sinnvolle, sondern auch eine gesundheitsfördernde Maßnahme. Hierzu braucht es aber auch einen fußläufig erreichbaren Anschluss an den Öffentlichen Personennahverkehr. Ist dieser bisher nicht vorhanden, ist es die Aufgabe der BGM-Akteure, sich gemeinsam mit den örtlichen zuständigen Stellen und den Verkehrsbetrieben für die Errichtung einer solchen Haltestelle einzusetzen.

Um die Beschäftigten bei all diesen Maßnahmen „mitzunehmen“ und sie bereits in die Planung und später dann auch in die Umsetzung mit einzubeziehen, müssen sie zuerst einmal über die Auswirkungen des Bewegungsmangels und die Möglichkeiten, etwas dagegen tun zu können, informiert werden. Neben Informationsveranstaltungen können hier z.B. auch Plakate, Flyer oder kleine Videospots als Informationsmedien genutzt werden, die anhand von Beispielen über den Bewegungsmangel und seine Folgen aufklären. Dabei sollte betont werden, dass Bewegung nicht gleich Sport ist (s. Definition unten). Dies ist insbesondere wichtig, um auch diejenigen mit ins Boot zu holen, die man umgangssprachlich als „Bewegungsmuffel“ bezeichnet. Für sie hat der Begriff „Sport“ aufgrund früherer negativer Erfahrungen oft eine abschreckende Wirkung. Es ist daher empfehlenswert, bei gesundheitsfördernden und präventiven Maßnahmen grundsätzlich von „Bewegung“ anstatt von „Sport“ zu sprechen.

Definition Bewegung oder Sport?
Als Sport bezeichnet man im Allgemeinen die körperliche Aktivität, die man zum Vergnügen, zur Kräftigung des Körpers oder im Rahmen eines Wettbewerbs betreibt. Im Gegensatz dazu haben Alltagsbewegungen diesen Zweck ursprünglich nicht. Typische Alltagsbewegungen sind z.B. das Treppensteigen (anstatt mit dem Aufzug zu fahren), das Fahrradfahren zur Arbeit, das Erledigen von Gartenarbeit etc. Menschen können sich also durchaus bewegen, ohne Sport zu treiben.

Bei allen verhaltenspräventiven Bewegungsangeboten sollte der Spaß an der Bewegung im Mittelpunkt stehen. Dies gilt auch und besonders für Menschen mit chronischen Erkrankungen und/oder Behinderungen. Zwar ist es empfehlenswert, sich täglich mindestens eine halbe Stunde moderat zu bewegen, aber auch schon kleinere Bewegungseinheiten sind wichtig für Körper und Psyche. Da es für viele Menschen leichter ist, sich gemeinsam mit anderen Menschen zu bewegen, sollten entsprechende Bewegungsangebote für Betriebsangehörige (und ihre Familien) immer auch Teil des Betrieblichen Gesundheitsmanagements sein. Es kommt auf die Wünsche und Bedürfnisse der Beschäftigten an, welche dieser Maßnahmen dann umgesetzt und hoffentlich auch verstetigt werden. Beispiele hierfür sind gemeinsames Laufen, Joggen, Schwimmen, Fahrrad fahren, gemeinsam einen Tanzkurs besuchen, Nordic Walking, Fußball spielen, Kegeln, gemeinsam Gärtnern etc. Es handelt sich bei solchen Angeboten nicht um Betriebssport im ursprünglichen Sinne – der selbstverständlich für bestimmte, bereits aktive Beschäftigtengruppen auch seine Berechtigung hat –, sondern um Maßnahmen, die sich v.a. an Beschäftigte wenden sollen, die sich bislang zu wenig bewegt haben. In diesem Zusammenhang bietet sich z.B. auch die Nutzung der möglicherweise in der Nähe des Unternehmens vorhandenen Wälder, Parks und Grünflächen für entsprechende Bewegungsangebote an (s. Abbildung 9-9).

Abbildung 9–9: Nordic Walking als Bewegungsangebot für bisherige „Bewegungsmuffel". Quelle: © L. Habermann-Horstmeier.

9.4 Schicht-, Nacht- und Wochenendarbeit

Eine besondere Belastung für Arbeitnehmer stellen Schicht-, Nacht- und Wochenendarbeit dar. Dies hat auch das deutsche Präventionsgesetz (PrävG) erkannt, das darauf hinweist, dass für diese Beschäftigten besondere Anreize für die Inanspruchnahme von Präventions- und Früherkennungsleistungen[43] geschaffen werden müssen (s. Dokumentation unten). Das Gesetz geht allerdings nicht näher darauf ein, dass gerade in diesem Bereich auch verhältnisassoziierte Maßnahmen von großer Bedeutung sind.

Dokumentation

Zitat aus dem Entwurf eines Gesetzes zur Stärkung der Gesundheitsförderung und der Prävention (Präventionsgesetz, PrävG; s. Deutscher Bundestag, 2015; Hervorhebung von der Autorin).

„Auch für Versicherte in der gesetzlichen Krankenversicherung mit besonderen beruflichen oder familiären Belastungssituationen wie **Beschäftigte in Schichtarbeit** und pflegende Angehörige, die nicht an regelmäßigen mehrwöchigen Angeboten teilnehmen können, wird ein Anreiz für die Inanspruchnahme geeigneter Präventions- und Vorsorgeleistungen geschaffen."

Als Schichtarbeit bezeichnet man im weitesten Sinne alle Arbeitsmodelle, die nicht dem üblichen 8-Stunden-Tag entsprechen. Hierzu gehören z. B. Nachtschichten, Wechselschichten und/oder unregelmäßige Arbeitszeiten. Im engeren Sinne bezeichnet man damit nur die Wechselschichten. Schichtarbeiter weisen im Vergleich zu Personen mit üblichen Arbeitszeiten ein höheres Risiko für Herz-Kreislauf-Erkrankungen, Verdau-

43 Das Gesetz spricht hier nicht ganz korrekt von *Vorsorgeleistungen,* gemeint sind jedoch Maßnahmen der Früherkennung.

ungsprobleme, Schlafstörungen, krankhaftes Übergewicht (Adipositas), Zuckerkrankheit (Typ-2-Diabetes), Depressionen und einen Mangel an Vitamin D auf. Die Ursache für den Vitamin-D-Mangel liegt darin, dass insbesondere Nachtarbeiter zu selten dem Sonnenlicht ausgesetzt sind. Vitamin D wird in der Haut unter Einfluss von Sonnenlicht gebildet. Zu Stoffwechselstörungen kommt es, weil der Stoffwechsel des Körpers einer „inneren Uhr" (dem zirkadianen Rhythmus) folgt, die jedoch durch die Schichtarbeit gestört wird. Als Stoffwechsel bezeichnet man insbesondere alle Vorgänge, die der Energiebereitstellung sowie dem Abbau und der Ausscheidung von Abfallstoffen im Körper dienen (Beispiele: Zuckerstoffwechsel, Fettstoffwechsel etc.). Bekannt sind bei Schichtarbeitern seit Langem auch kognitive Einschränkungen („Denkstörungen", v.a. eine Verschlechterung des Kurzzeitgedächtnisses und eine Beeinträchtigung der Aufmerksamkeitsleistung), die insbesondere bei Schlafproblemen auftreten. Die eingeschränkte Aufmerksamkeit kann dann wiederum zu einer Zunahme der Unfallgefahr führen. Das Unfallrisiko steigt dabei nach der 7. bis 9. Arbeitsstunde exponenziell an. Darüber hinaus hat Schichtarbeit, die über einen längeren Zeitraum besteht, meist auch eine geänderte Lebensweise der Betroffenen zur Folge – mit einem oft ungesunden Ernährungsrhythmus und einem geänderten, ebenfalls häufig ungesunden Freizeit- und Bewegungsverhalten. Da die Familie und der Freundeskreis diesem geänderten Lebensrhythmus in der Regel nicht folgen können, ist es nur sehr schwer möglich, gemeinsam Dinge zu unternehmen, sodass die sozialen Kontakte gestört werden. Diese sozialen Einschränkungen können wiederum die Entstehung von körperlichen und psychischen Krankheiten beeinflussen. In der Regel nehmen die genannten gesundheitlichen Probleme mit dem Alter zu.

Zu den wichtigsten BGM-Maßnahmen bei Wechselschichten gehört die Einführung eines *ergonomischen Schichtsystems*, das vorwärts rotierend sein soll. Bei einem solchen System folgt eine Spätschicht auf eine Frühschicht, auf die Spätschicht folgt eine Nachtschicht. Zwischen den Schichten betragen die Ruhezeiten jeweils 24 Stunden. Nicht zu empfehlen sind rückwärts rotierende Schichtsysteme (Nachtschicht → Spätschicht → Frühschicht), da diese mit dem natürlichen zirkadianen Rhythmus noch weniger vereinbar sind als vorwärts rotierende Schichtsysteme. Frühschichten sollten zudem nicht zu früh beginnen (beispielsweise nicht schon um 5.00 Uhr, da viele Pendler dann bereits um 3.00 Uhr aufstehen müssen, sodass es für sie eine „Fast-Nachtschicht" ist). Weiterhin sollten Schichtarbeitende regelmäßig über die möglichen gesundheitlichen und psychosozialen Folgen der Schichtarbeit unterrichtet werden. Darüber hinaus benötigen sie fachliche Unterstützung bei der Planung und Umsetzung eines adäquaten, an ihre persönliche Lebenssituation angepassten Ernährungs- und Bewegungsverhaltens sowie die Möglichkeit der psychosozialen Beratung und Unterstützung. Wichtig sind darüber hinaus regelmäßige betriebsärztliche Kontrollen, die insbesondere frühe Anzeichen möglicher Folgeerkrankungen des Schichtarbeitens im Blick haben sollen (= Maßnahme der Sekundärprävention). Schichtarbeiter mit bereits nachgewiesenen Folgeerkrankungen sollten bei der Inanspruchnahme von therapeutischen und rehabilitativen Maßnahmen unterstützt werden. Ist eine berufliche Wiedereingliederung bei Beschäftigten mit bereits bestehenden Folgeerkrankungen aufgrund gesundheitlicher und/oder sozialer Gründe nicht mehr möglich, muss über einen Ausstieg aus der Schichtarbeit nachgedacht werden. Hier braucht es schon frühzeitig Weiterbildungs- oder Umschulungsmaßnahmen (s. Kap. 8.5), um die Betroffenen bei Bedarf an anderen Arbeitsplätzen im Betrieb weiter beschäftigen zu können.

9.4.1 Nachtarbeit

Als Nachtzeit wird die Zeit von 23 Uhr bis 6 Uhr bezeichnet (Ausnahme Bäckereien/Konditoreien: 22 Uhr bis 5 Uhr). Nachtarbeit ist jede Arbeit, die mehr als zwei Stunden Nachtzeit umfasst. Für Jugendliche besteht in Deutschland nach § 14 Abs. 1 des Jugendarbeitsschutzgesetzes (JArbSchG) ein generelles Nachtarbeitsverbot in der Zeit von 20.00 Uhr bis 6.00 Uhr. Es gibt allerdings Ausnahmen bei bestimmten Beschäftigungen von jugendlichen Arbeitnehmern, die älter als 16 Jahre sind, wenn dies die Eigenart des Berufes erfordert (z. B. Arbeit in Gaststätten bis 22.00 Uhr, in der Landwirtschaft ab 5.00 Uhr und bis 21.00 Uhr, in Bäckereien ab 5.00 Uhr [16-Jährige] bzw. 4.00 Uhr [17-Jährige]). In der Schweiz gibt es entsprechende Regelungen in der Jugendarbeitsschutzverordnung (ArGV 5), in Österreich im Kinder- und Jugendlichen-Beschäftigungsgesetz 1987 – KJBG.

Achtung: Der menschliche Körper kann sich nicht an Nachtschichten gewöhnen!

Eine besondere Gruppe von Nachtarbeitern sind Frauen mit kleineren Kindern oder alleinerziehende Frauen, die in Pflege- und Betreuungsberufen tätig sind. Sie müssen oder möchten tagsüber für ihre Familie da sein und können daher keine Vollzeitbeschäftigung tagsüber annehmen. In der Regel sind sie besonders gestresst, da ihnen die zusätzliche Familienarbeit am Tag nur wenig Spielraum für Erholung lässt. Grundsätzlich haben aber Frauen und Männer ähnliche gesundheitliche Probleme durch Nachtarbeit. Wie in Kap. 9.4.1 geschildert, nehmen die darauf basierenden gesundheitlichen Probleme mit dem Alter deutlich zu (s. Kap. 10.2).

Analog zur Schichtarbeit ist es hier die wichtigste Aufgabe des Betrieblichen Gesundheitsmanagements, die Arbeitszeiten so zu regulieren, dass sie die Gesundheit der Beschäftigten möglichst wenig schädigen. Dazu sollten die Nachtschichtblöcke möglichst kurz sein. Je schwerer die Arbeit ist, desto kürzer sollte der Block sein. Dauernachtschichten sind besonders gesundheitsgefährdend und sollten daher vermieden werden. Daher sollten möglichst nur drei Nachtschichten aufeinander folgen. Eine solche Nachtschichtphase sollte dann von 24 Stunden Freizeit abgelöst werden. Zwei zusammenhängende Tage am Wochenende sind jedoch in der Regel erholsamer und wirkungsvoller hinsichtlich der Prävention von Gesundheitsschäden als einzelne freie Tage. Auch Nachtarbeiter sollte regelmäßig über die möglichen gesundheitlichen und psychosozialen Folgen der Nachtarbeit unterrichtet und bei der Planung und Umsetzung eines individuell auf die einzelnen Personen abgestimmten gesundheitsfördernden Ernährungs- und Bewegungsverhaltens unterstützt werden. Auch sie benötigen psychosoziale Beratung und Unterstützung sowie regelmäßige sekundärpräventive betriebsärztliche Kontrollen, Unterstützung bei der Inanspruchnahme von therapeutischen und rehabilitativen Maßnahmen und Weiterbildungs- oder Umschulungsmaßnahmen, wenn ein Ausstiegs aus der Nachtarbeit absehbar wird.

9.4.2 Geteilter Dienst

Als geteilten Dienst bezeichnet man eine Besonderheit der Arbeitszeitgestaltung, die z. B. in der Behindertenbetreuung vorkommt. Dabei ist die Arbeitszeit durch eine längere Pause geteilt. So gibt es z. B. einen ersten Arbeitsblock von 6.00 Uhr bis 9.00 Uhr und dann wieder einen zweiten Arbeitsblock von 16.00 Uhr bis 21.30 Uhr. Der Grund hierfür ist die berufliche Tätigkeit der zu betreuenden Menschen mit Behinderung in der Zwischenzeit. In der Regel können die Betroffenen die längere Pause zwischen den beiden Blöcken aufgrund familiärer oder anderer Verpflichtungen nicht zur Erholung nutzen. Der Arbeitsweg muss zudem doppelt zurückgelegt werden. Offiziell handelt es sich hier nicht um Schichtarbeit. Geteilter Dienst führt jedoch zu einer höheren gesundheitlichen Belastung mit einer erhöhten Krankheitsquote bei den Betroffenen (AU-Quote von 77,3 % in einer Studie von Habermann-Horstmeier & Limbeck [2016]). Gesundheitsfördernde bzw. präventive Arbeit muss in diesem Fall ganz spezifisch auf die jeweilige Situation zugeschnitten sein. So könnte aus Sicht der Arbeitszeitgestaltung eine Möglichkeit für einige der Beschäftigten darin bestehen, dass sie anschließend an den morgendlichen Arbeitsblock bis um 13.00 oder 14.00 Uhr für die zunehmend größere Anzahl an älteren Menschen mit Behinderung zuständig sind, die sich in dieser Zeit in der sogenannten Tagesstruktur befinden und nicht am Arbeitsprozess teilhaben können. Auf diese Weise könnte das Problem der gesundheitsbelastenden geteilten Dienste zumindest zum Teil umgangen werden. Allerdings muss hierbei berücksichtigt werden, dass es durchaus Beschäftigte gibt, die das Arbeitszeitmodell des geteilten Dienstes für ihre persönliche Situation als positiv empfinden, da sie sich auf diese Weise tagsüber intensiver um ihre Familie kümmern können.

9.4.3 Wochenendarbeit

Arbeit ist nach dem Arbeitszeitgesetz (ArbZG; Deutschland) an Sonn- und Feiertagen nur dann gestattet, wenn diese Arbeit nicht an Werktagen ausgeführt werden kann (z. B. Arbeit in Krankenhäusern, bei Not- und Rettungsdiensten, der Feuerwehr, in Gaststätten etc.). Die Arbeit darf dann regelmäßig nicht länger als acht Stunden betragen (bzw. zehn Stunden, wenn innerhalb eines Ausgleichszeitraums an einem Werktag entsprechend weniger gearbeitet wird). Für die Arbeit an einem Sonn- oder Feiertag muss jeweils ein Ersatzruhetag gewährt werden. Außerdem müssen mindestens 15 Sonntage im Jahr beschäftigungsfrei bleiben. Insbesondere im sozialen und im Gesundheitsbereich werden diese Vorschriften jedoch nicht immer eingehalten. Hier fallen oft zusätzlich noch Bereitschaftsdienste an, sodass die vorgeschriebenen maximalen Arbeitszeiten nicht selten deutlich überschritten werden und auch entsprechende Ausgleichszeiten nicht in Anspruch genommen werden können.

In der Regel ist es die Kombination aus Wochenendarbeit und Schicht- bzw. Nachtarbeit, die bei vielen Beschäftigten stressauslösend wirkt und damit zur Entstehung von Stressfolgeerkrankungen beiträgt. Die wichtigste Aufgabe des Betrieblichen Gesundheitsmanagements besteht hier darin, dafür zu sorgen, dass die gesetzlichen Vorschriften bzgl. der Länge und der Häufigkeit von Wochenendarbeit in jedem Fall eingehalten werden.

Aufgabe 9

In Ihrem Unternehmen wurde ein Gesundheitszirkel eingerichtet, dem Sie als BGM-Fachkraft angehören. Die anderen Mitglieder dieses Gesundheitszirkels sind alle keine Gesundheitsfachleute und haben Sie daher um eine Schulung zum Thema „Risikofaktoren als BGM-Ansatzpunkte" gebeten. Sie möchten Ihren Kolleginnen und Kollegen nun an einem Beispiel die Epidemiologie, die gesundheitlichen, sozialen und finanziellen Folgen, die im Zusammenhang mit diesen Risikofaktoren auftreten können, sowie die Möglichkeiten des Betrieblichen Gesundheitsmanagements erläutern. Bitte wählen Sie sich hierzu einen der in Kap. 9 beschriebenen Risikofaktoren als Beispiel aus.

10 Berücksichtigung weiterer Faktoren

Außer den in Kap. 9 genannten Risikofaktoren gibt es noch weitere Faktoren, die bei der Planung und Umsetzung von BGM-Maßnahmen berücksichtigt werden sollten. Hierzu gehören z. B. Geschlecht, Alter, Hierarchieebene und Migrationshintergrund der Beschäftigten.

10.1 Geschlecht

Bereits in Kap. 7.2 (Fehlzeitenanalyse) wurde deutlich, dass Frauen und Männer unterschiedlich häufig an bestimmten Erkrankungen leiden. So diagnostizieren Ärzte beispielsweise bei Frauen wesentlich häufiger Depressionen und rheumatische Erkrankungen. Insgesamt sind deutlich mehr Männer als Frauen suchtkrank, die meisten der Medikamentenabhängigen sind jedoch Frauen. Frauen zeigen beim Herzinfarkt andere Symptome als Männer, Herzinfarkte werden bei Frauen daher noch immer gar nicht oder zu später erkannt. Zudem gibt es deutliche Unterschiede im Schmerzempfinden zwischen Männern und Frauen. Frauen haben auch durch die Möglichkeit von Schwangerschaft und Stillzeit häufiger längere Fehlzeiten. In diesem Zusammenhang gibt es einen besonderen gesetzlichen Schutz für berufstätige werdende bzw. junge Mütter (in Deutschland: Mutterschutzgesetz [MuSchG], 2018). Das Geschlecht hat also direkt und indirekt einen großen Einfluss auf verschiedenste Faktoren, die im Zusammenhang mit Gesundheit und Krankheit stehen. So nehmen Frauen Gesundheit anders wahr als Männer und bewältigen gesundheitliche Belastungen auf eine andere Art und Weise als diese. Geschlechtertypische Unterschiede finden sich z. B. auch bezüglich des Körperbewusstseins, der Krankheitsausprägung und -häufigkeit (s. a. Abbildung 10-1) sowie hinsichtlich der Inanspruchnahme der Gesundheitsversorgungssysteme. Männer nehmen beispielsweise viele personenbezogene Maßnahmen der Gesundheitsförderung und Prävention deutlich seltener in Anspruch als Frauen. Frauen sind häufiger einer Doppelt- und Mehrfachbelastungen ausgesetzt, was vermehrt gesundheitliche Probleme zur Folge haben kann (Habermann-Horstmeier, 2007). Familiäre Belastungen in Kombination mit einer Berufstätigkeit erhöhen den Stresspegel bei den Betroffenen. Vor allem Alleinerziehende (und dies sind noch immer fast ausschließlich Frauen!) leiden daher besonders oft an Stressfolgeerkrankungen.

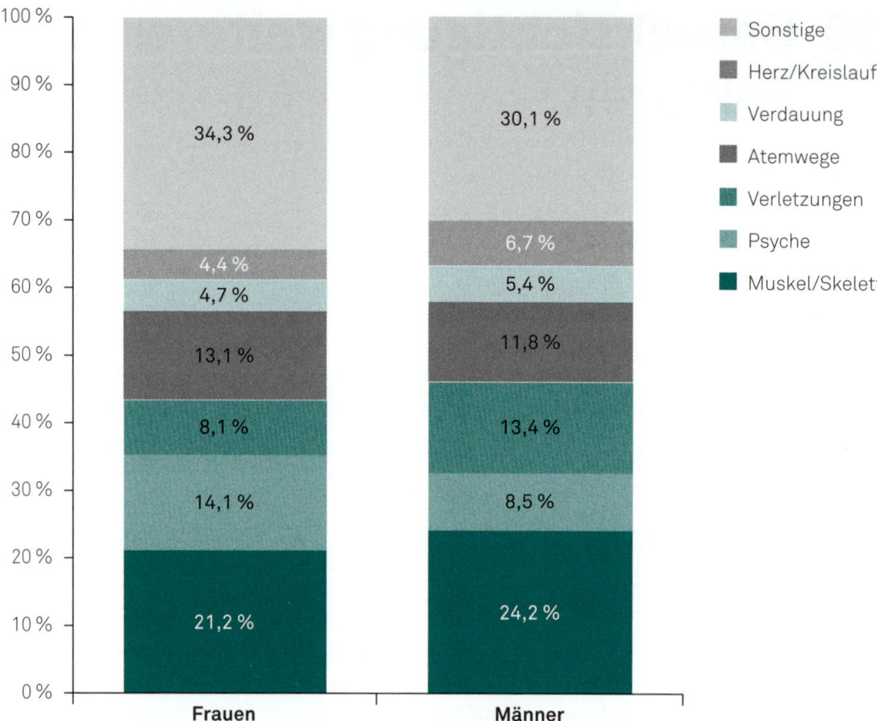

Abbildung 10–1: Arbeitsunfähigkeitstage (AU-Tage) je 100 AOK-Mitglieder im Jahr 2016, unterschieden nach Krankheitsart und Geschlecht. Der Abbildung lässt sich entnehmen, dass bei Frauen der Anteil der AU-Tage aufgrund psychischer Erkrankungen deutlich höher ist, während bei Männern der Anteil bei den Verletzungen, den Muskel-/Skeletterkrankungen und den Herz-Kreislauf-Erkrankungen über dem der Frauen liegt. In der AOK (Allgemeine Ortskrankenkasse) ist derzeit rund ein Drittel der Bevölkerung in Deutschland krankenversichert. Quelle der Daten: Badura, Ducki, Schröder, Klose & Meyer (2017).

Bei ihnen ist die Lebenszeitprävalenz[44] von chronischen Krankheiten signifikant höher als z.B. bei verheirateten Müttern. Allerdings wirkt sich Arbeitslosigkeit (s. Kap. 11.4.2) oder Erwerbsunfähigkeit bei Männern in gesundheitlicher und psychosozialer Hinsicht im Durchschnitt deutlich gravierender aus als bei Frauen, v.a. deshalb, weil Arbeit in ihrer Selbstdefinition oftmals eine wesentlich größere Rolle spielt (Habermann-Horstmeier, 2007).

In der Regel sind es somit genetische, epigenetische[45], hormonelle, physiologische, psychologische, gesellschaftliche und/oder soziale Faktoren, die das Geschlecht prägen und die damit auch Einfluss auf die Gesundheitssituation der Menschen haben können. Bei der Interpretation der oben genannten Aussagen sollte jedoch immer mitbedacht werden, dass die in diesem Zusammenhang ermittelten Werte Durchschnittswerte sind.

---

44 *Lebenszeitprävalenz:* Zahl der Personen in einem bestimmten Gebiet, die mindestens einmal in ihrem Leben an einer bestimmten Krankheit oder an einer Gruppe von Krankheiten leiden, im Vergleich zur Gesamtbevölkerung.

45 *Epigenetik:* Epigenetische Prozesse regulieren die Aktivität der Gene, ohne dass die DNA selbst verändert wird.

Es gibt also auch in gesundheitlicher Hinsicht nicht **den** typischen Mann und **die** typische Frau.

Hieraus ergibt sich für die Planung und Umsetzung von gesundheitsfördernden und präventiven Maßnahmen im Unternehmen, dass Frauen und Männer

- von bestimmten Gesundheitsproblemen unterschiedlich häufig und in unterschiedlicher Ausprägung betroffen sein können,
- auch in gesundheitlicher Hinsicht unterschiedliche Bedürfnisse und Wünsche haben können,
- sich bei bestimmten Maßnahmen unterschiedlich angesprochen fühlen können,
- auf bestimmte Maßnahmen unterschiedlich reagieren können.

Um bei gesundheitsrelevanten Problemen die für Frauen und Männer passenden Maßnahmen erarbeiten zu können, müssen die beteiligten Akteure wissen, wo sie entsprechende Informationen finden und ggf. hierzu auch das nötige Fachwissen erwerben können. Unterstützung bietet hier beispielsweise die *Bundeszentrale für gesundheitliche Aufklärung* (BZgA; https://www.bzga.de/→ Frauengesundheit; → Männergesundheit). Nähere Informationen zur besseren Vereinbarkeit von Beruf und Privatleben findet man u.a. in Hämmig & Bauer (2017) Vereinbarkeit von Beruf und Privatleben – ein wichtiges Thema der Betrieblichen Gesundheitsförderung (S. 309–322).

10.2 Alter

In Kap. 1.3.1 wurde bereits erörtert, dass der demografische Wandel in den letzten Jahren in vielen Unternehmen zu einer Erhöhung des Durchschnittsalters der Beschäftigten geführt hat. Mit dem Alter nimmt auch die Zahl der chronischen Erkrankungen zu. Ältere Beschäftigte sind zwar nicht häufiger krank als junge, sie sind jedoch aufgrund der zunehmenden Zahl chronischer Erkrankungen dann erheblich länger krank. Auch das deutsche *Präventionsgesetz* (PrävG) beschäftigt sich mit dem Alter der Beschäftigten und dem möglichen Einfluss des Alters auf die Gesundheit (s. Dokumentation).

Dokumentation

Zitat aus dem Entwurf eines Gesetzes zur Stärkung der Gesundheitsförderung und der Prävention (Präventionsgesetz – Deutscher Bundestag, 2015):

„Darüber hinaus sind Gesundheitsförderung und Prävention zentrale Instrumente, um angesichts der rückläufigen Zahl erwerbsfähiger Menschen und des steigenden Durchschnittsalters der Beschäftigten die Gesundheit der Arbeitnehmerinnen und Arbeitnehmer zu stärken und damit zum Erhalt der Produktivität und Wettbewerbsfähigkeit der Betriebe beizutragen."

In vielen Betrieben werden zunehmend ältere Beschäftigte benötigt, um die immer größer werdenden Lücken durch den Rückgang bei der Erwerbsbevölkerung auszugleichen. Daher steigt auch der Bedarf an Maßnahmen, die die Gesundheit der Beschäftigten fördern und die Entstehung von Krankheiten verhindern sollen, sodass für möglichst viele Menschen ein langes, gesundes Arbeitsleben möglich wird. Hierbei sollte berücksichtigt werden, dass sich das Spektrum der vorhandenen Leistungsfacetten mit dem zunehmenden Alter ändert. Seh- und Hörvermögen, Muskelkraft und geistige Umstellfähigkeit nehmen tendenziell ab, während die Konzentrationsfähigkeit, die Kreativität, das Kooperations- und das Kommunikationsvermögen nahezu unverändert bleiben. Eine Zunahme ist durchschnittlich beim Erfahrungswissen, bei der Geübtheit, beim Sicherheitsbewusstsein und der sprachliche Gewandtheit zu verzeichnen. Der Vorgang des Alterns kann jedoch individuell sehr unterschiedlich ablaufen. Ältere Beschäftigte sind v.a. dort stark belastet, wo hohe körperliche Arbeitsanforderungen an sie gestellt werden (Beispiele: Heben, Tragen schwerer Lasten, Arbeiten in gebeugter Körperhaltung etc.). Auch eine belastende bzw. gefährliche Arbeitsumgebung (z.B. große Hitze oder Kälte, eine nasse Umgebung, ein hohes Unfallrisiko) beeinträchtigt die Gesundheit älterer Arbeitnehmer deutlich stärker. Bei Schichtarbeit steigt das Erkrankungsrisiko mit dem Alter deutlich an (s. Kap. 9.4). Auch bei Mängeln in der Arbeitsorganisation werden ältere Menschen oft stärker in Mitleidenschaft gezogen als jüngere, etwa dann, wenn Einflussmöglichkeiten fehlen, wenn nur geringe berufliche Perspektiven vorhanden sind oder wenn ihre Leistung nicht anerkannt wird. Typisch für helfende Berufe und für den Lehrerberuf ist die mit dem Alter zunehmende emotionale Erschöpfung im Sinne eines „Burnout-Syndroms" (s. Kap. 9.1). Abbildung 10-2 macht deutlich, dass chronische Krankheiten wie Muskel-, Skelett- und Herz-Kreislauf-Erkrankungen, aber auch psychische Erkrankungen zu den häufigsten Ursachen für Fehlzeiten bei älteren Arbeitnehmern gehören. Im Jahr 2016 waren nach Angaben der *Deutschen Rentenversicherung* (s. Deutsche Rentenversicherung, 2019) psychische Störungen die mit Abstand häufigste Ursache (42,8% der Fälle) für die Beantragung einer Erwerbsminderungsrente in Deutschland.

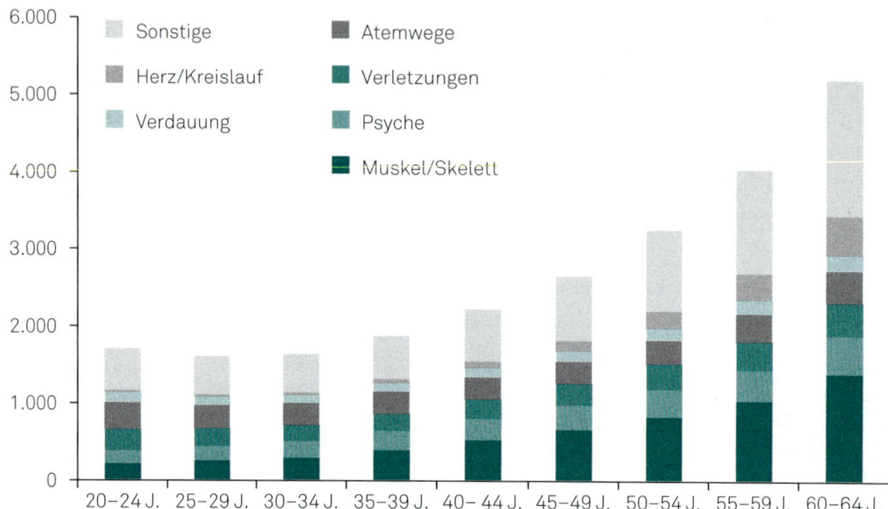

Abbildung 10-2: Zahl der Arbeitsunfähigkeitstage (AU-Tage) je 100 AOK-Mitglieder im Jahr 2014, unterschieden nach dem Alter der Mitglieder und nach der Krankheitsart. Die Abbildung zeigt deutlich, dass die Arbeitsunfähigkeitstage aufgrund chronischer Erkrankungen mit dem Alter deutlich zunehmen. In der AOK (Allgemeine Ortskrankenkasse) ist derzeit rund ein Drittel der Bevölkerung in Deutschland krankenversichert. Quelle der Daten: Badura, Ducki, Schröder, Klose & Meyer (2017).

Abbildung 10–3: Sehbereiche der Bildschirmarbeitsplatzbrille. Quelle: ViDORO (Wikimedia); https://commons.wikimedia.org/wiki/File:Bildschirmarbeitsplatzbrille_-_Sehbereiche.jpg.

Die Grundlagen für die Entwicklung chronischer Erkrankungen werden jedoch nicht erst im mittleren Lebensalter, sondern meist schon viel früher gelegt. Ungesunde Ernährung und Bewegungsmangel, der Konsum von Alkohol, Tabak und anderen Suchtmitteln sowie ein Leben im Stress sind Risikofaktoren, die bereits bei vielen jungen Menschen eine Rolle spielen (Habermann-Horstmeier, Dorner & Rieder, 2018). Hinzu kommt eine große Anzahl an Umweltfaktoren, deren sich möglicherweise summierende und gegenseitig beeinflussende gesundheitliche Auswirkungen noch kaum absehbar sind. Gesundheitsfördernde und (krankheits-)präventive Maßnahmen müssen daher Teile eines *altersgerechten* Betrieblichen Gesundheitsmanagements sein. Dies bedeutet, dass schon mit dem Eintritt in das Unternehmen jeweils passende, altersentsprechende BGM-Maßnahmen wirksam werden sollten und diese Maßnahmen dann immer wieder an das zunehmende Alter angepasst werden. Ein Beispiel hierfür sind Bildschirmarbeitsplatzbrillen für ältere Beschäftigter, die individuell an das sich ändernde Sehvermögen angepasst werden (Abbildung 10–3 und Kap. 8.1). Zu den altersgerechten BGM-Maßnahmen gehören aber auch solche, die sich speziell bereits an Auszubildende richten (z.B. Aufklärungs- und Unterstützungsmaßnahmen im Hinblick auf Online-Spielsucht, Alkohol oder Rauchen) sowie die Maßnahmen zur Umsetzung des Jugendarbeitsschutzgesetzes (JArbSchG).

10.3 Hierarchieebene

Beschäftigte in Leitungsfunktionen haben in der Regel einen höheren sozialen/sozioökonomischen Status, sie verfügen meist über mehr Einfluss, eine höhere schulische/berufliche Bildung und größere finanzielle Ressourcen. Beschäftigte in den unteren Hierarchieebenen haben im Vergleich dazu einen niedrigeren sozialen Status. Schon seit Langem ist bekannt, dass dies auch mit unterschiedlichen Gesundheitschancen für die Betroffenen einhergeht. Menschen mit niedrigem Sozialstatus leiden häufiger an chronischen Krankheiten und psychosomatischen Beschwerden, sie verunfallen öfter und sind deutlich häufiger von Behinderungen betroffen (s. dazu Robert Koch-Institut (RKI), 2019). Die Gesundheitssituation und die jeweiligen sozialen Bedingungen beeinflussen sich dabei gegenseitig. Menschen mit chronischen Krankheiten und/oder Behinderungen haben oftmals geringere Chancen auf einen guten Arbeitsplatz, ihre nicht selten prekäre Arbeits- und Einkommenssituation kann dann wiederum ihre Gesundheit negativ beeinflussen. Menschen mit niedrigem sozialem Status schätzen daher ihre eigene Gesundheit schlechter ein als Menschen mit einem hohen Sozialstatus, benötigen häufiger Leistungen des medizinischen Versorgungssystems und häufiger eine soziale Absicherung im Krankheitsfall. Diese Einschränkungen nehmen mit dem Alter zu, sodass Menschen mit niedrigem Sozialstatus dann im Durchschnitt auch deutlich früher versterben. Lampert und Kroll (2010) konnten zeigen, dass die Lebenserwartung bei Geburt in Deutschland deutlich von den Einkommensverhältnissen abhängt. Frauen, die der höchsten Einkommensgruppe angehören, leben hiernach im Durchschnitt 8,4 Jahre länger als Frauen in der untersten Einkommensgruppe. Bei Männern beträgt dieser Unterschied 5,2 Jahre. Die Unterschiede hängen nicht nur mit den Lebensbedingungen, sondern auch mit den Arbeitsbedingungen zusammen. So korreliert[46] beispielsweise der Anteil der Beschäftigten, die bei sich eine starke oder sehr starke Gesundheitsgefährdung durch ihre Arbeit sehen, sehr deutlich mit dem Bildungsstand (Robert Koch-Institut, 2014). Dies zeigt sich insbesondere bei den älteren Arbeitnehmern. In der Gruppe der 45- bis 64-jährigen Männer ist dieser Anteil in der unteren Bildungsgruppe (30,3 %) 2,3-mal so groß wie in der oberen Bildungsgruppe (13,2 %; s. Abbildung 10-4). Das Robert Koch-Institut sieht daher in den belastenden Arbeitsbedingungen einen wichtigen Ansatzpunkt für Maßnahmen des Betrieblichen Gesundheitsmanagements. Diese Maßnahmen können zudem zu einer Verringerung der gesundheitlichen Chancenungleichheit beitragen.

10.4 Migrationshintergrund

Menschen mit Migrationshintergrund sind eine sehr heterogene[47] Gruppe. Ihre gesundheitliche Situation und ihr Gesundheitsverhalten können sich stark unterscheiden, je nachdem wie lange sie oder ihre Nachkommen schon im Land sind, wo sie herkommen, welchen kulturellen und ethnischen Hintergrund sie haben und wie ihre Bildung und ihr sozioökonomischer Status (Erläuterung dazu s. Glossar Kap. 14) ist. Menschen mit Migrationshintergrund sind nicht grundsätzlich kränker als Menschen ohne Migrationshintergrund. Unmittelbar nach ihrer Migration sind sie in der Regel auch nicht kränker als Menschen, deren Migration schon längere Zeit zurück liegt (*Ausnahme:* Kriegsflüchtlinge und Migranten, die bereits einen langen, gefährlichen Fluchtweg hinter sich haben). Eher das Gegenteil ist der Fall, da v. a. die Menschen migrieren, die besonders mutig und gesund sind *(Healthy-Migrant-Effekt)*. Dieser Vorteil kann sich jedoch mit der Zeit umkehren, wenn die Migranten im Ankunftsland auf ungünstige Lebens- und Arbeitsbedingungen treffen (Egger, Low, Zürcher & Razum, 2018). Hinzu kommen oft noch Probleme beim Kontakt mit den entsprechenden Gesundheitseinrichtungen des Aufnahmelandes auf-

46 *Korrelation:* Wechselbeziehung
47 *heterogen:* ungleichartig, ungleichmäßig aufgebaut

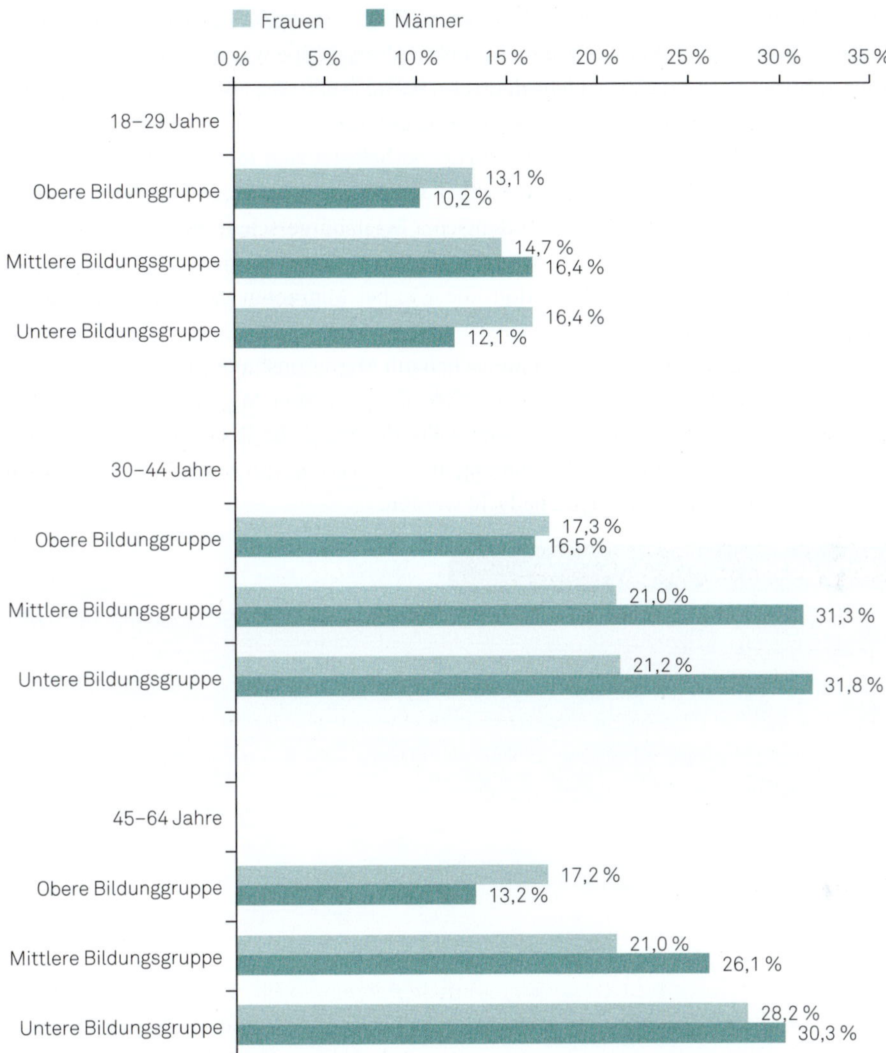

Abbildung 10–4: Prozentsatz der Wahrnehmung einer starken oder sehr starken Gesundheitsgefährdung durch die Arbeit, in Abhängigkeit vom Bildungsstand, Geschlecht und Alter. Quelle der Daten: Robert Koch-Institut (2014).

grund von Sprachproblemen und aufgrund des oft unterschiedlichen Verständnisses von Gesundheit und Krankheit, das untrennbar mit der entsprechenden Heimatkultur verbunden ist.

Wenn Migranten berufsbedingt starken körperlichen Belastungen ausgesetzt sind (oder waren), können bei ihnen vermehrt Erkrankungen des Bewegungsapparates auftreten. Zudem können Herz-Kreislauf-Erkrankungen und Diabetes mellitus Typ 2 häufiger vorkommen. Einer der Gründe hierfür liegt z. B. in Deutschland in der größeren Zahl an adipösen Menschen ohne deutsche Staatsbürgerschaft. Bereits der Mikrozensus 2005 stellte bei den Frauen ohne deutsche Staatsbürgerschaft im Alter von 40 bis 64 Jahren einen deutlich höheren Anteil an Adipositas (BMI ≥ 30 kg/m^2) fest (deutsch: 13,8 %; nichtdeutsch: 21,1 %). Bei den Männern dieser Altersgruppe war der Unterschied nicht ganz so hoch (deutsch: 17,6 %; nicht-deutsch: 19,2 %). Auch chronische Atemwegserkrankungen können bei Menschen mit Migrationshintergrund häufiger vorkommen. Meist sind dies Menschen, die beruflich entsprechend belastet sind (oder waren) und zudem noch rauchen. Die Zahl der Raucher liegt bei den Männern ohne deutsche Staatsbürgerschaft etwas höher als bei denen mit deutscher Staatsbürgerschaft. Auch Arbeitsunfälle können bei Migranten häufiger vorkommen. Hinzu kommen psychosoziale Belastungen im Zusammenhang mit der Migration, die v.a. bei Migranten der ersten Generation auftreten.

Spezielle BGM-Maßnahmen für Menschen mit Migrationshintergrund sind nur dann sinnvoll, wenn es im Unternehmen größere Gruppen von Migranten mit ähnlicher Gesundheitsproblematik gibt. Ansonsten sollte der mögliche Risikofaktor Migrationshintergrund jedoch immer bei der Planung und Umsetzung von gesundheitsfördernden und präventiven Maßnahmen mit bedacht werden.

Aufgabe 10

In diesem Kapitel ist von einem altersgerechten Betrieblichen Gesundheitsmanagement die Rede.

a. Was genau ist damit gemeint?
b. Nennen Sie bitte einige Maßnahmen, die Sie gerne in Ihrem Unternehmen/Ihrer Einrichtung/Ihrer Abteilung im Rahmen eines solchen altersgerechten Betrieblichen Gesundheitsmanagements umsetzen möchten!

11 Möglichkeiten der Umsetzung in die Praxis

Die in den vorangegangenen Kapiteln erörterten Punkte tragen allesamt mit dazu bei, dass ein Betriebliches Gesundheitsmanagement erfolgreich und nachhaltig in einem Unternehmen umgesetzt werden kann. Dies ist jedoch nur dann möglich, wenn es sich an den Bedürfnissen der Belegschaft orientiert und sie von Beginn an mit in die Planung und Umsetzung einbezieht *(Partizipation)*. Wenn die Beschäftigten das Gefühl haben, dass ihnen ein – oft von außen eingekauftes – Programm übergestülpt wurde, kommt es dagegen nicht selten zu Unzufriedenheit. Solche Programme nützen in der Regel weder den Mitarbeitern noch dem Betrieb. Ein maßgeblicher Faktor für ein erfolgreiches Betriebliches Gesundheitsmanagement ist zudem die fachliche Kompetenz der zuständigen BGM-Verantwortlichen im Unternehmen. Dieses Buch soll mit dazu beitragen, dass sich die Kompetenz dieser Fachleute weiter erhöht. Zudem sollen hierdurch auch mittlere und kleine Unternehmen dazu angeregt werden, mithilfe von BGM-Fachleuten ein für sie passendes Betriebliches Gesundheitsmanagement zu etablieren.

11.1 Gesundheitszirkel

Seit den 1990er-Jahren gibt es v. a. in Deutschland in den Unternehmen und Institutionen sog. *Gesundheitszirkel*. Die Leitidee von Gesundheitszirkeln ist die aktive Einbeziehung der Mitarbeiter als Experten ihrer Arbeitssituation in die Planung und Umsetzung von Maßnahmen der Betrieblichen Gesundheitsförderung. Gesundheitszirkel setzen sich somit in erster Linie aus den Beschäftigten eines Betriebes oder einer Abteilung und einem Moderator zusammen, der das Gespräch moderiert und Anregungen gibt. Ein solcher Moderator kann z. B. eine BGM-Fachkraft sein. In der Regel sind es ca. fünf Beschäftigte aus dem jeweiligen Arbeitsbereich. Hinzu kommen je nach den vorhandenen betrieblichen Strukturen und Bedürfnissen noch Vertreter aus anderen Bereichen, wie etwa eine Führungskraft, eine Fachkraft für Arbeitssicherheit, ein Vertreter der Personalabteilung, ein Betriebsarzt etc. (s. Abbildung 11-1). Die Teilnehmer eines solchen Gesundheitszirkels können sich ebenso wie ihre Anzahl je nach der aktuell bearbeiteten Problematik ändern. Um arbeitsfähig zu sein, sollten insgesamt jedoch nicht mehr als 8 bis max. 12 Personen teilnehmen.

Nachhaltig verankerte Gesundheitszirkel können damit die Basis für die Einführung und Umsetzung eines Betrieblichen Gesundheitsmanagements in einem Unternehmen bilden. Aufgabe der Beschäftigten-Vertreter in den Gesundheitszirkeln ist es, die Bedürfnisse der Mitarbeiter ihres Arbeitsbereiches zu erkennen, zu schildern und Verbesse-

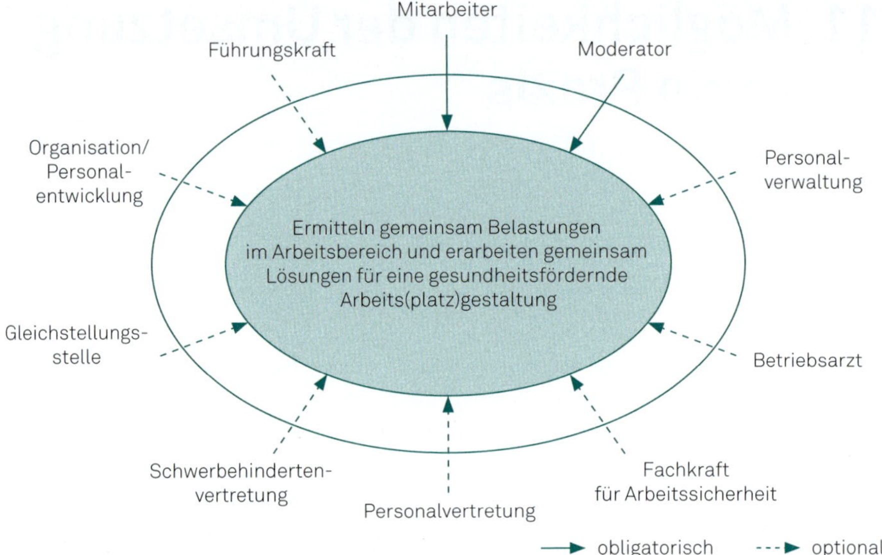

Abbildung 11–1: Zusammensetzung eines Gesundheitszirkels. Quelle: Modifiziert nach Schumann (2003).

rungsvorschläge zu sammeln. Für die jeweiligen Arbeitsbereiche werden dann – auch mithilfe der anderen Akteure innerhalb des Gesundheitszirkels sowie u.U. unter Hinzuziehung externer Fachleute – Maßnahmen erarbeitet, die die Basis für die Vereinbarung verbindlicher Veränderungen bilden. Das Ziel dieser Vereinbarungen ist es, die vorhandenen Gesundheitsrisiken zu minimieren. In größeren Unternehmen und Institutionen reicht ein Gesundheitszirkel in der Regel nicht aus. Hier gibt es in den einzelnen Abteilungen oder Firmenteilen parallel zueinander mehrere Gesundheitszirkel, deren Arbeit unter dem Dach des gemeinsamen Betrieblichen Gesundheitsmanagements z.B. durch einen *Arbeitskreis Gesundheitsförderung* (AKG) koordiniert wird. Wie häufig sich der Gesundheitszirkel trifft und wie intensiv die vor- und nachbereitende Arbeit an den jeweiligen Gesundheitsthemen ist (s. hier insbesondere Kap. 5, Kap. 7 und Kap. 8), hängt von den Gegebenheiten vor Ort ab. Für die Beschäftigten ist es wichtig zu wissen, dass die Arbeit im Gesundheitszirkel selbstverständlich bezahlte Arbeitszeit ist.

11.2 BGM in KMU

KMU sind kleine und mittlere Unternehmen (in Österreich: Klein- und Mittelbetriebe [KMB]). Sie liegen mit ihrer Beschäftigtenzahl, ihrem Umsatzerlös oder ihrer Bilanzsumme unterhalb eines definierten Wertes. Die Unternehmen, die über diesen definierten Werten liegen, bezeichnet man als Großunternehmen.

Die meisten Inhaber von kleinen und mittleren Unternehmen (KMU) gehen ebenso wie ihre Beschäftigten davon aus, dass ein Betriebliches Gesundheitsmanagement für sie aufgrund hoher Kosten und mangelnder Ressourcen nicht infrage kommt. Meist wissen sie wenig über die Inhalte und Ziele eines Betrieblichen Gesundheitsmanagements sowie über die Möglichkeiten, wie sie sich entsprechende Informationen und Unterstützung besorgen können.

Zu den wichtigsten Aufgaben von BGM-Fachleuten gehört es daher, die Führungskräfte und Mitarbeiter kleiner und mittlerer Unternehmen dafür zu gewinnen, ein Betriebliches Gesundheitsmanagement auch für ihren Betrieb/ihre Institution in Betracht zu ziehen.

Nur dann, wenn sie verstehen,

- dass BGM immer die jeweiligen Gegebenheiten vor Ort – und damit auch die vorhandenen Ressourcen – berücksichtigt,
- dass BGM nicht darin besteht, kostspielige, extern eingekaufte Programme umzusetzen,
- dass passende, gut geplante und umgesetzte Maßnahmen helfen können, Kosten einzusparen (s. Kap. 6.4),

werden auch in den KMU entsprechende Strukturen möglich sein, die – ggf. mit externer Unterstützung – solche gesundheitsfördernde und präventive Maßnahmen möglich machen. Hierzu sind in erster Linie Fantasie und erst in zweiter Linie auch genügend Zeit und Geld nötig. Die kleineren Strukturen und kürzeren Wege können dabei zum besseren Gelingen durchaus beitragen, u. a. auch weil KMU bei aktuellen Problemen meist schneller und flexibler reagieren können. Das Spektrum der gesundheitlichen Problemfelder kann sich in kleinen und mittleren Unternehmen von denen in Großbetrieben unterscheiden. Nach Meggeneder (2017) klagen KMU-Beschäftigte aufgrund der unterschiedlichen Unternehmensstruktur seltener über Stress und Monotonie als ihre Kollegen in großen Unternehmen, jedoch z. B. häufiger über ein zu hohes Arbeitstempo oder über intensive soziale Kontrolle. Andere gesundheitliche Probleme, z. B. aufgrund von Übergewicht, Tabak- und Alkoholkonsum, Hitze, Kälte, einseitiger körperlicher Belastung, Seh- und Hörstörungen bei älteren Beschäftigten etc. können selbstverständlich ebenso in Großunternehmen wie in kleinen und mittleren Unternehmen vorkommen. Wie solche Probleme am besten anzugehen sind, erfahren KMU-Führungskräfte und -Beschäftigte z. B. über das *Deutsche Netzwerk Betriebliche Gesundheitsförderung* (DNBGF), das *Österreichische Netzwerk Betrieblicher Gesundheitsförderung* (ÖNBGF) und bei der *Stiftung Gesundheitsförderung Schweiz*.

11.3 BGM bei neuen Arbeitsformen

In Kap. 1.3.2 wurde bereits erläutert, dass sich die Arbeitswelt derzeit in einem tiefgreifenden Umbruch befindet. Als Beispiele wurde dort u. a. auf *Arbeit 4.0* und die Möglichkeit des *Homeoffices* hingewiesen.

11.3.1 Arbeit 4.0

Mit dem Begriff „Arbeit 4.0" bezeichnet man v.a. die aktuell stattfindenden massiven Veränderungsprozesse in der Arbeitswelt aufgrund der Anwendungs- und Nutzungsmöglichkeiten der fortschreitenden Digitalisierung. Die Befürworter dieser Umwandlungen betonen v.a., dass Beschäftigte dadurch mehr Möglichkeiten haben, eigenverantwortlich zu arbeiten. Die damit einhergehende größere Flexibilität (s.a. Kap. 11.3.2) könne u.a. auch zu einer besseren Vereinbarkeit von Beruf und Familie genutzt werden. Kritiker bemängeln, dass die Möglichkeit, jederzeit und überall arbeiten zu können, für die Beschäftigten oft eine potenzielle Verfügbarkeit rund um die Uhr bedeute und eine Trennung zwischen Arbeit und Freizeit praktisch nicht mehr stattfinde. Aufgrund der Arbeitsintensivierung nehme auch der Arbeitsdruck immer mehr zu, was mit weiter zunehmenden psychischen Belastungen verbunden ist.

Arbeit 4.0 bedeutet auch, dass die Zahl der immer leistungsfähigeren Arbeitsroboter und Computer v.a. in den größeren Firmen noch erheblich zunehmen wird, sodass die Arbeitsmöglichkeiten nicht nur für geringqualifizierte Arbeitnehmer weiter eingeschränkt werden. Auch die Zahl der Stellen in Büros und der Stellen für Arbeitnehmer mit mittlerem Qualifikationsniveau wird dadurch in Zukunft sinken. Dies sieht z.B. auch der Gründer von *SolarCity* und *Tesla* Elon Musk so, der davon ausgeht, dass in Zukunft immer mehr Jobs durch Technologie ersetzt werden, und es für Menschen immer weniger Arbeit gibt. Nach Musks Ansicht müssen diese Menschen dann vom Staat ein bedingungsloses Grundeinkommen erhalten (Clifford, 2016). Andere gehen davon aus, dass die Alternative dazu in der Weiterqualifizierung der Beschäftigten liegt. Allerdings bestehen hier noch erhebliche Defizite, sodass bei vielen Menschen berechtigterweise Ängste vor dem Arbeitsplatzverlust bestehen. Auch der damit oft einhergehende Stress kann zu einer Gefährdung für die Gesundheit und oft auch für die Beschäftigungsfähigkeit werden.

Die zentrale Aufgabe des Betrieblichen Gesundheitsmanagements und der BGM-Fachleute ist es daher, für diese neuen beruflichen Gegebenheiten entsprechende gesundheitsfördernde Rahmenbedingungen zu schaffen und sich für gesetzliche Regelungen in diesem Bereich einzusetzen. Solche Rahmenbedingungen können z.B. die Arbeitszeitgestaltung und die Weiterbildung betreffen.

11.3.2 Homeoffice

Als Homeoffice oder Telearbeit bezeichnet man eine Form des flexiblen Arbeitens von Zuhause bzw. aus dem privaten Umfeld heraus. Sie ist Teil der Flexibilisierung der Arbeitswelt. Man unterscheidet dabei die *Teleheimarbeit*, bei der die Arbeit ganz von zuhause aus durchgeführt wird, von der *alternierenden Telearbeit*, bei der die Beschäftigten je nach Bedarf zwischen einem Arbeitsplatz am Betriebsort und dem Homeoffice wechselt. Bei der mobilen Telearbeit wechselt der Standort des Arbeitsplatzes mit dem Arbeitnehmer.

In Deutschland ist der Arbeitgeber nach der *Arbeitsstättenverordnung* (ArbStättV) auch für die Ausstattung der Homeoffices zuständig, wenn er mit seinen Mitarbeitern eine wöchentliche Arbeitszeit an einem Telearbeitsplatz vereinbart hat. Vor allem kleineren Unternehmen ist oft nicht bewusst, dass auch dort nach dem *Arbeitsschutzgesetz* (ArbSchG) dieselben Vorschriften zur Arbeitssicherheit und zum Gesundheitsschutz gelten wie für die Arbeitsplätze im Betrieb. Dies trifft nicht nur auf die Ausstattung des Arbeitsplatzes und die räumlichen Gegebenheiten zu, sondern z. B. auch auf die Einhaltung der Ruhezeiten. Es wird daher empfohlen, all dies schriftlich im Rahmen einer Homeoffice-Vereinbarung festzuhalten. Hinzu kommt v. a. bei den Beschäftigten in Teleheimarbeit, dass bei ihnen die Gefahr der sozialen Isolation aufgrund eingeschränkter Kontakte zum Unternehmen und die Gefahr der Selbstausbeutung sehr groß sind. Je nach der Art der Handhabung kann sich diese Arbeitsform aber auch durch die größere räumliche und zeitliche Flexibilität positive auf die Gesundheit der Betroffenen auswirken. In den wenigsten Betrieben gibt es bislang Kontrollen, mit denen die Einhaltung der entsprechenden Gesetze und Regelungen überprüft wird. Das Betriebliche Gesundheitsmanagement sollte es daher als eine wichtige Ausgabe ansehen, auch die Homeoffice-Beschäftigten in die Planung und Umsetzung von BGM-Maßnahmen mit einzubeziehen, um auch ihren Gesundheitsbedürfnissen Rechnung zu tragen.

11.4 Gesundheitsförderung bei Selbstständigkeit und Arbeitslosigkeit

11.4.1 Selbstständigkeit

Etwa 9,9 % der Erwerbstätigen in Deutschland (≈ 4,3 Mio. Menschen) waren nach Angaben des Statistischen Bundesamtes (2017) im Jahr 2016 selbstständig. 55,9 % der Selbstständigen (≈ 2,4 Mio. Menschen) arbeiteten alleine, ohne eigene Beschäftigte. Bislang hat sich die Betriebliche Gesundheitsförderung kaum um die Belange der Selbstständigen und hier insbesondere nicht um die sog. „Solo-Selbstständigen" oder „Freelancer" gekümmert.

Dies hat u. a. auch mit dem Selbstbild des Unternehmers als erfolgreich und damit auch als gesund zu tun. Zudem gibt es bei den „Solo-Selbstständigen" niemanden – außer dem Unternehmer selbst –, der das Thema Gesundheitsförderung ansprechen könnte. Für ihn steht jedoch insbesondere in der Gründungsphase v. a. der Erfolg des Unternehmens im Vordergrund.

Selbstständigkeit geht meist mit erheblichen gesundheitlichen Gefahren für den Betroffenen einher. Im Vordergrund stehen dabei die Gefahren der Selbstausbeutung und der sozialen Isolation sowie das Prekarisierungrisiko (s. Fußnote 7), das meist nur geringe Handlungsspielräume für die Bereiche Gesundheitsförderung und Prävention erlauben. Nicht selten fehlen „Solo-Selbstständigen" sogar die entsprechenden Mittel, um sich für den Fall von Krankheit, Unfall und/oder Pflegebedürftigkeit abzusichern.

Arbeitsagenturen, Kammern und Verbände können zwar Unterstützung z. B. in Form von Gründerberatungen anbieten, doch diese Unterstützung zielt bislang meist nicht speziell auf die Gesundheit der Gründer. Zudem gibt es auch soziale Netzwerke von Selbstständigen, die z. B. in Form von „Stammtischen" oder Internetplattformen der Kommunikation und gegenseitigen beruflichen und sozialen Unterstützung dienen.

Gesundheitsförderung bei Selbstständigen bedeutet jedoch in erster Linie die selbstkritische Überprüfung der vorhandenen personalen und sozialen Ressourcen. Zudem sollten insbesondere die „Solo-Selbstständigen" fachliche Unterstützung in den Bereichen Selbstführung und Selbstmanagement, in den Techniken des persönlichen Zeit- und Projektmanagements, ggf. auch in den Bereichen der Kommunikation und des Führungsverhaltens in Anspruch nehmen. Ein weiterer zentraler Punkt hierbei ist das Work-Life-Management, das v.a. die Abgrenzung zwischen Privatleben und Beruf sowie die Pflege außerberuflicher sozialer Kontakte umfasst. Die wichtigste gesundheitsfördernde Maßnahme bleibt jedoch eine bezahlbare soziale Absicherung für alle Selbstständigen (Pröll, Ertel & Haake, 2017).

11.4.2 Arbeitslosigkeit

Nach dem Sozialgesetzbuch (SGB III, §16 Abs. 1) ist in Deutschland derjenige arbeitslos, der vorübergehend nicht in einem Beschäftigungsverhältnis steht, eine versicherungspflichtige Beschäftigung sucht (und dabei den Vermittlungsbemühungen der Agentur für Arbeit zur Verfügung steht) und sich arbeitslos gemeldet hat. Schon seit Langem ist bekannt, dass der Gesundheitszustand von arbeitslosen Menschen im Durchschnitt schlechter ist als der von Beschäftigten. Viele Arbeitslose sind in ihrer Aktivität eingeschränkt, sozial isoliert und verfügen über ein niedriges Selbstwertgefühl. Sie fühlen sich oft hilflos, depressiv und hoffnungslos. Es sind v.a. die Menschen mit einer hohen Arbeits- und Berufsorientierung sowie Langzeitarbeitslose, die unter ihrer Arbeitslosigkeit leiden.

Dies alles trägt mit dazu bei, dass arbeitslose Menschen auch ein ungünstigeres Gesundheitsverhalten aufweisen – insbesondere im Hinblick auf Ernährung, Bewegung und Tabakkonsum (s. Abbildung 11-2 und Abbildung 11-3).

Daher ist auch ihr Erkrankungsrisiko z.B. für Stoffwechselerkrankungen wie dem Diabetes mellitus Typ 2, für Erkrankungen des Muskel-Skelett- und des Nervensystems,

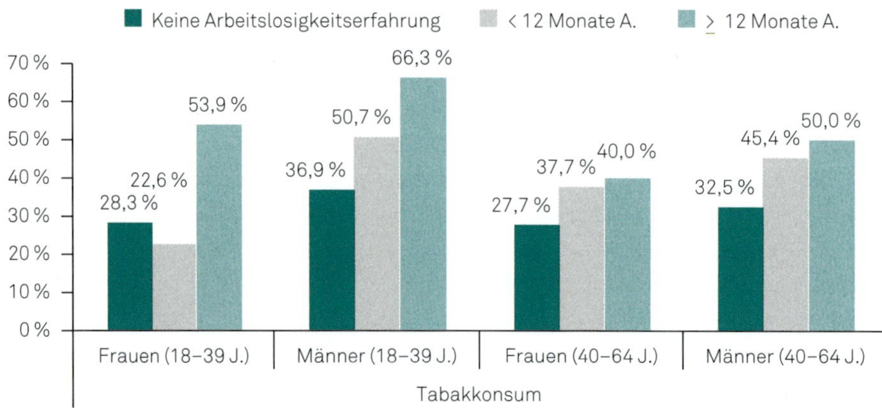

Abbildung 11–2: Tabakkonsum bei Menschen ohne Arbeitslosigkeitserfahrung, Menschen mit einer kurzzeitigen Arbeitslosigkeitserfahrung (< 12 Monate) und Menschen mit Langzeitarbeitslosigkeitserfahrung (≥ 12 Monate), unterschieden nach Alter und Geschlecht. Quelle: Eigene Darstellung auf der Basis der Daten der GEDA-Studien 2010 und 2012 (Robert Koch-Institut, 2017).

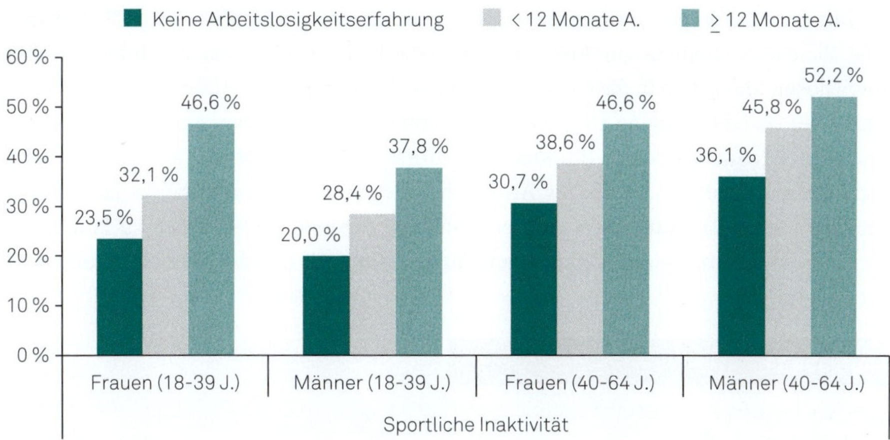

Abbildung 11–3: Sportliche Aktivität bei Menschen ohne Arbeitslosigkeitserfahrung, Menschen mit einer kurzzeitigen Arbeitslosigkeitserfahrung (< 12 Monate) und Menschen mit Langzeitarbeitslosigkeitserfahrung (≥ 12 Monate), unterschieden nach Alter und Geschlecht. Quelle: Eigene Darstellung auf der Basis der Daten der GEDA-Studien 2010 und 2012 (Robert Koch-Institut, 2017).

für Herz-Kreislauf-Erkrankungen und bösartige Tumore deutlich erhöht. Besonders häufig kommt es bei arbeitslosen Menschen jedoch zu psychischen Störungen (Depressionen, Angstzustände etc.). Auch die Suizidrate ist höher als im altersentsprechenden Bevölkerungsdurchschnitt. All dies führt dazu, dass arbeitslose Menschen im Vergleich zum Bevölkerungsdurchschnitt mehr Leistungen der Gesundheitsversorgung in Anspruch nehmen, dass ihnen mehr Arzneimittel (insbesondere Antidepressiva) verordnet werden, dass sie häufiger stationär in Behandlung sind und dass sie ein höheres Risiko haben, vorzeitig zu versterben (Kroll & Lampert, 2012; Robert Koch-Institut, 2017).

Auch das deutsche Präventionsgesetz sieht diese deutlichen gesundheitlichen Einschränkungen bei arbeitslosen Menschen und weist in diesem Zusammenhang daher auf die Verantwortung der Grundsicherungsträger und der Bundesagentur für Arbeit (s. Dokumentation).

Dokumentation

Zitat aus dem Entwurf eines Gesetzes zur Stärkung der Gesundheitsförderung und der Prävention (Präventionsgesetz – Deutscher Bundestag, 2015):

„Außerhalb der betrieblichen Lebenswelt tragen für die Lebenswelt „Arbeit" neben den Arbeitgebern auch die Träger der Grundsicherung für Arbeitsuchende (SGB II) und die Bundesagentur für Arbeit im Bereich der Arbeitsförderung (SGB III) Verantwortung. Gesundheitliche Einschränkungen können bei Arbeitslosen und erwerbsfähigen Leistungsberechtigten des SGB II dazu führen, dass ihre berufliche Eingliederung besonders erschwert ist. Eine enge Zusammenarbeit der Krankenkassen mit der Bundesagentur für Arbeit und mit den kommunalen Trägern der Grundsicherung für Arbeitsuchende bei der Erbringung von Leistungen soll dafür sorgen, dass durch die Erbringung von Leistungen dieses Vermittlungshemmnis beseitigt wird."

Die wichtigsten gesundheitsfördernden Maßnahmen sind selbstverständlich politische Weichenstellungen zur Reduzierung der Arbeitslosigkeit und der Inklusion von arbeitslosen Menschen in die Gesellschaft. Hierzu gehören auch Maßnahmen zur Beseitigung der sozial bedingten Ungerechtigkeit von Gesundheitschancen. Dies sollten insbesondere Maßnahmen sein, die auch die Bedürfnisse von Arbeitslosen berücksichtigen und hierzu zielgruppenspezifische Ansprechstrategien einsetzen. Dabei ist es sinnvoll, Arbeitsförderungsmaßnahmen mit gesundheitsbezogenen Maßnahmen zu kombinieren, etwa im Rahmen eines Fallmanagements oder integriert in die Arbeit der Berufsförderungswerke.

Aufgabe 11

Ein Einzelhandelsunternehmen beschäftigt 35 festangestellte Mitarbeiterinnen und Mitarbeiter. Hierzu gehören außer der Betriebsleitung noch drei Beschäftigte in der Verwaltung und 31 Beschäftigte im Verkauf. Zusätzlich arbeiten in der Firma noch vier bis sechs (häufig wechselnde) Mini-Jobber zum Auffüllen der Regale etc.
In den letzten Jahren war es schwierig, qualifizierten Nachwuchs für Verwaltung und Verkauf zu bekommen (→ Keine AZUBIS, die Beschäftigten werden älter). Zudem gab es im letzten Jahr zwei Fälle von Langzeit-Arbeitsunfähigkeit (Langzeit-AU).
Das Unternehmen hat daher ein großes Interesse daran, dass die Angestellten möglichst lange fit und gesund bleiben. Allerdings ist der Geschäftsführer der Meinung, dass sein KMU-Unternehmen sich kein Betriebliches Gesundheitsmanagement leisten kann.
Erläutern Sie dem Geschäftsführer dieses Einzelhandelsunternehmens anhand eines Beispiels, wie ein solches Betriebliches Gesundheitsmanagement auch in einem kleineren Unternehmen durchgeführt werden kann.

12 Effektivität und Effizienz von BGF-Maßnahmen

Bei der Einführung eines Betrieblichen Gesundheitsmanagements bzw. bei der Durchführung einzelner BGF-Maßnahmen stehen für die Unternehmen natürlicherweise immer Kosten und Nutzen der Maßnahmen im Vordergrund (s. Kap. 6.4). Auch das deutsche Präventionsgesetz (PrävG) betont diesen Gesichtspunkt (s. Dokumentation). In diesem Kapitel soll es daher noch einmal um die Effektivität und Effizienz solcher Maßnahmen gehen.

Dokumentation

Zitat aus dem Entwurf eines Gesetzes zur Stärkung der Gesundheitsförderung und Prävention (Präventionsgesetz, Deutscher Bundestag, 2015):

„Eine Vielzahl an wissenschaftlichen Studien belegt zudem, dass etwa Maßnahmen zur betrieblichen Gesundheitsförderung neben positiven Gesundheitseffekten auch ökonomische Effekte bewirken können. So belegen die Studien die Auswirkungen der betrieblichen Gesundheitsförderung auf die Krankheitskosten mit einem Kosten-Nutzen-Verhältnis von bis zu 1:1,59 (vgl. iga.Report 13 „Wirksamkeit und Nutzen betrieblicher Gesundheitsförderung und Prävention", www.iga-info.de)."

12.1 Wissen und wissenschaftliche Evidenz

An dieser Stelle soll noch einmal die Bedeutung von Wissen und wissenschaftlicher Evidenz betont werden. Die folgende Definition zeigt, dass Evidenz sich immer nur auf die besten, **derzeit** zur Verfügung stehenden methodisch/systematisch gewonnenen Daten beziehen kann.

Definition „Evidenz"

Im Bereich der Gesundheitswissenschaften und der Medizin bezeichnet man mit dem Begriff „Evidenz" die auf dem Boden der besten zur Verfügung stehenden Daten empirisch (d.h. methodisch, systematisch) nachgewiesene Wirksamkeit einer gesundheitsfördernden, präventiven oder therapeutischen Maßnahme. Man spricht in diesem Zusammenhang oft auch von „Best Practice".

Man geht davon aus, dass der Erkenntniswert der Daten sehr unterschiedlich sein kann, je nach der Art der angewandten Methode, mit der die Daten gewonnen wurden (s. Abbildung 12–1). Dabei wird der *Expertenmeinung* die geringste, der *randomisierten kontrollierten Studie (RCT),* die die Wirksamkeit einer Maßnahme (Intervention) anhand einer Interventionsgruppe und einer Kontrollgruppe miteinander vergleicht, die höchste Wertschätzung entgegengebracht. Hinzu kommen *Metaanalysen,* die die quantitativen, d.h. in Zahlen ausdrückbaren Daten statistisch zusammenführen, die in früheren Forschungsarbeiten zu einem bestimmten Thema gewonnen wurden. Ihr Ziel ist es zu untersuchen, ob ein Effekt vorliegt und – wenn ja – wie groß dieser ist (Effektgrößeneinschätzung). Metaanalysen können jedoch immer nur so gut sein, wie die Ergebnisse der Studien, die hier zusammengefasst wurden.

Im Bereich der Betrieblichen Gesundheitsförderung bzw. des Betrieblichen Gesundheitsmanagements gibt es allerdings noch immer nicht genügend Untersuchungen zur Wirksamkeit der jeweiligen Maßnahmen. Auch für viele der aktuell z. B. von Krankenkassen angebotenen bzw. empfohlenen gesundheitsfördernden bzw. (krankheits-)präventiven Maßnahmen gibt es bislang keinen wissenschaftlichen Evidenznachweis. Bei einigen dieser Maßnahmen wurde sogar fehlende Evidenz nachgewiesen. Hinzu kommt, dass bisher überwiegend die Effektivität und Effizienz von verhaltenspräventiven Einzelmaßnahmen untersucht wurde. Neuere Studien zeigen jedoch, dass eine Kombination aus verhältnis- und verhaltenspräventiven Maßnahmen den Einzelmaßnahmen in der Regel deutlich überlegen ist (s. Robert Koch-Institut, 2018; Richter & Rosenbrock 2018; Rütten & Pfeifer 2016). Auch muss bei all den in diesem Kapitel genannten Zahlen und Aussagen

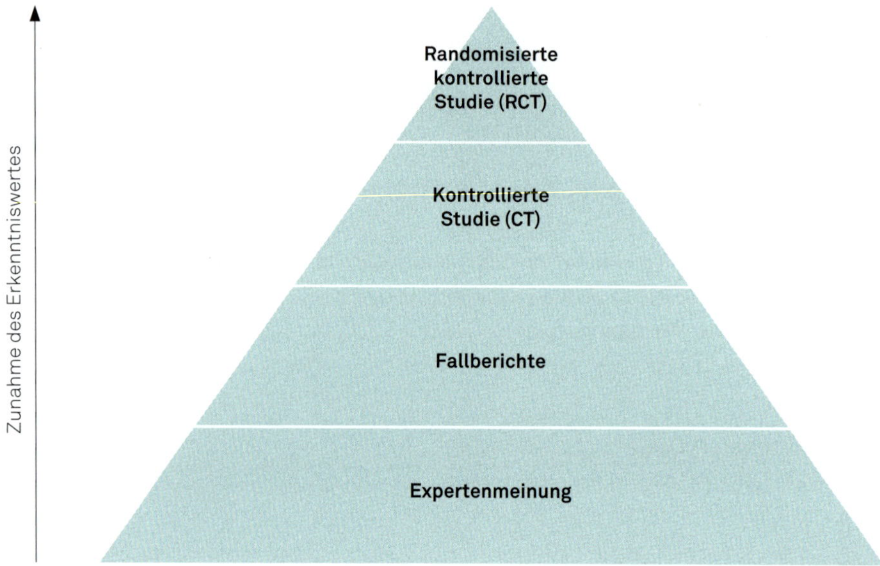

Abbildung 12–1: Evidenzhierarchie – Zunahme des Erkenntniswertes in Abhängigkeit von der Art der verwendeten Methode bei der Durchführung von medizinischen, präventiven und gesundheitsfördernden Studien. Quelle: Eigene Darstellung auf der Basis von Sockoll, Kramer & Bödeker (2008), Abbildung 1–1, S. 6.

sowie insbesondere bei den zitierten Metaanalysen immer berücksichtigt werden, dass Studien, die keinen Erfolg einer Maßnahme nachweisen konnten, in der Regel erst gar nicht veröffentlicht wurden *(Publikationsbias)*, sodass es hier zu einer Verzerrung des Gesamtbildes kommen kann.

12.2 Effektivität

Die Effektivität beschreibt das Verhältnis von erreichtem Ziel zu dem zuvor definierten Ziel. Sie ist somit ein Maß für die Wirksamkeit einer Maßnahme und stellt fest, wie nahe das erreichte Ergebnis dem angestrebten Ziel gekommen ist (*Grad der Zielerreichung*, s. Beispiel).

Beispiel

Berechnung der Effektivität einer BGM-Maßnahme

Die Vertreter des Betrieblichen Gesundheitsmanagement-Programms der Firma X möchten die Zahl der AU-Fälle infolge von Erkältungskrankheiten und Grippe in den Wintermonaten senken. Derzeit sind durchschnittlich 30 % der Beschäftigten in den Monaten Dezember bis Februar mindestens einmal wegen Atemwegsinfekten krankgeschrieben. Angestrebt ist eine Reduzierung dieses Anteils auf 10 %. Nach der Einführung von Hygienemaßnahmen und dem Angebot von Grippeimpfungen sinkt der Anteil in den beiden folgenden Jahren auf jeweils 18 %.

Definiertes Ziel: In den Monaten Dezember bis Februar sollen durchschnittlich nur 10 % der Beschäftigten wegen Atemwegsinfekten krankgeschrieben sein. (Reduktion um 20 Prozentpunkte.)

Erreichtes Ziel: In den Monaten Dezember bis Februar sind durchschnittlich 18 % der Beschäftigten wegen Atemwegsinfekten krankgeschrieben. (Reduktion um 12 Prozentpunkte.)

Effektivität der Maßnahmen (Hygienemaßnahmen + Grippeimpfung): 12/20 = 0,6
→ Das angestrebte Ziel wurde nur zu 60 % erreicht.

Kritische Betrachtung dieses Ergebnisses: Bei der Betrachtung der errechneten Effektivität der durchgeführten Maßnahmen müssen auch die sonstigen Bedingungen berücksichtigt werden. Es kann z. B. sein, dass in den beiden Jahren die Ansteckungswahrscheinlichkeit an Erkältungskrankheiten und Virusgrippe besonders hoch war. Oder es gab eine starke Zunahme an Jugendlichen und Eltern mit Kleinkindern in der Belegschaft, die vermehrt Erreger zum Arbeitsplatz mitbrachten etc. Darüber hinaus ist es auch möglich, dass die Maßnahmen nur unzureichend durchgeführt wurden.

Quelle: Zitiert nach Habermann-Horstmeier, Schmid, Pletscher & Klien (2018, S. 349).

12.2.1 Welche Maßnahmen der Betrieblichen Gesundheitsförderung sind wirksam (effektiv)?

Betriebliches Sozialkapital und immaterielle Arbeitsbedingungen

Nach Rixgens (2009) ist die Gesundheit der Beschäftigten in erheblichem Maße von „weichen" Faktoren wie dem betrieblichen Sozialkapital und immateriellen Arbeitsbedingungen im Unternehmen abhängig. Zum betrieblichen Sozialkapital (Wertekapital der Unternehmen) gehören gemeinsame Überzeugungen, kollektiv getragene Werte und verbindlich etablierte Normen, die im betrieblichen Alltag umgesetzt und gelebt werden. Sie tragen besonders bei *älteren Mitarbeitern* und *weiblichen Beschäftigten* sehr wesentlich zum physischen und psychischen Wohlbefinden bei (= direkte Auswirkung). Bei jüngeren Mitarbeitern und männlichen Beschäftigten zeigen sich hier mehr indirekte gesundheitsfördernde Effekte.

Führungsverhalten von Vorgesetzten und Gesundheit der Beschäftigten

Nach Ueberle und Greiner (2009) reagiert der Krankenstand der Beschäftigten stark auf die Art des Führungsverhaltens von Vorgesetzten. Es konnte ein direkter mittelgradiger Zusammenhang zwischen der Machtorientierung der Vorgesetzten und der Höhe des Krankenstandes nachgewiesen werden. Besonders niedrig ist der Krankenstand bei Vorgesetzten, die von ihren Mitarbeitern akzeptiert werden, denen die Mitarbeiter vertrauen und von denen sie sich fair behandelt fühlen. Dieser Zusammenhang ist bei Industriebetrieben wesentlich stärker ausgeprägt als bei Dienstleistungsunternehmen.

Körperliche Übungsprogramme

Starke Evidenz

Nach Kramer, Sockoll und Bödeker (2009) gibt es eine starke Evidenz dafür, dass körperliche Übungsprogramme die körperliche Aktivität von Beschäftigten erhöhen. Zudem können solche Programme Erkrankungen des Bewegungsapparates vorbeugen. Dabei sind intensive, individuell gestaltete Schulungen deutlich wirksamer als die unspezifische Informationsvermittlung. Mithilfe von individuell gestalteten Übungsprogrammen können Fehlzeiten infolge von Erkrankungen des Bewegungsapparates reduziert sowie die Zahl der Neuerkrankungen *(Inzidenz)* und die Häufigkeit dieser Erkrankungen insgesamt *(Prävalenz)* gesenkt werden. Am erfolgreichsten sind nachhaltige (!) Programme, die verhaltenspräventive Maßnahmen (z.B. Bewegungsprogramme) mit klassischen ergonomischen Interventionen am Arbeitsplatz (z.B. technische Hilfsmittel, arbeitsorganisatorische Veränderungen) kombinieren.

Hinweis auf Evidenz

Individuelle Bewegungsprogramme können sich zudem positiv auf Erschöpfungs- und Müdigkeitszustände auswirken.

Bisher kein Hinweis auf Evidenz

Bei den angeführten Bewegungsprogrammen wurden keine Auswirkungen auf die Muskelbeweglichkeit, das Körpergewicht, den Körperbau, die Höhe der Blutfettwerte und des Blutdrucks sowie auf andere angegebene gesundheitliche Beschwerden festgestellt. Keinerlei Wirksamkeit hatte auch die ärztliche Empfehlung zur Teilnahme an körperlichen Übungsprogrammen im Rahmen von Gesundheitschecks.

Schulungsprogramme zur Prävention von Erkrankungen des Bewegungsapparates

Moderate bis starke Evidenz

Nach Kramer, Sockoll und Bödeker (2009) sind Schulungsprogramme (edukative Programme) zur *Prävention von Erkrankungen des Bewegungsapparates* ungeeignet. Dies gilt sowohl für Schulungen mit ergonomischen Inhalten (z.B. Körpermechanik, Hebe- und Tragetechniken, rückengerechte Lastenhandhabung) als auch für theoretische und praktische Trainings zu technischen Hilfsmitteln. Diese negativen Ergebnisse fanden sich unabhängig von der untersuchten Berufsgruppe und davon, auf welches Erkrankungsbild die Schulung abgestimmt war. Auch die klassische Rückenschule, Nackenschule und Stressmanagementtrainings wiesen sich im Hinblick auf die Prävention von Erkrankungen des Bewegungsapparates als unwirksam. Es besteht eine starke Evidenz, dass klassische Rückenschulungsprogramme auch keinen Nutzen im Hinblick auf die *Vorbeugung von Rückenschmerzen* haben. Es gibt lediglich eine moderate Evidenz, dass Rückenschulen am Arbeitsplatz erfolgreich zur *Therapie chronischer, wiederkehrender Rückenbeschwerden* eingesetzt werden können.

Hilfsmittel zur Prävention von Erkrankungen des Bewegungsapparates

Ebenfalls nach Kramer, Sockoll und Bödeker (2009) gibt es keine oder unklare Evidenz für einen präventiven Effekt durch das Tragen eines lumbalen Stützgürtels im Hinblick auf Erkrankungen im unteren Rückenbereich. Hinsichtlich der Prävention von Erkrankungen des Bewegungsapparates ist die Evidenzlage bezogen auf präventiv wirksame technische Hilfsmittel (z.B. ergonomische Tastaturen, Hebe- und Tragehilfsmittel) noch unklar. Ebenfalls noch unklar ist die Evidenzlage in diesem Bereich im Hinblick auf die präventive Wirksamkeit der Umgestaltung des Arbeitsplatzes. Hier fehlt es noch an wissenschaftlich fundierten Studien.

Ernährung

Nach Kramer, Sockoll und Bödeker (2009) besteht eine starke Evidenz für einen leichten Effekt von Programmen zur Verbesserung der Ernährungsgewohnheiten. Damit lassen sich der Obst-, Gemüse- und Fettverzehr sowie die Ballaststoffaufnahme signifikant beeinflussen. Als zusätzliche sinnvolle Maßnahme wird die Schaffung gesundheitsförderlicher Verhältnisse gesehen. Hierzu gehören gesündere Essensangebote in den Kantinen und Automaten, eine entsprechende Kennzeichnung der angebotenen Produkte sowie zusätzliche Informationsstrategien im Bereich Ernährung. Sie alle können zum Kauf und Verzehr gesünderer Speisen anregen, sodass es zu einem gesünderen Ernährungsverhalten bei den Beschäftigten kommt. Ob diese Verhalten dann auch im privaten Bereich umgesetzt wird und zu einer verbesserten gesundheitlichen Situation bei den Beschäftigten führt, lässt sich anhand der hier untersuchten Studien nicht sagen. Auch gibt es hiernach noch wenig Erkenntnisse zur Nachhaltigkeit und Kosteneffektivität der angewandten Maßnahmen.

Stress

Nach Kramer, Sockoll und Bödeker (2009) besteht eine moderate bis starke Evidenz dafür, dass individuell angewandte kognitiv-verhaltensbezogene Maßnahmen zur Stressprävention wirksam sind. In ihrer Wirksamkeit sind sie Entspannungstechniken sowie einem multimodalen Ansatz überlegen. Da sie jedoch in der Regel nicht allen Stress auslösenden Quellen effektiv entgegenwirken können (z.B. dem Managementstil in einem Unternehmen oder dem Betriebsklima), sind sie in ihrer Nachhaltigkeit grundsätzlich eingeschränkt. Eine Kombination aus individuellen und organisatorischen Maßnahmen verbessert daher die Wirksamkeit von Stressinterventionsmaßnahmen.

Rauchen

Nach Kramer, Sockoll und Bödeker (2009) haben betriebliche Raucherentwöhnungsprogramme nachweisbar positive Auswirkungen. Sie sind jedoch meist nicht nachhaltig, d.h. nach mehr als einem Jahr ist oft kein Effekt mehr nachweisbar.

Starke Evidenz

Es gibt eine starke Evidenz dafür, dass die Zahl der Raucher sinkt und die Luftqualität sich bessert, wenn Betriebe ein absolutes Rauchverbot verhängen. Dabei wurde ein unterstützender Effekt von Rauchstopp-Gruppeninterventionen, von individuellen, professionellen und intensiven Beratungsangeboten sowie von einer Behandlung mit Nikotinersatzpräparaten festgestellt.

Bisher kein Hinweis auf Evidenz

Dagegen leisten Selbsthilfematerialien und Anreizsysteme (z.B. Bonus- und Prämienzahlungen) keinen Beitrag zur Senkung der Zahl der Raucher. Auch die soziale Unterstützung durch die Kollegen führt nicht zu einer Senkung der Zahl der Raucher. Gesundheitsfördernde Mehrkomponentenprogramme, bei denen die Raucherentwöhnung ein Punkt unter vielen ist (z.B. gemeinsam mit Maßnahmen der Bewegungsförderung und Ernährungsumstellung), haben ebenfalls keine positiven Auswirkungen.

Gesundheitszirkel

Kramer, Sockoll und Bödeker bewerteten 2009 die Evidenz von Gesundheitszirkeln hinsichtlich ihrer präventiven Wirksamkeit noch als schwach, da bis dahin v.a. zahlreiche Einzelstudien und Evaluationen, aber keine randomisierten Kontrollstudien vorlagen. Es gab jedoch bereits Hinweise darauf, dass sie zu ergonomischen, technischen und organisatorischen Verbesserungen im Betrieb führen und dadurch helfen, Krankenstände zu senken, die Arbeitszufriedenheit zu erhöhen und psychosoziale Stressoren zu reduzieren.

12.3 Effizienz

Als effizient bezeichnet man eine Maßnahme dann, wenn das erzielte Ergebnis und die dafür eingesetzten Mittel in einem optimalen Kosten-Nutzen-Verhältnis stehen. Der Nutzen muss dabei größer sein als die Kosten. Zu den Kosten gehören dabei nicht nur das hierfür aufgewendete Geld, sondern auch alle anderen negativen Konsequenzen der Maßnahme, die dazu in Geldwert ausgedrückt werden können (s. Beispiel).

Beispiel

Berechnung der Effizienz einer BGM-Maßnahme

Die Vertreter des Betrieblichen Gesundheitsmanagement-Programms der Firma X möchten die Zahl der AU-Fälle infolge von Erkältungskrankheiten und Grippe in den Wintermonaten senken. Derzeit sind durchschnittlich 30 % der Beschäftigten in den Monaten Dezember bis Februar mindestens einmal wegen Atemwegsinfekten krankgeschrieben. Durch diese AU-Tage fallen etwa 85.000 € an Ausfallkosten (= Entgeltfortzahlung im Krankheitsfall) an. Nach der Einführung von Hygienemaßnahmen und Grippeimpfungen sinkt der Anteil in den folgenden beiden Jahren auf jeweils 18 %. Für die Hygienemaßnahmen und die Grippeimpfungen wendet die Firma X insgesamt etwa 8.000 € auf.

1. Kosten der AU-Tage bei 30 % AU-Fälle: 85.000 €
2. Kosten der AU-Tage bei 18 % AU-Fälle: 51.000 € →
   Nutzen: Einsparung von 34.000 €
3. Kosten der GF-Maßnahmen: 8.000 €
4. Kosten-Nutzen-Verhältnis: 8.000 €/34.000 € →
   Pro Euro, der für diese GF-Maßnahmen ausgegeben wurde, sparte die Firma X 4,25 € an Ausfallkosten als Folge von AU-Tage ein. Die GF-Maßnahmen sind also hocheffizient.

Quelle: Modifiziert nach Habermann-Horstmeier, Schmid, Pletscher & Klien (2018, S. 350).

Nach Kramer, Sockoll und Bödeker (2009) gibt es bislang die meisten Untersuchungen zur Effizienz von BGM-/BGF-Maßnahmen im angelsächsischen Raum. Dort fand man eine Evidenz für den ökonomischen Nutzen von betrieblicher Prävention sowohl für die BGM-/BGF-Maßnahmen allgemein als auch für krankheitsspezifische Interventionen. Die meisten Studien zeigten dabei Einsparungen im Hinblick auf die Krankheitskosten und die krankheitsbedingten Fehlzeiten. Maßnahmen der Betrieblichen Gesundheitsförderung führen hiernach im Durchschnitt zu einer Reduktion der Krankheitskosten um 26,1 %. Die krankheitsbedingten Fehlzeiten werden um 26,8 % verringert. Der Umfang des „Return on Investment" (RoI) wird für die Krankheitskosten mit 1:2,3 bis 1:5,9 angegeben. Je nach Studie beträgt der RoI bei den Fehlzeiten zwischen 1:2,5 und 1:10. Einen positiven RoI zeigen insbesondere Mehrkomponenten-Programmen, multifaktorielle, umfassende Programme und Programme, die auf Beschäftigte mit hohen Gesundheitsrisiken ausgerichtet sind.

Kosteneffizient im Hinblick auf die Fehlzeiten sind

- Programme zur Raucherentwöhnung,
- Programme zur Alkoholprävention,
- Programme zur Prävention psychischer Erkrankungen und
- Programme zur Stressprävention, die individuelle mit organisatorischen Maßnahmen kombinieren.

- Nur begrenzte Evidenz besteht im Hinblick auf die Kosteneffizienz von körperlichen Übungsprogrammen.

Weitere Informationen zur Frage „Für wen lohnt sich BGF bzw. BGM und warum?“ finden Sie in „Lohnt sich Betriebliche Gesundheitsförderung? Ökonomische Indikatoren und Effizienzanalysen“ von Wolfgang Bödeker (2017).

12.4 Evaluation von BGM-Maßnahmen

Im Bereich des Betrieblichen Gesundheitsmanagements versteht man unter einer *Evaluation* die systematische Anwendung von wissenschaftlichen Forschungsmethoden zur Beurteilung der Planung, Ausgestaltung, Umsetzung und des Nutzens von BGM-Maßnahmen. Idealerweise sollten somit alle BGM-Maßnahmen nicht nur einer Erfolgskontrolle *(Ergebnisevaluation)* unterzogen werden, sondern auch schon während der Planung und Durchführung auf ihre Stärken und Schwächen hin bewertet werden *(Prozessevaluation)*, sodass die Maßnahmen bereits während ihrer Laufzeit verbessert werden können.

Es gibt verschiedene Kriterien, die zur Evaluation einer BGM-Maßnahme herangezogen werden können. Hierzu gehören z.B. die *Effektivität* (*Wirksamkeit*, Kap. 12.2) und die *Geeignetheit* der Maßnahmen. Es kann also danach gefragt werden, ob die Maßnahmen geeignet waren, um die gesetzten Ziele zu erreichen, ob sie wirksam waren und ob bzw. in welchem Umfang die generellen und spezifischen Ziele dann auch erreicht wurden. Ein wichtiger Punkt ist auch die *Akzeptanz* der Maßnahmen. Für den Erfolg der Maßnahmen ist es von entscheidender Bedeutung, ob die Maßnahmen von den Zielpersonen langfristig angenommen wurden. Das Kriterium *Chancengleichheit* beurteilt, ob die angebotenen Maßnahmen allen Gruppen der Belegschaft (Männer/Frauen, Junge/Alte, Führungskräfte/einfache Arbeitnehmer, Personen mit/ohne Migrationshintergrund etc.) gleichermaßen angeboten und von ihnen in gleichem Umfang in Anspruch genommen wurden. Eine Ausnahme bilden hier Maßnahmen, die sich bewusst nur an eine dieser Gruppen richten. Für das Unternehmen ist das wichtigste Kriterium jedoch in der Regel die *Effizienz* (s. Kap. 12.3), die danach schaut, ob Zeit, Geld und andere Ressourcen im Verhältnis zum erreichten Nutzen adäquat eingesetzt wurden.

In der Regel werden im Rahmen der Ergebnisevaluation quantitative Methoden wie Fragebögen, objektive Messungen, quantitative Veränderungen verschiedener Gesundheitsindikatoren[48] etc. eingesetzt. Mit ihrer Hilfe können Ergebnisse in Zahlen ausgedrückt und statistisch berechnet werden. Aus Kostengründen werden Evaluationen oftmals intern, d.h. von den am Projekt beteiligten Personen ausgeführt. Kostspieliger ist meist eine externe Evaluation, die durch nicht zum Betrieb gehörende Berater durchgeführt wird. Externe Evaluatoren sind in der Regel dem Projekt gegenüber unvoreingenommen, erfahrener in der Durchführung von Evaluationen und können zudem neue

48 *Indikator:* Anzeichen für eine bestimmte Entwicklung oder einen eingetretenen Zustand.

Gesichtspunkte mit einbringen. Diese Form der Begutachtung ist daher der internen Evaluation vorzuziehen. Näheres zur Evaluation s. a. Elkeles und Beck (2017).

Aufgabe 12

12.1 Sind wissenschaftliche Evidenz, Effektivität und Effizienz bei BGM-Maßnahmen Ihrer Ansicht nach auch für die Zielpersonen dieser Maßnahmen – die Beschäftigten des Unternehmens – von Bedeutung?

12.2 Wählen Sie bitte eine einzelne BGM-Maßnahme aus, die Sie in Ihrem Betrieb/Ihrer Institution/Ihrer Abteilung umsetzen möchten. Beschreiben Sie dazu jeweils, wie Sie die Effektivität und die Effizienz dieser Maßnahme berechnen können!

Lösungsvorschläge zu den Aufgaben

13 Lösungsvorschläge zu den Aufgabenstellungen

Im Folgenden finden Sie Lösungsvorschläge für die im Text gestellten Aufgaben. Selbstverständlich können diese Lösungsvorschläge nur Hinweise darauf geben, wie man die Fragen beantworten könnte. Die Antworten sind z. T. bewusst sehr ausführlich gehalten, um Ihnen Hinweise zu geben, welche Aspekte hier von Bedeutung sein können. Insbesondere bei den Aufgaben, bei denen nach konkreten Beispielen aus Ihrer Erfahrungswelt gefragt wird bzw. die von Ihnen eine (theoretische) Umsetzung eines Lerninhaltes in Ihr persönliches Umfeld erwarten, können die hier genannten Antworten nur als Beispiele verstanden werden, an denen Sie sich orientieren können.

13.1 Antwort zu Aufgabe 1

Aufgabe 1

Befragen Sie bitte die Mitarbeiter in Ihrem Betrieb/Ihrer Institution/Ihrer Hochschule mithilfe eines kleinen Fragebogens,

1. ob der demografische Wandel ihrer Ansicht nach bereits Einfluss auf ihre konkrete Arbeitswelt hat,
2. ob sie auch von den in Kap. 1 beschriebenen Änderungen im Bereich der Arbeitswelt betroffen sind und
3. ob sie bereits gesundheitliche Auswirkungen der unter 1. und 2. genannten Veränderungen bemerkt haben.

Wenn Sie in einer größeren Firma/Institution arbeiten, machen Sie die Umfrage bitte in Ihrer Abteilung. Bei kleinen Firmen/Institutionen befragen Sie die ganze Belegschaft. Studierende befragen die Beschäftigten der Hochschule.

In Abbildung 13-1 finden Sie ein Beispiel für einen kleinen Fragebogen, mit dessen Hilfe Sie Ihre Kollegen befragen könnten. Da viele von Ihnen vielleicht keine oder nur wenige Kenntnisse im Bereich der Fragebogenerstellung haben, soll dies ein erstes Beispiel dafür sein, wie man eine solche Umfrage sinnvollerweise gestalten könnte.

Nachdem Sie die Befragung durchgeführt haben, werden nun die ausgefüllten Kurzfragebogen ausgewertet. Wir nehmen dazu an, dass an Ihrer Umfrage 36 Kollegen teilgenommen hätten (n = 36).

Kurzfragebogen zum Thema
Arbeitssituation und ihre gesundheitlichen Auswirkungen

Herzlichen Dank, dass Sie sich bereit erklärt haben, unseren Kurzfragebogen zum Thema Arbeitssituation und ihre gesundheitlichen Auswirkungen auszufüllen. Der Fragebogen enthält insgesamt drei Fragen. Das Ausfüllen des Fragebogens wird nur etwa zwei Minuten dauern. Beantworten Sie bitte alle Fragen.

Kreuzen Sie bitte bei den folgenden Fragen die für Sie zutreffende(n) Antwort(en) an.

1. Ich bin der Ansicht, dass es in diesem Unternehmen bereits Auswirkungen des demografischen Wandels gibt, die Einfluss auf die konkrete Arbeitssituation haben. [Unter dem Demografischen Wandel versteht man hier eine Änderungen in der Alterszusammensetzung der Bevölkerung aufgrund der durchschnittlich längeren Lebenszeit und der relativ geringen Geburtenzahl.]

☐ Ja ☐ Nein ☐ Kann ich nicht beurteilen, da ich erst seit Kurzem hier arbeite.

2. Welche der folgenden Aussagen treffen auf Ihre konkrete Arbeitssituation zu? (Mehrfachantworten möglich)

☐ Das Durchschnittsalter der Kollegen in meiner Abteilung ist in den letzten Jahren angestiegen.
☐ Der Termin- und/oder Leistungsdruck hat in den letzten Jahren deutlich zugenommen.
☐ Die Informationsüberflutung (z.B. durch E-Mails) und die Zahl der Arbeitsunterbrechungen haben in den letzten Jahren deutlich zugenommen.
☐ Ich arbeite erst seit Kurzem hier und kann dazu nichts sagen.

3. Welche gesundheitlichen Auswirkungen Ihrer konkreten Arbeitssituation konnten Sie bisher feststellen? (Mehrfachantworten möglich)

☐ In den letzten beiden Jahren fielen Kollegen aufgrund chronischer körperlicher Erkrankungen langfristig aus.
☐ In den letzten beiden Jahren fielen Kollegen aufgrund psychischer Erkrankungen langfristig aus.
☐ Ich fühle mich durch die Arbeitssituation häufig gestresst.
☐ Auch ich hatte bereits unter den gesundheitlichen Folgen einer verschärften Arbeitssituation zu leiden.
☐ Ich arbeite erst seit Kurzem hier und kann dazu nichts sagen

Herzlichen Dank, dass Sie diesen Fragebogen ausgefüllt haben!

Abbildung 13–1: Beispiel für einen Kurzfragebogen.

Antworten der Kollegen auf Frage 1

Von den 36 befragten Kollegen waren 25 (= 69,4 %) der Ansicht, dass der demografische Wandel bereits Auswirkungen auf die konkrete Arbeitssituation im Unternehmen hat. Neun Kollegen (= 25,0 %) waren nicht dieser Ansicht, ein Kollege konnte dies nicht beurteilen, da er erst seit Kurzem in der Abteilung arbeitete (= 2,8 %) und ein Kollege hatte bei dieser Frage gar nichts angekreuzt (= 2,8 %). Tabelle 13-1 fasst die Ergebnisse zu dieser Frage zusammen und Abbildung 13-2 macht sie grafisch sichtbar.

Tabelle 13-1: Antworten auf Frage 1: Gibt es im Unternehmen bereits Auswirkungen des demografischen Wandels, die Einfluss auf die konkrete Arbeitssituation haben (n = 36).

	n	%
Ja, ich bin der Ansicht, dass es in meinem Unternehmen bereits Auswirkungen des demografischen Wandels gibt, die Einfluss auf die konkrete Arbeitssituation haben.	25	69,4
Nein, ich bin nicht der Ansicht, dass es in meinem Unternehmen bereits Auswirkungen des demografischen Wandels gibt, die Einfluss auf die konkrete Arbeitssituation haben.	9	25,0
Kann ich nicht beurteilen, da ich erst seit Kurzem hier arbeite.	1	2,8
Keine Angabe.	1	2,8
Gesamt	36	100,0

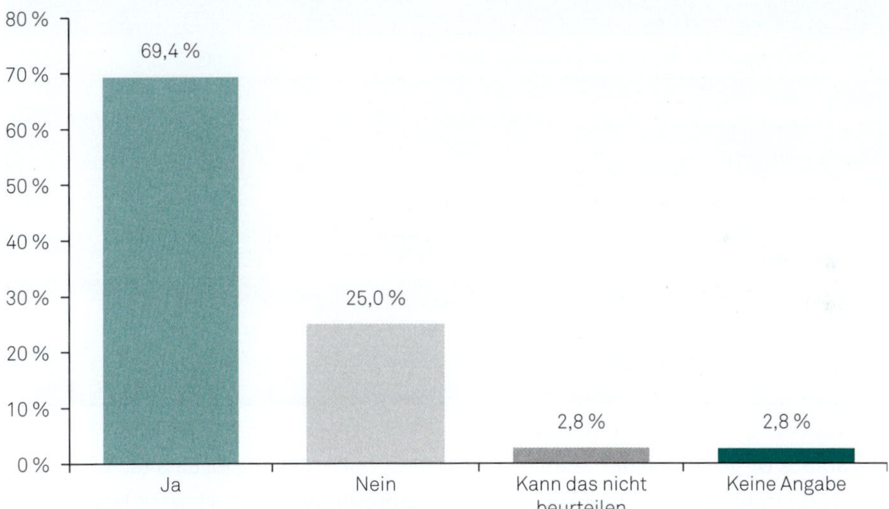

Abbildung 13-2: Antworten auf Frage 1: Gibt es im Unternehmen bereits Auswirkungen des demografischen Wandels, die Einfluss auf die konkrete Arbeitssituation haben (n = 36).

Antworten der Kollegen auf Frage 2

Tabelle 13-2 fasst die Antworten zu dieser Frage zusammen und Abbildung 13-3 macht sie grafisch sichtbar. Von den 36 befragten Kollegen kreuzte ein Kollege an, dass er erst seit Kurzem dort arbeite und daher die einzelnen Fragenteile nicht beantworten konnte.

Knapp 70 % der Befragten gaben an, dass das Durchschnittsalter in der Abteilung in den letzten Jahren angestiegen sei, 25 % verneinten dies. Als Interpretationsmöglichkeiten für diese Antwort bieten sich folgende Ansätze an: Möglicherweise ist es den Kollegen, die hier mit Nein geantwortet haben, bisher nicht aufgefallen, dass das Durchschnittsalter in den letzten Jahren anstieg. Oder: Vielleicht arbeiten sie noch nicht so lange dort, sodass sie bei der Beantwortung der Frage einen kürzeren Zeitraum betrachtet haben („In den letzten Jahren" ist keine klare Festlegung. Es wäre hier also sinnvoller gewesen, im Fragebogen eine konkrete Zahl an Jahren zu nennen!). Oder: Die Befragten gehören vielleicht gar nicht alle einer Abteilung an, und die Altersstruktur könnte in den verschiedenen Abteilungen oder Arbeitsgruppen unterschiedlich sein.

Knapp 95 % der Befragten stellten eine deutliche Zunahme des Termin- und/oder Leistungsdrucks in den letzten Jahren fest, nur ein Kollege verneinte dies. Falls wir mit unserem Fragebogen alle Mitarbeiter einer/mehrerer Abteilung/en oder eine repräsentative[49] Stichprobe hiervon befragt hätten, dann hieße dies, dass eine solche Zunahme wohl fast ausnahmslos über alle Altersstufen, Berufe und Hierarchieebenen der Abteilung/en festgestellt wurde.

Tabelle 13–2: Antworten auf Frage 2 zu Änderungen der konkreten Arbeitssituation (n = 36).

	Ja		Nein		Keine Angabe		Gesamt	
	n	%	n	%	n	%	n	%
					n		%	
Ich arbeite erst seit Kurzem hier und kann dazu nichts sagen.					1		2,8 %	
Das Durchschnittsalter der Kollegen in meiner Abteilung ist in den letzten Jahren angestiegen.	25	69,4	9	25,0	1	2,8	35	97,2
Der Termin- und/oder Leistungsdruck hat in den letzten Jahren deutlich zugenommen.	34	94,4	1	2,8	0	0,0	35	97,2
Die Informationsüberflutung und die Zahl der Arbeitsunterbrechungen haben in den letzten Jahren deutlich zugenommen.	29	80,6	2	5,5	4	11,1	35	97,2

Mit 80,6 % ist der Anteil der Befragten auch recht hoch, der angab, dass die Informationsüberflutung bzw. die Anzahl der Arbeitsunterbrechungen in den letzten Jahren deutlich zugenommen hat. Wenn hier z. B. die zunehmend in der Kommunikation eingesetzten IT-Möglichkeiten eine Rolle spielen, dann wären wahrscheinlich v. a. die Mitarbeiter hiervon betroffen, bei denen solche Kommunikationsmöglichkeiten im Arbeitsprozess eingesetzt werden. Mitarbeiter, bei denen dies keine große Rolle spielt, wären weniger betroffen und hätten die Frage dann dementsprechend für sich verneint.

49 *Repräsentative Stichprobe:* Die Stichprobe weist in bestimmten Merkmalen wie Alter, Geschlecht, Gesundheitszustand, Ausbildung, Berufe, Hierarchieebenen etc. eine ähnliche Struktur auf wie die Grundgesamtheit, über die eine Aussage gemacht werden soll. Eine solche Grundgesamtheit wäre dann z. B. die gesamte Abteilung, das gesamte Unternehmen oder alle Unternehmen einer bestimmten Sparte.

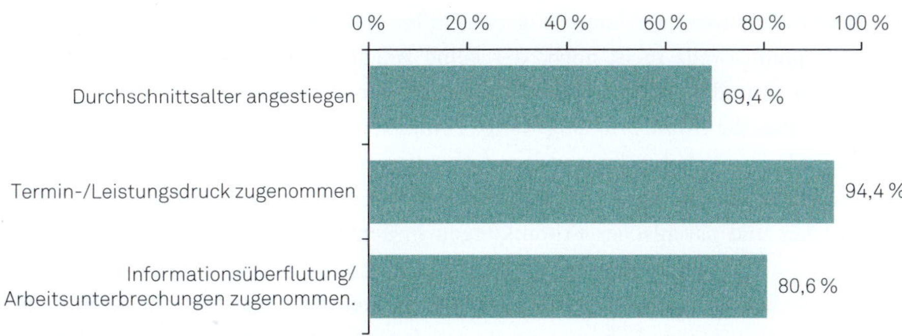

Abbildung 13–3: Antworten auf Frage 2 zur konkreten Arbeitssituation der Befragten in den letzten Jahren – hinsichtlich des Durchschnittsalters der Beschäftigten, des Termin- und/oder Leistungsdrucks sowie der Informationsüberflutung/Zahl der Arbeitsunterbrechungen am Arbeitsplatz (n = 36).

Antworten der Kollegen auf Frage 3

Auch hier fasst eine Tabelle die Ergebnisse zur Frage zusammen (s. Tabelle 13-3). Von den 36 befragten Kollegen kreuzte wiederum ein Kollege an, dass er erst seit Kurzem hier arbeite und daher die genannten Aussagen nicht beurteilen könne.

Tabelle 13–3: Antworten auf Frage 3 zu Änderungen der konkreten Arbeitssituation (n = 36).

	Ja		Nein		Keine Angabe		Gesamt	
	n	%	n	%	n	%	n	%
					n		%	
Ich arbeite erst seit Kurzem hier und kann dazu nichts sagen.					1		2,8 %	
1. In den letzten beiden Jahren fielen Kollegen aufgrund chronischer körperlicher Erkrankungen langfristig aus.	26	72,2	1	2,8	8	22,2	35	97,2
2. In den letzten beiden Jahren fielen Kollegen aufgrund psychischer Erkrankungen langfristig aus.	23	63,9	2	5,5	10	27,8	35	97,2
3. Ich fühle mich durch meine Arbeitssituation häufig gestresst.	33	91,7	2	5,5	0	0,0	35	97,2
4. Auch ich hatte bereits unter den gesundheitlichen Folgen einer verschärften Arbeitssituation zu leiden.	16	44,4	17	47,2	2	5,5	35	97,1[50]

Fast drei Viertel der Befragten (72,2 %) gaben an, dass in den letzten beiden Jahren Kollegen aufgrund chronischer körperlicher Erkrankungen ausgefallen waren. Zudem kreuzten 63,9 % der Befragten an, dass in den letzten beiden Jahren Kollegen aufgrund

50 Der Wert von 97,1 % kommt durch das Abrunden der hier zusammengefassten Zahlen zusammen.

psychischer Erkrankungen langfristig ausgefallen seien. Hier war allerdings der Anteil der Befragten jeweils recht hoch, der keine Angabe machen konnte (22,2% bzw. 27,8%). Ein Grund hierfür könnte sein, dass es zwar langfristige Fehlzeiten gab, diese Befragten aber die Gründe für langfristige Fehlzeiten bei ihren Kollegen nicht kannten. Insgesamt lassen sich die Antworten auf die genannten Fragen so interpretieren, dass es tatsächlich in den letzten beiden Jahren langfristige Fehlzeiten aufgrund chronischer körperlicher und psychischer Erkrankungen in der/den Abteilung/en der Befragten gab.

Fast alle Befragten (91,7%) fühlten sich durch ihre Arbeit gestresst. Dies stimmt mit den Antworten auf Frage 2 überein, wo 94,4% der Befragten angaben, dass der Termin- bzw. Leistungsdruck zugenommen habe und 80,6% zudem ankreuzten, dass auch die Informationsüberflutung und/oder die Anzahl der Arbeitsunterbrechungen angestiegen seien. Beide Bereiche können zur Entstehung von Stress beitragen. Eine Folge hiervon könnte sein, dass 44,4% der Befragten der Ansicht waren, dass sie bereits unter den gesundheitlichen Folgen einer verschärften Arbeitssituation zu leiden hatten (s. Abbildung 13-4 und Abbildung 13-5).

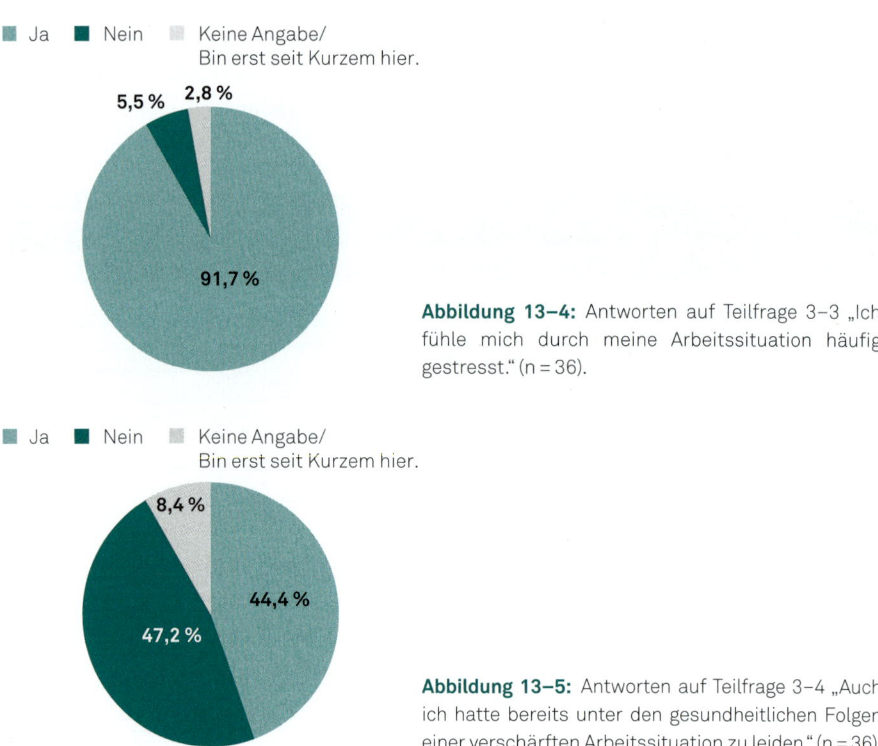

Abbildung 13-4: Antworten auf Teilfrage 3-3 „Ich fühle mich durch meine Arbeitssituation häufig gestresst." (n = 36).

Abbildung 13-5: Antworten auf Teilfrage 3-4 „Auch ich hatte bereits unter den gesundheitlichen Folgen einer verschärften Arbeitssituation zu leiden." (n = 36).

Bitte denken Sie bei der Interpretation der Daten daran, dass die hier vorgestellten Ergebnisse auf der Basis unserer angenommenen Daten nur Aussagen über die Gruppe der Befragungsteilnehmer machen können. Es können keine Aussagen darüber gemacht werden, wie die Beschäftigten des (fiktiven) Unternehmens *insgesamt* geantwortet hätten. *Allerdings:* Je mehr Beschäftigte den Fragebogen ausgefüllt haben (d.h. je höher der Prozentsatz der

Beschäftigten war, der an der Befragung teilgenommen hat), desto höher ist die Wahrscheinlichkeit, dass die Aussagen auch auf die Gesamtheit der Beschäftigten zutreffen.

13.2 Antwort zu Aufgabe 2

Aufgabe 2

Überlegen Sie sich bitte weitere Beispiele für

a. Maßnahmen der Gesundheitsförderung am Arbeitsplatz,
b. Maßnahmen der Primär-, Sekundär- und Tertiärprävention am Arbeitsplatz,
c. Maßnahmen der Verhältnis- und der Verhaltensprävention am Arbeitsplatz!

Im Folgenden finden Sie einige Beispiele für Maßnahmen der Gesundheitsförderung und für Maßnahmen der verschiedenen Formen von Prävention, jeweils bezogen auf den Bereich der Arbeit. Dabei sollten Sie beachten, dass es das Hauptziel von Gesundheitsförderung in den Unternehmen ist, mehr Gesundheit bei den Beschäftigten zu erreichen, während die verschiedenen Formen der Prävention v. a. darauf abzielen, die Entstehung und das Fortschreiten bestimmter Erkrankung zu verhindern. Allerdings gibt es z. B. zwischen den Maßnahmen der Gesundheitsförderung und der Primärprävention fließende Übergänge. Zu den Maßnahmen der Gesundheitsförderung können grundsätzlich auch präventive Maßnahmen gehören. Maßnahmen der Primär- oder der Tertiärprävention können sowohl verhältnis- als auch verhaltenspräventiv sein etc.

a. Beispiele für Maßnahmen der Gesundheitsförderung am Arbeitsplatz

Maßnahmen zur Verbesserung des Betriebsklimas; Angebot gesunder Kantinenkost; Bewegungsangebote während der Arbeitszeit; Angebot von Betriebssport; transparente Kommunikation im Unternehmen; gesundheitsfördernde Arbeitsplatzgestaltung.

b. Beispiele für Maßnahmen der Primär-, Sekundär- und Tertiärprävention am Arbeitsplatz

Maßnahmen der Primärprävention

Kostenlose Grippeschutzimpfung für die Beschäftigten und ihre Angehörigen im Unternehmen; gesundes Nahrungsmittelangebot in der Kantine (= primärpräventiv für normalgewichtigen Menschen); Maßnahmen des betrieblichen Unfallschutzes; Mutterschutzmaßnahmen; Nichtraucher-Schutzmaßnahmen; Verbot von Alkohol am Arbeitsplatz (= primärpräventiv für Menschen ohne Alkoholprobleme) etc.

Maßnahmen der Sekundärprävention

Kostenlose Gesundheitsuntersuchung „Check-up 35“ zur Früherkennung v.a. von Herz-Kreislauf-Erkrankungen, Nierenerkrankungen und Diabetes mellitus Typ 2; Maßnahmen zur Früherkennung von problematischem Alkoholkonsum etc.

Maßnahmen der Tertiärprävention

Unterstützung bei der Inanspruchnahme von Reha-Leistungen bei Betriebsangehörigen mit bereits bestehenden Folgeerkrankungen; berufliche Wiedereingliederung (Return-to-Work) nach längerer Erkrankung; gesundes Nahrungsmittelangebot in der Kantine (= tertiärpräventiv für adipöse Beschäftigte mit bereits bestehenden Folgeerkrankungen); Verbot von Alkohol am Arbeitsplatz (= tertiärpräventiv für „trockene“ Alkoholiker und Menschen mit Alkoholfolgeerkrankungen) etc.

c. Beispiele für Maßnahmen der Verhältnis- und der Verhaltensprävention am Arbeitsplatz

Maßnahmen der Verhältnisprävention

Maßnahmen der gesundheitsgerechten, ergonomischen Arbeitsplatzgestaltung (s. Kap. 8.1); Maßnahmen der Arbeitsorganisation (s. Kap. 8.2); Maßnahmen der Arbeitszeitgestaltung (s. Kap. 8.3); Angebot von gesunden Nahrungsmitteln am Kiosk; Bereitstellen eines Trinkwasserspenders; Bereitstellung von überdachten Fahrradständern; Verbot des Aufstellens eines Zigarettenautomaten; Einrichten eines Freizeit- und Fitnessraums auf dem Firmengelände etc.

Maßnahmen der Verhaltensprävention

Erlernen von Entspannungstechniken (Progressive Muskelentspannung/PME, Yoga etc.); Teilnahme an Kochkursen (Kochen mit gesunden Nahrungsmitteln); regelmäßige Teilnahme am Betriebssport (Fußball, Tischtennis, Wandern etc.); Teilnahme an Kursen zur Tabakentwöhnung.

13.3 Antwort zu Aufgabe 3

Aufgabe 3

Schauen Sie sich bitte die in der Dokumentation auf S. 30 zitierten Abschnitte aus dem Entwurf eines Gesetzes zur Stärkung der Gesundheitsförderung und der Prävention (PrävG; Deutschland) etwas genauer an. Wo sehen Sie hier Ansatzpunkte der Gesundheitsförderung und wo Ansatzpunkte der (Krankheits-)Prävention?

Gesundheitsförderung

Der auszugsweise in der Dokumentation auf S. 30 zitierte Text verwendet viele Begriffe aus dem Bereich der *Gesundheitsförderung*. So nennt er nicht nur explizit die Begriffe „Gesundheitsförderung" und „Betriebliche Gesundheitsförderung", sondern weist auch auf die „Lebenswelten" (Settings) der Bürgerinnen und Bürger hin, in denen Gesundheitsförderung (und Prävention) stattfinden soll. Er spricht von der Lebenswelt „Arbeit" und einer „gesundheitsfördernden Unternehmenskultur" in den Betrieben, die alle Altersgruppen einbeziehen soll, sowie von Arbeitsplätzen, die den Bedürfnissen der älter werdenden Belegschaft entsprechen. Nach Ansicht der Autoren des Gesetzes bedarf es betrieblicher Maßnahmen zum Schutz und zur Förderung der körperlichen und psychischen Gesundheit, die als ganzheitlicher Gesundheitsschutz eng mit den Maßnahmen des Arbeitsschutzes verknüpft sein sollen. Der Text weist zudem darauf hin, dass die Betriebsräte (als Vertreter der Belegschaft in einem Unternehmen) Verantwortung für den Gesundheitsschutz tragen und daher auch die (sich auf die Gesundheit auswirkenden) Arbeitsbedingungen mitgestalten sollen. Auch die Beschäftigten sind verpflichtet, für ihre Sicherheit und Gesundheit Sorge zu tragen.

Prävention

Weiterhin findet sich in den Textabschnitten auch die *Prävention* als wichtiges Erfordernis in der geänderten Arbeitswelt. Der Text spricht in diesem Zusammenhang auch von einem Wandel des Krankheitsspektrums hin zu chronisch-degenerativen und psychischen Erkrankungen. Der zentrale Punkt, der auf den Bereich der Prävention hinweist, ist jedoch die Festlegung der Sozialversicherungsträger und privaten Kranken- und Pflegeversicherungen als wichtige Akteure und Kostenträger im Bereich der Betrieblichen Gesundheitsförderung und Prävention. Zudem nennt der Text Betriebsärzte und Sicherheitsfachkräfte als die hierfür zuständige Stellen. Kranken- und Pflegekassen und ihre Mitarbeiter sind in der Praxis allerdings noch immer fast ausschließlich auf die Therapie sowie auf die Verhinderung der Entstehung und des Fortschreitens von Krankheiten (= Prävention) ausgerichtet. Ihnen fehlen Mitarbeiter, die mit den Inhalten der Gesundheitsförderung, also mit der Stärkung der Gesundheitsressourcen und -potenziale der Menschen vertraut sind. Das Gleiche gilt für die Betriebsärzte und Sicherheitsfachkräfte, die die Betriebliche Gesundheitsförderung nach dem Willen des Präventionsgesetzes in den Betrieben mit umsetzen sollen.

13.4 Antwort zu Aufgabe 4

Aufgabe 4

Eine Mitarbeiterin einer sozialen Einrichtung berichtet Ihnen, dass in ihrer Einrichtung bereits ein Betriebliches Gesundheitsmanagement (BGM) etabliert wurde. Sie fragen interessiert nach, welche Maßnahmen dort in diesem Zusammenhang ergriffen wurden. Die Mitarbeiterin erzählt Ihnen, dass in der Einrichtung nun jährlich ein Gesundheitstag stattfindet. Außerdem werden Fitnessprogramme und Yoga zur Stressprävention angeboten.
Bitte erläutern Sie, warum es sich bei den angeführten Maßnahmen um BGF-Einzelmaßnahmen, nicht um ein Betriebliches Gesundheitsmanagement handelt!

Beim Betrieblichen Gesundheitsmanagement (BGM) handelt es sich idealerweise um ein für das gesamte Unternehmen erarbeitete Gesundheitskonzept, für das generelle und spezifische gesundheitsfördernde Ziele definiert werden. Die Ziele werden auf die Situation im Betrieb zugeschnitten und gemeinsam mit den Betriebsangehörigen und anderen zuständigen Akteuren festgelegt. Die Beteiligten werden auch in die detaillierte Planung und Umsetzung der entsprechenden Maßnahmen einbezogen. Anders als die Einzelmaßnahmen oder -projekte der Betrieblichen Gesundheitsförderung können und sollen die sich ergänzenden BGM-Maßnahmen in ganz unterschiedlichen Bereichen im Unternehmen ansetzen. Dabei handelt es sich sowohl um verhältnis- als auch um verhaltensorientierte Maßnahmen, die nicht in Form eines einmaligen Projektes, sondern nachhaltig umgesetzt werden sollen. Bei der Planung und Umsetzung sollte man sich idealerweise an den vorliegenden wissenschaftlichen Erkenntnissen zur Effektivität (= Maß für die Wirksamkeit) und Effizienz (= Wirkungsgrad; Verhältnis von Nutzen und Wirkung) von Maßnahmen des Betrieblichen Gesundheitsmanagements orientieren. Wichtig ist es zudem, dass die Maßnahmen schon während der Durchführung auf ihre Stärken und Schwächen hin bewertet werden (= Prozessevaluation) und anschließend eine Erfolgskontrolle (= Ergebnisevaluation) stattfindet.

Bei den von der Mitarbeiterin einer sozialen Einrichtung geschilderten Maßnahmen (jährlicher Gesundheitstag, Angebot von Fitnessprogrammen und Yoga zur Stressprävention) handelt es sich um Einzelmaßnahmen der Betrieblichen Gesundheitsförderung, die wahrscheinlich nicht Teile eines gesundheitsfördernden Gesamtkonzeptes sind und auch nicht auf die Situation vor Ort zugeschnitten wurden. Wie auch hier handelt es sich dabei in der Regel um überwiegend verhaltensorientierte Maßnahmen und Aktionen, die meist ohne die Beteiligung der Belegschaft und anderer zuständiger Akteure geplant und verwirklicht werden. Sie sind oft nicht effektiv (wirksam) und damit auch nicht effizient (kein optimales Kosten-Nutzen-Verhältnis). Als Folge daraus werden sie dann auch meist nicht nachhaltig im Firmengeschehen verankert. Eine Prozess- und/oder Ergebnisevaluation findet in der Praxis nur in den seltensten Fällen statt.

Um den Unterschied zwischen einem Betrieblichen Gesundheitsmanagement und einzelnen BGF-Maßnahmen zu verdeutlichen, werden in Tabelle 13-4 Beispiele für verschiedene BGM-Maßnahmen angeführt, die alle gemeinsam das generelle Ziel haben, die Gesundheit der Beschäftigten in einer Friseur-Filiale zu verbessern:

Tabelle 13–4: Beispiele für verschiedene BGM-Maßnahmen, die alle gemeinsam das generelle Ziel haben, die Gesundheit der Beschäftigten in einer Friseur-Filiale zu verbessern.

Spezifisches Ziel	BGM-Maßnahme
Verhinderung von Ansteckungen und Hautschäden bei den Mitarbeitern	Verbindliches Tragen von Handschuhen bei der Arbeit mit Färbemitteln und anderen potenziell hautschädigenden Substanzen
	Aufklärung und Möglichkeiten der praktischen Umsetzung zum Thema Hautschutz- und Händehygiene
Verringerung der Zahl der Erkrankungen des Bewegungsapparates bei den Mitarbeitern	Richtiges Schuhwerk für die Beschäftigten (bequem, rutschfest, mit ausreichendem Halt etc.)
	Aufklärung darüber, wie wichtig es für die Beschäftigten ist, auch während der Arbeit immer wieder die Möglichkeiten zum Sitzen zu nutzen
	Ergonomisch gestaltete Sitzgelegenheiten für Beschäftigte
	Angebot von Bewegungsprogrammen, die speziell auf Stehberufe zugeschnitten sind
Verringerung von Stressempfindungen und Stressfolgeerkrankungen bei den Mitarbeitern	Ansprechend gestalteter Pausenraum; feste Regelung und Einhaltung der Pausenzeiten, die ausreichend Zeit für Essen und Entspannung gewährleisten
	Gemeinsame Gestaltung des Dienstplanes und der Urlaubszeiten, um Stress durch Konflikte zwischen Beruf und Familienarbeit zu vermeiden
	Kurse zum Umgang mit schwierigen Kunden (→ Stressvermeidung)
Verringerung der Zahl der Raucher unter den Mitarbeitern und Verhinderung von möglichen Folgeerkrankungen des Rauchens	Unterstützung bei der Inanspruchnahme von Rauchstopp-Kursen
	Abschaffung von Raucherpausen
Verringerung der Zahl übergewichtiger/adipöser Mitarbeiter und Verringerung von Adipositas-Folgeerkrankungen	Kein Fastfood mehr, sondern gesunde Ernährung zum Mittagessen

13.5 Antwort zu Aufgabe 5

Aufgabe 5

Sie haben sich in den letzten Monaten bereits des Öfteren mit Ihren Kolleginnen und Kollegen darüber ausgetauscht, welche gesundheitsfördernden Maßnahmen an Ihrem Arbeitsplatz im Bereich der Altenpflege sinnvoll sein könnten.

a. Entscheiden Sie sich bitte für eine gesundheitsfördernde Maßnahme.
b. Beschreiben Sie nun für dieses Beispiel anhand des Public Health Action Cycles die wichtigsten Planungsschritte, von der Problemdefinition über die Zielformulierung, das Finden von passenden Strategien und Methoden, die Umsetzung (Implementierung) der Maßnahme bis hin zur Evaluation und den daraus ableitbaren Folgen.

Sie haben gemeinsam mit Ihren Kolleginnen und Kollegen beschlossen, sich an Ihrem Arbeitsplatz in der Altenpflege für die Etablierung eines Betrieblichen Gesundheitsmanagements einzusetzen. In diesem Rahmen sollen dann generelle und spezifische Ziele der Gesundheitsförderung und Prävention festgelegt werden. Ihnen ist klar, dass das Betriebliche Gesundheitsmanagement nur dann gut funktionieren und die entsprechenden Maßnahmen auch nur dann langfristig erfolgreich in Ihrer Arbeitswelt umgesetzt werden können, wenn alle Beteiligten in die Planung und Umsetzung mit einbezogen werden *(Partizipation)*.

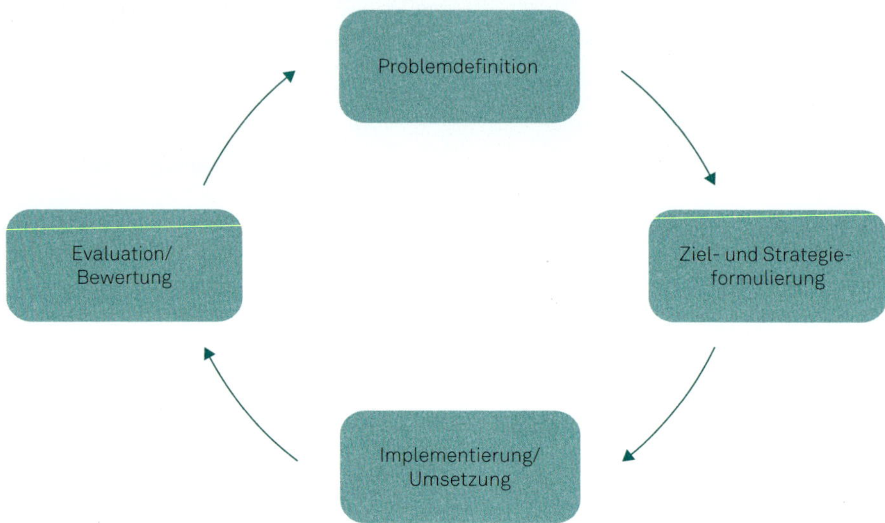

Abbildung 13–6: Public Health Action Cycle.

Problemdefinition

Nach dem *Public Health Action Cycle* (s. Abbildung 13-6) werden nun zuerst einmal die vorhandenen Probleme definiert. Dies kann z. B. im Rahmen eines Workshops oder einer Befragung der Beschäftigten geschehen. Sie haben diesen Schritt bereits während Ihres Austauschs mit Ihren Kolleginnen und Kollegen erledigt. Alle stimmen darin überein, dass das vorrangigste gesundheitsrelevante Problem in Ihrer Einrichtung derzeit der Stress ist, den die Beschäftigten empfinden und der bereits zu vielen langfristigen Fehlzeiten und zu einigen Kündigungen geführt hat.

Nach der Festlegung des zuerst zu behandelnden Problems (Stress) werden nun die Ziele formuliert, die Sie in diesem Bereich mithilfe der noch festzulegenden BGM-Maßnahmen erreichen möchten. Bei der Zielformulierung unterscheidet man generelle von spezifischen Zielen.

a. Generelles Ziel im Bereich „Stress" (= das, was grundsätzlich erreicht werden soll):
   - Verringerung von Stressempfindungen und Stressfolgeerkrankungen bei den Mitarbeitern der Altenpflegeeinrichtung, in der Sie tätig sind.
b. Spezifische Ziele im Bereich „Stress" (= das, was im Detail realisiert werden soll):
   - Die Zahl der qualifizierten Mitarbeiterinnen und Mitarbeiter (Vollzeitäquivalent) erhöht sich im nächsten halben Jahr dauerhaft um mindestens 8 %.
   - Neue Nichtfachkräfte durchlaufen in Zukunft eine vierwöchige Qualifikationsphase, bevor sie im regulären Dienst eingesetzt werden dürfen. Nichtfachkräfte, die bereits in der Einrichtung tätig sind, erhalten innerhalb des nächsten halben Jahres eine vierwöchige Nachschulung.
   - In den nächsten 8 Wochen wird ein „Springer-Pool" eingerichtet. Die dort tätigen Mitarbeiter sind als Ersatzkräfte z. B. bei krankheitsbedingtem Ausfall ihrer Kollegen vorgesehen.
   - Die Mitarbeiter planen ihre Arbeitszeiten ab jetzt gemeinsam.
   - Innerhalb eines halben Jahres wird ein Konzept zur Verbesserung des Arbeitsklimas in der Einrichtung erarbeitet und umgesetzt.

Finden von Strategien und Methoden

Zu diesen spezifischen Zielen können nun detaillierter Pläne erarbeitet und die für die Umsetzung nötigen Werkzeuge bzw. Hilfsmitteln festgelegt werden (s. Tabelle 13-5).

Tabelle 13-5: Spezifische Ziele und ihre Umsetzung durch detailliertere Pläne, nötige Werkzeuge bzw. Hilfsmittel.

Spezifisches Ziel	Beispiele für Pläne/Werkzeuge/Methoden
Die Zahl der qualifizierten Mitarbeiter (Vollzeitäquivalent) erhöht sich im nächsten halben Jahr dauerhaft um mindestens 8 %.	• Umschichtung des Haushaltsbudgets der Einrichtung, um mehr Geld für die zusätzliche Einstellung von Personal zur Verfügung zu haben. • Kontaktaufnahme zu Abschlussjahrgängen von Altenpflegeschulen. • Kontaktaufnahme zu ehemaligen Mitarbeitern, die jetzt in Elternzeit sind. • Erhöhung des Stundenbudgets interessierter Mitarbeiter. • Stellenanzeigen in regionalen und überregionalen Zeitungen/ Jobbörsen

Tabelle 13–5: Fortsetzung

Spezifisches Ziel	Beispiele für Pläne/Werkzeuge/Methoden
Neue Nichtfachkräfte durchlaufen in Zukunft eine vierwöchige Qualifikationsphase, bevor sie im regulären Dienst eingesetzt werden dürfen. Nicht-Fachkräfte, die bereits in der Einrichtung tätig sind, erhalten innerhalb des nächsten halben Jahres eine vierwöchige Nachschulung.	• Umschichtung des Haushaltsbudgets der Einrichtung, um mehr Geld für die Schulung von Nichtfachkräften zur Verfügung zu haben. • Kontaktaufnahme zu Einrichtungen/Instituten, die eine solche Schulung durchführen können. • Ergänzung der Qualifikationsphase durch Praxiselemente (z. B. anschließendes 2-wöchiges „Mitlaufen“ mit einer Fachkraft im alltäglichen Arbeitsablauf)
In den nächsten 8 Wochen wird ein „Springer-Pool“ eingerichtet. Die dort tätigen Mitarbeiter sind als Ersatzkräfte z. B. bei krankheitsbedingtem Ausfall ihrer Kollegen vorgesehen.	• Umschichtung des Haushaltsbudgets der Einrichtung, um mehr Geld für die Einrichtung eines „Springer-Pools“ zur Verfügung zu haben. • Kontaktaufnahme zu ehemaligen Mitarbeitern, die jetzt in Elternzeit sind, um ihr Interesse an einem Einsatz als „Springer“ zu erkunden. • Befragung der aktuellen Mitarbeiter, um ihr Interesse an einem Einsatz als „Springer“ zu erkunden. • Stellenanzeigen in regionalen und überregionalen Zeitungen/Jobbörsen
Die Mitarbeiter planen ihre Arbeitszeiten ab jetzt gemeinsam.	• Festlegung eines Termins (1 × pro Monat), an dem die Arbeitszeiten der Mitarbeiter im Folgemonat gemeinsam von allen Beschäftigten der Einrichtung festgelegt werden. • Mitarbeiter, die nicht anwesend sein können, können ihre Wunschtermine zuvor schriftlich einreichen. • Ist es nicht möglich die Wunschtermine umzusetzen, müssen die betroffenen Mitarbeiter hierzu gehört werden.
Innerhalb eines halben Jahres wird ein Konzept zur Verbesserung des Arbeitsklimas in der Einrichtung erarbeitet und umgesetzt.	• Es wird eine Befragung unter den Kollegen durchgeführt, um zu ermitteln, wie sie das Arbeitsklima in der Einrichtung einschätzen und welche Maßnahmen sie zur Verbesserung des Arbeitsklimas vorschlagen. • Die Befragung wird von einem neu zu bestimmenden BGM-Beauftragten geplant und umgesetzt. • Die Ergebnisse der Befragung werden der Belegschaft bekannt gegeben. • Auf dieser Basis und auf der Basis der Rechercheergebnisse zu wissenschaftlich fundierten Maßnahmen im Bereich „Arbeitsklima“ wird gemeinsam ein Konzept erarbeitet, dessen Ziel es ist, das Arbeitsklima in der Einrichtung zu verbessern. • Das Konzept wird nun umgesetzt. • Nach einem halben Jahr wird nochmals eine Befragung durchgeführt, um zu ermitteln, ob sich das Arbeitsklima durch die Maßnahmen verbessert hat.

Umsetzung

Um die oben genannten Maßnahmen umzusetzen, müssen die hierfür nötigen materiellen, personellen und finanziellen Ressourcen feststehen. Es muss also noch vor der Umsetzung genau ermittelt werden, wie viel Geld z. B. nötig ist, um die zusätzlichen qualifizierten Mitarbeiter (Vollzeitäquivalent) einzustellen (= finanzielle Ressource) oder wie viel Arbeitszeit eines Mitarbeiters (= personelle Ressource) nötig ist, um das Konzept zur Verbesserung des Arbeitsklimas zu erarbeiten und umzusetzen.

Wenn schon während der Umsetzung Probleme sichtbar werden, die den Erfolg der Maßnahmen beeinträchtigen können, dann müssen der Plan und eventuell auch die hier angewandten Methoden überdacht und den Bedürfnissen in der Realität angepasst werden.

Evaluation

Bereits bei der Umsetzung können also Probleme sichtbar werden. Es ist daher sinnvoll, schon den Vorgang der Planung und Umsetzung der Maßnahmen systematisch zu begutachten (Prozessevaluation) und hier ggf. korrigierend einzugreifen. Nach der Umsetzung soll dann im Rahmen einer Ergebnisevaluation der Erfolg der Maßnahme bewertet werden. Nur dann, wenn die Maßnahme erfolgreich war (wenn beispielsweise im genannten Zeitraum ein Springer-Pool eingerichtet werden konnte **und** die Beschäftigten in einer Befragung auch der Ansicht sind, dass der arbeitsbedingte Stress für sie durch diese Maßnahme geringer geworden ist), sollte die Maßnahme nun verstetigt werden. Dies bedeutet in unserem Beispiel, dass der Springer-Pool dann als dauerhafte Maßnahme der Personalplanung bzw. des Personaleinsatzes bestehen bleibt. Werden bei der Ergebnisevaluation Probleme und Mängel sichtbar und/oder sind die Beschäftigten nicht der Ansicht, dass der arbeitsbedingte Stress für sie durch diese Maßnahme geringer geworden ist, fließt dieses Ergebnis in den Public Health Action Cycle mit ein. Er beginnt nun wieder von vorne mit einer Problemdefinition.

13.6 Antwort zu Aufgabe 6

Aufgabe 6

Ein Kollege, der wie Sie in einem kleineren Industriebetrieb arbeitet, spricht mit Ihnen in der Frühstückspause darüber, dass immer mehr Unternehmen dazu übergehen, ein Betriebliches Gesundheitsmanagement (BGM) einzurichten.

a. Er fragt Sie, warum man eigentlich ein Betriebliches Gesundheitsmanagement in einem Unternehmen braucht und ob dies nicht nur etwas für größere Konzernunternehmen sei?
b. Ihr Kollege möchte auch wissen, welche Rolle die Beschäftigten bei der Etablierung eines Betrieblichen Gesundheitsmanagements spielen oder ob dies ausschließlich eine Angelegenheit der Geschäftsleitung sei?

Warum braucht man ein Betriebliches Gesundheitsmanagement?

Die meisten Menschen verbringen einen großen Teil ihres Lebens im erwerbsfähigen Alter mit Arbeit. Es ist schon lange bekannt, dass die Arbeitssituation einen deutlichen Einfluss auf unsere Gesundheit hat. Da wir aufgrund des demografischen Wandels gezwungen sein werden, zunehmend länger im Arbeitsleben zu verbleiben, die Menschen mit ansteigendem Alter aber auch häufiger an chronischen Erkrankungen leiden, ist es für die Unternehmen noch wichtiger als bisher, sich um die Gesundheit ihrer Beschäftigten zu kümmern. Chronische Erkrankungen können lange Arbeitsausfälle und frühzeitige Verrentungen zur Folge haben. Beides führt zu hohen Kosten für die Unternehmen. Neben der Kostensenkung durch die Reduzierung von Krankheits- und Produktionsausfällen kann ein gut funktionierendes Betriebliches Gesundheitsmanagement aber auch zur Förderung der Leistungsfähigkeit der Mitarbeiter und damit zu einer Steigerung von Produktivität und Qualität der Produkte bzw. Dienstleistungen des Unternehmens beitragen. Es hat im besten Fall auch eine verbesserte Kommunikation im Unternehmen, eine geringere Fluktuation im Personalbereich sowie eine Erhöhung der Motivation der Mitarbeiter durch eine Stärkung der Identifikation mit dem Unternehmen zur Folge. Nach außen hin kann das Betriebliche Gesundheitsmanagement die Attraktivität des Unternehmens als Arbeitgeber aufwerten und zu einer Stärkung der Wettbewerbsfähigkeit beitragen.

Aus Sicht der Arbeitnehmer hat das Betriebliche Gesundheitsmanagement durch eine Verbesserung der gesundheitlichen Bedingungen im Unternehmen, eine Verringerung der (Arbeit-)Belastungen und der individuellen gesundheitlichen Risiken eine Verbesserung ihres Gesundheitszustandes, eine Reduzierung ihrer gesundheitlichen Beschwerden und eine Verbesserung ihres Wohlbefindens sowie ihrer Lebensqualität zur Folge. BGM-Maßnahmen sollen idealerweise zum Erhalt bzw. zur Zunahme der Leistungsfähigkeit der Beschäftigten beitragen. Insbesondere über die Möglichkeit der Mitgestaltung des Arbeitsplatzes und der Arbeitsabläufe soll das BGM aber auch zu einer erhöhten Arbeitszufriedenheit, und zu einer Verbesserung des Betriebsklimas sowie des kollegialen Zusammenhalts beitragen.

Da Betriebliches Gesundheitsmanagement sich speziell an die jeweiligen Gegebenheiten vor Ort anpasst, die vorhandenen finanziellen und personellen Ressourcen mit berücksichtigt und die Beschäftigten des Unternehmens in die Planung und Umsetzung der Maßnahmen mit einbezieht, können kleine und mittlere Unternehmen bzw. Institutionen ein solche Betriebliches Gesundheitsmanagement ebenso erfolgreich einführen wie Großunternehmen.

Rolle der Beschäftigten bei der Etablierung eines Betrieblichen Gesundheitsmanagements

Zu den grundlegenden Voraussetzungen für ein gutes Betriebliches Gesundheitsmanagement gehört die Mitwirkung (→ Partizipation) aller beteiligten Gruppen bei der Planung und Umsetzung des Gesamtkonzeptes einschließlich der einzelnen BGM-Maßnahmen. Hierzu gehören insbesondere die Beschäftigten des Unternehmens bzw. die Vertreter der jeweils im Blickpunkt stehenden Abteilungen. Allerdings kann Partizipation in der Regel auch nur dann gelingen, wenn die Unternehmensleitung dieses Konzept mitträgt und als wichtiger Akteur die entsprechenden Maßnahmen mit den Mitarbeitern und anderen relevanten Akteuren plant und umsetzt. Zu den Beschäftigten gehören nicht nur die Mitarbeiter in den Bereichen von Produktion und/oder Dienstleistung, sondern z.B. auch die Mitarbeiter der Kantine, des technischen Dienstes, des Hausmeisterbereiches etc. Selbstverständlich müssen auch Teilzeitbeschäftigte, in Zeitarbeit bzw. Leiharbeit beschäftigte Arbeitnehmer und die Mitarbeiter anderer externer Firmen, die im Unternehmen tätig sind, in diesen Prozess mit einbezogen werden. Falls vorhanden sind immer auch Vertreter der Personalabteilung und des Betriebsrates an der Planung und Umsetzung entsprechender Maßnahmen beteiligt.

13.7 Antwort zu Aufgabe 7

Aufgabe 7.1

Ihnen wurden die folgenden Daten eines kleinen Unternehmens zur Verfügung gestellt. Welche Informationen zum Thema „Fehlzeiten" können Sie diesen Daten entnehmen? (ID = Identitätszeichen des Mitarbeiters; w = weiblich, m = männlich)

ID	Alter [J]	Geschlecht	1. Tag der Krankschreibung	Letzter Tag der Krankschreibung
A	44	w	13.08.2018	15.08.2018
A	44	w	20.08.2018	11.09.2018
B	18	m	10.01.2018	12.01.2018
C	58	w	23.10.2017	14.02.2018
D	24	w	05.02.2018	11.02.2018
E	28	m	02.05.2018	15.05.2018
F	35	m	08.02.2018	13.02.2018
G	33	w	11.05.2018	15.05.2018
G	33	w	09.11.2018	13.11.2018
H	54	m	–	–
I	49	w	–	–
J	27	w	02.03.2018	02.03.2018

Anzahl der Mitarbeiter, Alter und Geschlecht

Sie können den ID-Zeichen (= Identifikationszeichen) entnehmen, dass es sich hierbei um die Daten von insgesamt 10 Mitarbeitern (6 Frauen und 4 Männern) handelt:

Geschlecht	Anzahl	Prozentsatz
Männlich	4	40 %
Weiblich	6	60 %
Gesamt	10	100 %

Sie berechnen nun das Durchschnittsalter dieser Personen insgesamt sowie jeweils das Durchschnittsalter der Frauen und der Männer. Weiterhin geben Sie dazu die Standardabweichung (STAB), den höchsten (Max) und den niedrigsten Wert (Min) in der jeweiligen Gruppe sowie den Median an, um die Streuung der Werte innerhalb dieser Gruppe darzustellen.

Durchschnittsalter der Beschäftigten:

- 37,0 Jahre (STAB 12,9 J., Max 58 J., Min 18 J.; Median: 34 J.)

Durchschnittsalter der weiblichen Beschäftigten:

- 39,2 Jahre (STAB 12,2 J., Max 58 J., Min 24 J.; Median: 38,5 J.)

Durchschnittsalter der männlichen Beschäftigten:

- 33,8 Jahre (STAB 13,2 J., Max 54 J., Min 18 J.; Median: 31,5 J.)

Die Beschäftigten sind also zwischen 18 und 58 Jahre alt. Das Durchschnittsalter liegt bei 37 Jahren. Bei den Frauen ist das Durchschnittsalter mit 39,2 Jahren allerdings deutlich höher als bei den Männern (Ø 33,8 Jahre).

Bildet man nun Altersgruppen und ordnet die gegebenen Werte den Altersgruppen zu, zeigt sich eine recht gleichmäßige Verteilung über den gesamten Altersbereich:

Altersgruppen	16–24 J.	25–34 J.	35–44 J.	45–54 J.	55–65 J.
Anzahl	2	3	2	2	1
Prozentsatz	20 %	30 %	20 %	20 %	10 %

Berechnung der Kennzahlen zur Beschreibung von Arbeitsunfähigkeit

Im Folgenden berechnen Sie nun aus den angegebenen Daten die wichtigsten Kennzahlen zur Beschreibung von Arbeitsunfähigkeit (AU-Fälle der Belegschaft, AU-Tage insgesamt, AU-Tage je Fall, Krankenstand in %, AU-Quote in %, Prozentsätze der Kurzzeit- und der Langzeiterkrankungen).

Art der Kennzahlen	Ergebnis der Berechnung
AU-Fälle der Belegschaft (2018)	10 AU-Fälle bei 10 Mitarbeitern (Zum Vergleich: Hochgerechnet wären dies 100 AU-Fälle auf 100 Mitarbeiter)
AU-Tage, insgesamt (2018)	112 Tage (= Gesamtzahl der AU-Tage im Unternehmen im Untersuchungszeitraum 2018. Nicht mitgerechnet werden hier die Krankheitszeiten des Jahres 2017 bei Fällen mit einer erstmaligen Krankschreibung bereits im Jahr 2017.)
AU-Tage je Fall (2018)	11,2 AU-Tage je Fall (= durchschnittliche AU-Dauer)

Art der Kennzahlen	Ergebnis der Berechnung
Krankenstand in % (2018)	Festlegung: Berechnungsgrundlage ist die Soll-Arbeitszeit z. B. in Baden-Württemberg ohne Wochenenden und Feiertage, jedoch einschl. der Urlaubstage = 250 Arbeitstage im Jahr 2018[51]. Auf 10 Mitarbeiter berechnet sind dies 2.500 Arbeitstage. Die 10 Mitarbeiter waren davon insgesamt 112 Tage krankgeschrieben. Dies entspricht einem Krankenstand von 4,48 %.
AU-Quote in % (2018)	80,0 % (Acht der zehn Mitarbeiter waren mindestens 1× im Untersuchungszeitraum krankgeschrieben.)
Kurzzeiterkrankungen in % (2018)	3 von 10 AU-Fällen = 30 %
Langzeiterkrankungen in % (2018)	1 von 10 AU-Fällen = 10 % (*Achtung:* Die Langzeit-AU erstreckt sich hier über den Jahreswechsel.)

Unterscheidung der AU-Kennzahlen nach Geschlecht und Alter

Betrachtet man nun diese Zahlen unterschieden nach dem Geschlecht der Mitarbeiter, zeigen sich in einigen Bereichen deutliche Unterschiede:

Arbeitsunfähigkeit 2018	Kennzahlen, differenziert nach Geschlecht
AU-Fälle der Belegschaft, unterschieden nach Geschlecht	7 AU-Fälle bei 6 weiblichen Beschäftigten 3 AU-Fälle bei 4 männlichen Beschäftigten (Hochgerechnet wären dies 116,7 AU-Fälle auf 100 Frauen bzw. 75 AU-Fälle auf 100 Männer)
AU-Tage, insgesamt, unterschieden nach Geschlecht	Frauen: 89 Tage (nicht mitgezählt werden die AU-Tage in 2017) Männer: 23 Tage
AU-Tage je Fall, unterschieden nach Geschlecht	Frauen: 12,7 AU-Tage je Fall (→ 89 T : 7 Fälle) Männer: 7,7 AU-Tage je Fall (→ 23 T : 3 Fälle)
Krankenstand in %, unterschieden nach Geschlecht	Frauen: 5,9 % (250 Tage × 6 Frauen = 1.500 Tage; 89 Tage = 5,9 % von 1.500 Tagen) Männer: 2,3 % (250 Tage × 4 Männer = 1.000 Tage; 23 Tage = 2,3 % von 1.000 Tagen)
AU-Quote in %, unterschieden nach Geschlecht	Frauen: 83,3 % (5 von 6 Frauen) Männer: 75 % (3 von 4 Männern)
Kurzzeiterkrankungen in %, unterschieden nach Geschlecht	Frauen: 2 von 7 AU-Fällen = 28,6 % Männer: 1 von 3 AU-Fällen = 33,3 %
Langzeiterkrankungen in %, unterschieden nach Geschlecht	Frauen: 1 von 7 AU-Fällen = 14,3 % Männer: 0 von 3 AU-Fällen = 0,0 %

51 Entsprechende Tabellen zu den Soll-Arbeitszeiten für die einzelnen Bundesländer finden Sie im Internet.

Die Daten zeigen, dass v. a. die Zahl der AU-Tage insgesamt, die AU-Tage je Fall und der Krankenstand bei den Frauen deutlich höher ist als bei den Männern. Nur bei den Frauen tritt auch ein Fall einer Langzeiterkrankung auf. Sie wissen, dass Langzeiterkrankungen häufig auf chronische Erkrankungen zurückzuführen sind und diese Erkrankungen mit dem Alter zunehmen. Um zu entscheiden, ob das Geschlecht oder vielleicht doch eher das höhere Durchschnittsalter für die hohen AU-Werte bei den Frauen (mit)verantwortlich sind, betrachten wir nun die Zahl der AU-Fälle und die Zahl der AU-Tage in den verschiedenen Altersgruppen. Die statistische Aussagekraft ist hier aufgrund der sehr kleinen Anzahl an Beschäftigten jedoch sehr beschränkt.

	16–24 J.	25–34 J.	35–44 J.	45–54 J.	55–65 J.
AU-Fälle	2	4	3	0	1
AU-Tage	5,0	6,3	10,7	0,0	45,0

Trotz der kleinen Fallzahlen könnte man aus den Daten einerseits eine Zunahme der Krankheitsdauer sowie andererseits eine Abnahme der Krankheitshäufigkeit mit dem Alter herauslesen. Sie vermuten daher, dass das Alter einen Einfluss auf Ihre AU-Zahlen hat und folgern daraus, dass das höhere Durchschnittsalter der Frauen einen Einfluss auf die AU-Dauer haben könnte. Um dies statistisch korrekt nachzuweisen, benötigen Sie jedoch deutlich höhere Fallzahlen.

Aufgrund der gegebenen Daten können Sie keine Aussagen zu den Ursachen der krankheitsbedingten Fehlzeiten – d.h. zur Art der jeweiligen Erkrankung – machen, da die Diagnosen in Form von ICD-10-Angaben aus Datenschutzgründen nur den Versicherungsträgern (d.h. den Krankenkassen) übermittelt werden, nicht jedoch den Arbeitgebern. Große Unternehmen können allerdings auf Anfrage von den Krankenkassen anonymisierte Auswertungen der übermittelten Diagnosen erhalten, die jedoch keinerlei personenspezifischen Rückschüsse auf die Belegschaft zulassen dürfen.

Aufgabe 7.2

Sie möchten eine kurze Mitarbeiterbefragung durchführen, mit deren Hilfe Sie die wichtigsten gesundheitsrelevanten Probleme in Ihrer Abteilung ermitteln wollen. Wie würden Sie einen entsprechenden Fragebogen gestalten?

Auf der folgenden Seite finden Sie einen Fragebogen, mit dem Sie nicht nur die Kollegen in Ihrer Abteilung, sondern alle Betriebsangehörigen zu diesem Thema befragen können (s. Abbildung 13-7). Selbstverständlich ist dieser Fragebogen nur als Beispiel zu verstehen, wie Sie einen solchen Fragebogen gestalten könnten. Vorab sollten Sie den Kollegen noch kurz schriftlich erklären, was das Ziel dieser Befragung ist und dass Sie mit dieser Befragung und der anschließenden Auswertung die Datenschutzrichtlinien und die Regel des wissenschaftlichen Arbeitens einhalten.

Dies könnten Sie z. B. folgendermaßen formulieren:

Beispiel
Informationsbrief vor einer Fragebogenaktion
Liebe Kolleginnen und Kollegen,
ich bin Beauftragter für das *Betriebliche Gesundheitsmanagement* (BGM) in unserem Unternehmen. In den letzten Wochen haben Sie bereits erfahren, dass wir dabei sind, die Grundlagen für ein umfassendes Betriebliches Gesundheitsmanagement in unserem Unternehmen zu legen. In diesen Prozess möchte ich Sie – als Fachleute für die Situation vor Ort – gerne mit einbeziehen. Ich möchte gerne wissen, welche Probleme Sie in Ihrer Abteilung sehen, die Einfluss auf Ihre Gesundheit und die Gesundheit Ihrer Kolleginnen und Kollegen in der Abteilung haben können (= gesundheitsrelevante Probleme). Dazu habe ich einen kurzen Fragebogen entwickelt.
Der Fragebogen enthält insgesamt 6 Fragen. Es sind Fragen mit vorgegebenen Antwortmöglichkeiten und Fragen, bei denen Sie gebeten werden, eine kurze Antwort frei zu formulieren. Bei vorgegebenen Antwortmöglichkeiten wählen Sie bitte die Antwort/die Antworten aus, die Sie am ehesten für richtig halten. Bei einigen Fragen können Sie mehrere Antwortalternativen ankreuzen. Das Ausfüllen des Fragebogens wird etwa 5 Minuten dauern. Beantworten Sie bitte alle Fragen. Den ausgefüllten Fragebogen werfen Sie dann bitte in die dafür vorgesehene Box im Eingangsbereich. Die Teilnahme an dieser Befragung ist freiwillig. Ihre Angaben werden selbstverständlich streng vertraulich behandelt, anonymisiert und ausschließlich zum Zwecke dieser Befragung verwendet. Die Fragebogen werden statistisch ausgewertet. Die Ergebnisse dieser statistischen Auswertung werden keinerlei Rückschlüsse auf Sie bzw. Ihre Abteilung mehr zulassen. Berechnet werden die Häufigkeit der jeweiligen Antworten, unterschieden nach Abteilung, Alter und Geschlecht der Befragten. Die anonymisierten Ergebnisse werden dann allen Betriebsangehörigen und der Unternehmensleitung schriftlich zugänglich gemacht und anschließend im Rahmen einer Betriebsversammlung diskutiert. Sie sollen die Grundlage für die zu planenden Maßnahmen des Betrieblichen Gesundheitsmanagements in unserem Unternehmen bilden.

13.8 Antwort zu Aufgabe 8

Aufgabe 8

a. Frau A. arbeitet als Kauffrau für Büromanagement in einem mittelgroßen Industrieunternehmen. Sie sitzt die meiste Zeit am Computer. Seit längerer Zeit schon hat sie Probleme mit geröteten, gereizten und schmerzhaften Augen. Zudem ist ihr Nacken ständig verspannt. Abends hat sie immer öfter Rücken- und Kopfschmerzen.
b. Herr B. ist Marketing-Manager. Er berichtet, dass das Telefon an seinem Arbeitsplatz pausenlos klingelt. Zudem kommen oft Kollegen aus anderen Abteilungen mit Fragen oder Aufträgen vorbei. Er kommt schon gar nicht mehr dazu, die sich ebenfalls häufenden E-Mail-Anfragen zu bearbeiten. Herr B. hat das Gefühl, sich in einem Hamsterrad zu befinden. Abends kann er nicht abschalten, obwohl er völlig

erschöpft ist. Nun hat sein Chef ihm auch noch gedroht, dass sein befristeter Arbeitsvertrag nicht verlängert wird, wenn sich seine Arbeitsleistung nicht bessert.

c. Herr Y. arbeitet bereits seit Jahren in einem Chemieunternehmen im Schichtbetrieb. Seit einiger Zeit hat er – anders als früher – erhebliche gesundheitliche Probleme, die er auf die Schichtarbeit zurückführt. Es fällt ihm zunehmend schwer abzuschalten, wenn er am späten Abend von der Spätschicht nach Hause kommt. Er fühlt sich ständig müde. Während der Nachtschichten hat er starke Konzentrationsprobleme. Er befürchtet, dass es dadurch irgendwann zu einem Arbeitsunfall kommen wird. Sein Hausarzt meinte, dass auch seine Verdauungsprobleme, sein Übergewicht, sein Diabetes und sein Bluthochdruck mit der Schichtarbeit zu tun haben könnten.

Definieren Sie bitte anhand des Public Health Action Cycles (s. Kap. 5) die in den drei Fällen geschilderten Probleme, formulieren Sie dazu jeweils entsprechende BGM-Ziele und nennen Sie Strategien, mit deren Hilfe Sie diese Ziele erreichen wollen. Nutzen Sie dazu nicht nur die Informationen aus Kap. 8, sondern recherchieren Sie bitte auch im Internet (s. Linkverzeichnis, Kap. 15.3).

Fragebogen zum Thema
Gesundheitsrelevante Probleme in Ihrer Abteilung

Nochmals herzlichen Dank, dass Sie sich bereit erklärt haben, unseren Fragebogen zum Thema *Gesundheitsrelevante Probleme* in Ihrer Abteilung auszufüllen. Der Fragebogen enthält insgesamt sechs Fragen. Das Ausfüllen des Fragebogens wird nur etwa fünf Minuten dauern. Beantworten Sie bitte alle Fragen.

Kreuzen Sie bitte bei den folgenden Fragen die für Sie zutreffende(n) Antwort(en) an.

1. Ihr Geschlecht	1.1 ☐ weiblich 1.2 ☐ männlich
2. Ihr Alter:	________ Jahre

3. In welcher Abteilung sind Sie tätig?

____

4. Welche der folgenden gesundheitsrelevanten Belastungen kommen in Ihrer Abteilung vor? [Mehrfachnennungen möglich]

4.1 ☐ Langes Stehen
4.2 ☐ Langes Sitzen
4.3 ☐ Schweres Heben
4.4 ☐ Arbeiten in gebückter Haltung
4.5 ☐ Bildschirmarbeit
4.6 ☐ Fließbandarbeit
4.7 ☐ körperlich schwere Arbeit
4.8 ☐ monotone Arbeit
4.9 ☐ Lärm

4.15 ☐ kein Tageslicht
4.16 ☐ Schichtarbeit
4.17 ☐ Nachtarbeit
4.18 ☐ Wochenendarbeit
4.19 ☐ gestörte oder zu kurze Pausen
4.20 ☐ häufige Überstunden
4.21 ☐ kurzfristiges Einspringen f. Kollegen
4.22 ☐ hoher Zeitdruck

4.10 ☐ Hitze	4.23 ☐ permanente Verfügbarkeit
4.11 ☐ Kälte	4.24 ☐ hohe psychische Belastung
4.12 ☐ Nässe	4.25 ☐ Streit unter Kollegen
4.13 ☐ Strahlung	4.26 ☐ Mobbing
4.14 ☐ chemische Substanzen, Dämpfe	4.27 ☐ Probleme bei Mitarbeiterführung
	4.28 ☐ Anderes, und zwar ____________

5. Welches sind Ihrer Ansicht nach die wichtigsten gesundheitlichen Probleme der Beschäftigten in Ihrer Abteilung? [Mehrfachnennungen möglich]

5.1 ☐ Übergewicht	5.8 ☐ häufige Infektionen (Grippe, Atemwegsinfekte, Magen-Darm-Infekte)
5.2 ☐ Zuckerkrankheit	5.9 ☐ Herz-Kreislauf-Erkrankungen
5.3 ☐ Bewegungsmangel	5.10 ☐ Krebs
5.4 ☐ Rückenprobleme, Arthrose	5.11 ☐ Stress, Burnout
5.5 ☐ Allergien	5.12 ☐ andere psychische Krankheiten
5.6 ☐ Rauchen	5.13 ☐ unbekannt
5.7 ☐ Alkohol	

6. Welchen gesundheitsrelevanten Belastungen sind Sie persönlich an ihrem Arbeitsplatz ausgesetzt?

____

____

____

7. Haben Sie Ihrer Ansicht nach bereits unter gesundheitlichen Problemen zu leiden, die Sie auf die Belastungen am Arbeitsplatz zurückführen?

7.1 ☐ ja 7.2 ☐ nein

Herzlichen Dank, dass Sie den Fragebogen ausgefüllt haben!

Abbildung 13–7: Fragebogen zum Thema Gesundheitsrelevante Probleme in Ihrer Abteilung

Die folgenden BGM-Ziele und -Strategien können selbstverständlich nur Vorschläge für eine gemeinschaftliche (partizipative) Planung und Umsetzung von Maßnahmen im Rahmen eines umfassenden Betrieblichen Gesundheitsmanagements sein.

Aufgabe 8a

Problemdefinition

Die sitzende Tätigkeit (Computerarbeit) führt bei Frau A. zu einem verspannten Nacken und in der Folge davon zu Rücken- und Kopfschmerzen. Die Computerarbeit ist durch die hohe Beanspruchung der Augen auch (Mit-)Ursache für ihre schmerzhafte Augenreizung. Nach Ihren betriebsinternen Recherchen sind die Probleme von Frau A. exemplarisch für die Situation der Bildschirmarbeitskräfte im Betrieb.

Zielformulierung

Generelles Ziel
Reduzierung der vorhandenen gesundheitlichen Probleme von Beschäftigten an Bildschirmarbeitsplätzen und Verhinderung von Neuerkrankungen bzw. Folgeerkrankungen aufgrund der Bildschirmarbeitsplatz-Situation.

Spezifische Ziele
- Innerhalb eines Jahres sinkt die Zahl der Beschäftigten, die über Augenprobleme aufgrund der Bildschirmarbeit berichten, um 60 %.
- Innerhalb eines Jahres sinkt die Zahl der Beschäftigten, die über Rücken- und Kopfschmerzen aufgrund der Bildschirmarbeit berichten, um 40 %.

Finden von Strategien und Methoden

I. Augenprobleme
- Vierteljährliche ergonomische Kontrollen aller Bildschirmarbeitsplätze und Anpassung an die jeweiligen Arbeitnehmer (→ Beachtung der Lichtverhältnisse und des Abstands zum Bildschirm).
- Jährliche augenärztliche Untersuchungen für alle Bildschirmarbeitsplatz-Beschäftigte im Unternehmen (→ Verordnung einer Bildschirmarbeitsplatz-Brille, ggf. Verordnung von Tränenersatzmitteln bei trockenen Augen etc.).
- Regelmäßiges Training „Entspannungsübungen für die Augen"; regelmäßige Unterbrechung der Bildschirmarbeit, um Augen zu entspannen.

II. Kopf-, Nacken- Rückenprobleme
- Regelmäßige natürliche Bewegungen in den Arbeitsablauf einbauen (z. B. Dinge wegbringen, dabei auch Treppen steigen ...).
- Regelmäßige Haltungsänderungen während der Bildschirmarbeit („dynamisches Sitzen").
- Vierteljährliche ergonomische Kontrollen aller Bildschirmarbeitsplätze und Anpassung an die jeweiligen Arbeitnehmer (→ Bürostuhl und -tisch an die jeweiligen Arbeitnehmer anpassen; Tastatur und Maus ergonomisch nutzen).
- Bewegungsübungen für Beschäftigte mit sitzender Tätigkeit, die in den Arbeitsalltag eingebaut werden.
- Angebot von Betriebssport (wöchentlich Nordic Walking, Wandern, Fußball, Schwimmen, Kajak etc.).

(*Achtung:* Eine regelmäßige Kopf-/Nackenmassage für die Betroffenen bringt in der Regel nur eine kurzfristige Linderung der Beschwerden. Es handelt sich hierbei um eine symptomatisch und nicht um eine kausal wirkende Maßnahme.)

Aufgabe 8b

Problemdefinition

Angst, Erschöpfung, Stress und das Gefühl, nicht abschalten können (→ Burnout-Syndrom) aufgrund von Informationsüberflutung, häufigen Arbeitsunterbrechungen und Leistungsdruck am Arbeitsplatz. Nach Ihren betriebsinternen Recherchen sind die Probleme von Herrn B. exemplarisch für die Situation zahlreicher Arbeitskräfte im Betrieb.

Zielformulierung

Generelles Ziel

Reduzierung der vorhandenen gesundheitlichen Probleme von Beschäftigten mit Stress- und Burnout-Symptomatik und Verhinderung von Neuerkrankungen bzw. Folgeerkrankungen in diesem Bereich.

Spezifische Ziele

- Innerhalb eines Jahres sinkt die Zahl der Beschäftigten mit Stress- und Burnout-Symptomatik um 25 %.
- Die in diesem Jahr im Rahmen des Return-to-Work wieder beruflich eingegliederten Beschäftigten mit Stress- und Burnout-Symptomatik berichten über keine neu aufgetretene Stress- bzw. Burnout-Symptomatik.

Finden von Strategien und Methoden

- Maßnahmen der Arbeitsorganisation (Arbeitsumfang festlegen, der realistischer Weise von den Betroffenen bearbeitet werden kann; Zeiten für bestimmte Tätigkeiten festlegen, in denen keine Unterbrechungen stattfinden soll; Telefonzeiten und Zeiten für E-Mail-Verkehr festlegen etc.).
- Regelmäßige Gespräche mit Leitungsebene.
- Schulung der Führungskräfte zum Umgang mit Mitarbeitern.
- Maßnahmen zur Verbesserung des Betriebsklimas.
- Unterstützung bei der Inanspruchnahme von therapeutischen Maßnahmen und Reha-Maßnahmen bei Mitarbeitern mit Burnout-Symptomatik.
- Intensiver Return-to-Work-Prozess bei Beschäftigten, die bereits therapeutische bzw. Reha-Maßnahmen in Anspruch genommen haben.

Umsetzung/Evaluation

Die genannten Maßnahmen werden innerhalb eines Jahres umgesetzt. Vor Beginn der Maßnahmen sowie nach einem halben und nach einem Jahr werden alle Arbeitskräfte zum Thema Stress am Arbeitsplatz und möglichen gesundheitlichen Auswirkungen sowie zu den Auswirkungen der BGM-Maßnahmen auf ihre Gesundheit befragt. Sind die Maßnahmen erfolgreich, werden sie in die normale Betriebsroutine übernommen. Wenn nicht, beginnt der Public Health Action Cycle von vorne.

Aufgabe 8c

Problemdefinition

Langjährige Schichtarbeit führt zu erheblichen gesundheitlichen Problemen wie dem Gefühl, nicht abschalten zu können, Müdigkeit, Konzentrationsprobleme, Verdauungsprobleme, Übergewicht, Diabetes mellitus Typ 2 und Bluthochdruck. Nach Ihren betriebsinternen Recherchen sind die Probleme von Herrn Y. exemplarisch für die Situation der Schichtarbeiter im Betrieb.

Zielformulierung

Generelles Ziel

Reduzierung der vorhandenen gesundheitlichen Probleme von Schichtarbeitern und Verhinderung von neuen gesundheitlichen Problemen bzw. Folgeerkrankungen in diesem Bereich.

Spezifische Ziele

- Innerhalb eines Jahres sinkt die Zahl der Beschäftigten mit gesundheitlichen Problemen aufgrund von Schichtarbeit um 20 %.
- Die Zahl der Beschäftigten mit Folgeerkrankungen aufgrund von Schichtarbeit nimmt nicht mehr zu.

Finden von Strategien und Methoden

- Maßnahmen der Arbeits- bzw. Arbeitszeitorganisation (ergonomisches Schichtsystem: vorwärts rotierend, d.h. auf Frühschicht folgt Spätschicht, auf Spätschicht folgt Nachtschicht; Frühschichten sollten nicht zu früh beginnen, um bei Pendlern keine „Fast-Nachtschicht“ zu haben etc.).
- Regelmäßige Informationsveranstaltungen über die körperlichen, psychischen und sozialen Folgen der Schichtarbeit (z. B. Stoffwechselstörungen aufgrund der gestörten inneren Uhr → Diabetes mellitus Typ 2, Fettstoffwechselstörungen, Übergewicht).
- Ein auf das Individuum abgestimmtes, gesundheitsförderndes Ernährungs-, Freizeit- und Bewegungsverhalten (gemeinsame Planung mit Fachleuten).
- Bei Störung der Sozialkontakte: Angebot der psychosozialen Beratung und Unterstützung.
- Unterstützung bei der Inanspruchnahme von therapeutischen Maßnahmen und Reha-Maßnahmen für Schichtarbeiter mit Folgeerkrankungen.
- Angebot von Weiterbildungs- oder Umschulungsmaßnahmen für Beschäftigte, die aus gesundheitlichen oder sozialen Gründen nicht mehr in der Lage sind, in Schichtarbeit tätig zu sein.

Umsetzung/Evaluation

Die genannten Maßnahmen werden innerhalb eines Jahres umgesetzt. Vor Beginn der Maßnahmen sowie nach einem halben und nach einem Jahr werden alle Schichtarbeitskräfte zum Thema Schichtarbeit und möglichen gesundheitlichen Auswirkungen sowie zu den Auswirkungen der BGM-Maßnahmen auf ihre Gesundheit befragt. Sind die Maßnahmen erfolgreich, werden sie in die normale Betriebsroutine übernommen. Wenn nicht, beginnt der Public Health Action Cycle von vorne.

13.9 Antwort zu Aufgabe 9

Aufgabe 9

In Ihrem Unternehmen wurde ein Gesundheitszirkel eingerichtet, dem Sie als BGM-Fachkraft angehören. Die anderen Mitglieder dieses Gesundheitszirkels sind alle keine Gesundheitsfachleute und haben Sie daher um eine Schulung zum Thema „Risikofaktoren als BGM-Ansatzpunkte" gebeten. Sie möchten Ihren Kolleginnen und Kollegen nun an einem Beispiel die Epidemiologie, die gesundheitlichen, sozialen und finanziellen Folgen, die im Zusammenhang mit diesen Risikofaktoren auftreten können, sowie die Möglichkeiten des Betrieblichen Gesundheitsmanagements erläutern. Bitte wählen Sie sich hierzu einen der in Kap. 9 beschriebenen Risikofaktoren als Beispiel aus.

Wenn Sie den Risikofaktor „Alkohol" ausgewählt hätten, könnten Sie Ihren Gesundheitszirkel-Kollegen im Rahmen der Schulung z. B. Folgendes erläutern:

Epidemiologie

Alkohol wird in vielen Ländern als Genussmittel betrachtet. In Deutschland trinkt z. B. jeder Einwohner über 14 Jahre durchschnittlich 11,0 l reinen Alkohol pro Jahr. Der Konsum dieser Droge hat jedoch erhebliche negative gesundheitliche und soziale Folgen. Er kann zu einer Abhängigkeit und zu erheblichen körperlichen Schäden führen. Dabei wirkt er sich nicht nur auf die betroffene Person selbst aus, sondern auch auf sein soziales Umfeld. Abhängig von der körperlichen und psychischen Verfassung der konsumierenden Person kann schon der Konsum geringer Mengen zu Schäden führen. Suchtforscher sprechen daher von einem risikoarmen, nicht von einem risikolosen Alkoholkonsum. In Deutschland geht man allgemein davon aus, dass der Grenzwert für einen risikoarmen Alkoholkonsum bei gesunden erwachsenen Menschen bei 140 g (♂) bzw. 70 g (♀) reinem Alkohol pro Woche liegt, wenn wöchentlich zwei alkoholfreie Tage eingelegt werden. Allerdings zeigen neuere Untersuchungen, dass schon der Konsum von mehr als 100 g reinen Alkohols pro Woche die Lebenserwartung der Konsumenten erheblich verkürzt. Sie haben z. B. ein höheres Risiko für Schlaganfall und Herzversagen. Der Grenzwert für einen risikoarmen Alkoholkonsum gilt nur für Erwachsene und nicht für Jugendliche vor dem 20. Lebensjahr. Bei ihnen ist das Risiko für Schäden und Folgeerkrankungen v. a. aufgrund der noch nicht abgeschlossenen Hirnentwicklung noch wesentlich größer. In Deutschland zeigen 18,2 % der Männer und 13,8 % der Frauen einen riskanten Alkoholkonsum. Besonders groß ist der Anteil bei den jungen Männern bis 24 Jahre und bei Männern und Frauen zwischen 45 und 64 Jahren. Alkoholkonsum am Arbeitsplatz und im

Straßenverkehr, bei werdenden und stillenden Müttern und bei gleichzeitiger Einnahme von Medikamenten ist besonders riskant. Es wird geschätzt, dass mindestens 20 % aller Arbeitsunfälle durch Alkoholkonsum verursacht oder beeinflusst werden.

Gesundheitliche, soziale und finanzielle Folgen des Alkoholkonsums

Vor allem der längerfristige Konsum von Alkohol führt zu einer Einschränkung der körperlichen und geistigen Leistungsfähigkeit und zu Alkohol-Folgeerkrankungen. Hierzu gehört auch eine Beeinträchtigung der Orientierungs- und Reaktionsfähigkeit. Bei vielen regelmäßigen Konsumenten kommt es zu einem Suchtverhalten, das z. B. eine Vernachlässigung der eigenen Interessen, des sozialen Umfeldes und des eigenen Äußeren zur Folge hat. Oft kommt es auch zu einer Persönlichkeitsveränderung. Typische Alkoholfolgeerkrankungen sind u. a. die Fettleber und die Leberzirrhose sowie Schädigungen des Gehirns bis hin zur Demenz. In der Schwangerschaft konsumiert, führt Alkohol auch zu schweren Entwicklungsstörungen beim ungeborenen Kind.

Berechnungen aus dem Jahr 2015 konnten zeigen, dass der Alkoholkonsum in Deutschland jährlich insgesamt 9,15 Mrd. € an *direkten Kosten* zur Folge hat. Dies sind v. a. die Krankheits- und Pflegekosten aufgrund von Alkoholfolgeerkrankungen sowie die Kosten von Reha-Maßnahmen, die Leistungen zur Teilhabe am Arbeitsleben und die Kosten von alkoholbedingten Unfällen. Die *indirekten Kosten* des Alkoholkonsums liegen in Deutschland sogar bei 30,15 Mrd. € pro Jahr. Hierzu gehören insbesondere die Kosten durch den vorzeitigen Tod der Betroffenen, durch Arbeitslosigkeit, Arbeitsunfähigkeit und Frühverrentung. Damit fallen auch erhebliche Kosten für die Arbeitgeber der betroffenen Menschen mit Alkoholproblemen an. Darüber hinaus entstehen dem Arbeitgeber auch dadurch Kosten, dass die Sicherheit durch Alkohol am Arbeitsplatz beeinträchtigt wird (→ Unfallgefahr). Zudem ist die Leistungsfähigkeit der Betroffenen eingeschränkt, sodass die Qualität ihrer Arbeit nachlässt.

Möglichkeiten des Betrieblichen Gesundheitsmanagements

Um in diesem Bereich gesundheitsfördernde und primärpräventive BGM-Möglichkeiten zu planen und dann auch umzusetzen, ist es zuerst einmal nötig, die entsprechenden Ansatzpunkte im Arbeitsbereich zu erkennen. So gibt es z. B. eine Reihe von arbeitsbedingten Risikofaktoren für einen unkontrollierten, schädlichen Alkoholkonsum bei den Mitarbeitern. Diese können beispielsweise in hohem Leistungsdruck, in einem schlechten Betriebsklima, in sozialen Spannungen unter Kollegen oder mit der Leitungsebene, in schlechten Rahmenbedingungen am Arbeitsplatz, in fehlender Anerkennung und Wertschätzung oder im Verdrängungsdruck liegen. Eine Rolle können auch die hohe Verfügbarkeit von alkoholischen Getränken und der soziale Druck zum (Mit-)Trinken spielen. All diese Faktoren sind mögliche Ansatzpunkte für BGM-Maßnahmen, die sich dann auch präventiv auf den Alkoholkonsum am Arbeitsplatz auswirken.

Insbesondere bei Jugendlichen spielt zudem die Aufklärung über Alkohol und seine Folgen eine große Rolle. Hinzu kommen die konsequente Umsetzung von Jugendschutzmaßnahmen, die Einschränkung der Verfügbarkeit von Alkohol sowie strukturelle Maßnahmen wie z.B. eine Verbesserung der Lern-, Arbeits- und Freizeitbedingungen für Jugendliche und jungen Erwachsene.

Um Sekundär- und tertiärpräventive Maßnahmen erarbeiten zu können, muss zuerst einmal riskantes Alkohol-Konsumverhalten (z.B. verändertes Arbeitsverhalten, Persönlichkeitsveränderungen, körperliche Veränderungen aufgrund des Alkoholkonsums und veränderte Trinkgewohnheiten) bei Mitarbeitern erkannt und thematisiert werden. Spätestens dann sollte unter Beteiligung aller Betriebsangehörigen eine *Betriebs- bzw. Dienstvereinbarung* „Alkohol" erarbeitet werden, in der festgelegt wird, wie in solchen Fällen vorgegangen wird und wie grundsätzlich der Umgang mit Alkohol im Betrieb geregelt wird. In manchen Fällen kann eine betriebliche Selbsthilfegruppe Unterstützung für die Betroffenen bieten. Hinzu kommen Hilfen bei der Inanspruchnahme von Maßnahmen der medizinischen, sozialen und beruflichen Rehabilitation *(= Tertiärprävention)*.

13.10 Antwort zu Aufgabe 10

Aufgabe 10

In diesem Kapitel ist von einem altersgerechten Betrieblichen Gesundheitsmanagement die Rede.

a. Was genau ist damit gemeint?
b. Nennen Sie bitte einige Maßnahmen, die Sie gerne in Ihrem Unternehmen/Ihrer Einrichtung/Ihrer Abteilung im Rahmen eines solchen altersgerechten Betrieblichen Gesundheitsmanagements umsetzen möchten!

a. Aufgrund des demografischen Wandels wird die Zahl der Menschen im erwerbsfähigen Alter in Deutschland in den nächsten Jahren weiter zurückgehen. Selbst bei einer deutlich höheren Zuwanderung und einer Verlängerung der durchschnittlichen Lebensarbeitszeit wird dieser Prozess kaum aufzuhalten sein. Das Durchschnittsalter der Beschäftigten in den Betrieben wird in den nächsten Jahren noch weiter ansteigen. Schon heute spüren viele Bereiche in Industrie und Handwerk sowie in der Pflege, dass der Nachwuchs ausbleibt. Es ist somit im Interesse der Unternehmen, die Gesundheit und damit auch die Arbeitsfähigkeit ihrer älter werdenden Mitarbeiter auch in Zukunft zu erhalten und weiter zu fördern, sodass ihre älteren Beschäftigten möglichst lange und gesund im Arbeitsleben verbleiben. Hierzu benötigen die Betriebe ein umfassendes, altersgerechtes Betriebliches Gesundheitsmanagement (BGM). Ein erster Schritt bei der Planung eines altersgerechten BGM ist die Erfassung der sich ändernden Altersstruktur im Unternehmen mithilfe einer Altersstrukturanalyse, um daraus Rückschlüsse auf zukünftige Entwicklungen zu ziehen. Anschließend wird eine Checkliste zum Handlungsbedarf erarbeitet, in der die aktuellen Arbeits- und Beschäftigungsbedingungen im Betrieb unter Berücksichtigung der gegenwärtigen und zukünftigen Altersstruktur sichtbar werden. Bei dieser Betrachtung sollten auch die Ergebnisse eines Work Ability Index' mitberücksichtigt werden, der die Einschätzung der Beschäftigten zu ihrer eigenen Arbeitsfähigkeit (jetzt und in Zukunft) aufzeigt. Ein innerbetrieblicher Workshop „Alter und Gesundheit“ kann die Beschäftigten für das Thema sensibilisieren. Das auf dieser Basis entwickelte, an die Strukturen und Gegebenheiten im Betrieb angepasste altersgerechte BGM betrifft viele Bereiche im Unternehmen (s. Antwort 10 b). Eine zentrale Rolle spielt dabei auch die Änderung der Unternehmenskultur hin zu mehr Chancengleichheit für alle Gruppen der Belegschaft (Männer/Frauen, Junge/Alte, Führungskräfte/einfache Arbeitnehmer, Personen mit/ohne Migrationshintergrund etc.). Die einzelnen Maßnahmen können nur dann erfolgreich umgesetzt werden, wenn die Entwicklungsplanung koordiniert geschieht und dabei eine ganzheitliche, integrative Strategie verfolgt wird. Dabei sollen die Aktivitäten auf den unterschiedlichen Handlungsebenen ineinander greifen. Wichtig ist zudem, dass die Maßnahmen regelmäßig an die sich ändernden Voraussetzungen bei den älter werdenden Beschäftigten angepasst werden. Verhältnis- und verhaltensstrategische Maßnahmen greifen dabei ineinander und werden unter dem Dach einer Gesamtstrategie geplant und umgesetzt. Altersgerechtes Betriebliches Gesundheitsmanagement richtet sich an die Beschäftigten in allen Altersstufen und beginnt bereits bei den Auszubildenden. Je früher gesundheitsfördernde Maßnahmen durchgeführt werden und je selbstverständlicher sie nachhaltig in die Betriebsstruktur integriert werden, desto effektiver und effizienter können sie sein.

b. Ein wichtiger Ansatzpunkt des altersgerechten BGM ist die ergonomische Gestaltung von Arbeitsplatz und Arbeitsumgebung. Arbeit und Arbeitsumfeld (z. B. Technik, räumliche Bedingungen, Betriebsmittel) müssen immer wieder an die sich ändernden körperlichen Leistungsvoraussetzungen der Menschen angepasst werden. Dieser Aspekt ist für ältere Beschäftigte besonders wichtig, um arbeitsbedingte Fehlbelastungen zu vermeiden. Ältere Mitarbeiter profitieren auch davon, wenn Arbeit und Arbeitsabläufe flexibler gestaltet werden. Zu einer Flexibilisierung der Arbeitsorganisation gehören häufigere Tätigkeits- und Belastungswechsel, die den Beschäftigten mehr Abwechslung bieten und ein besseres Lernen bei der Arbeit ermöglichen. Hier können altersgemischte Teams von Vorteil sein. Zu einer besseren Arbeitsorganisation gehören u. a. jedoch auch Maßnahmen, die den immer stärker werdenden Zeitdruck reduzieren. Von großer Bedeutung für ältere Beschäftigte sind Maßnahmen der Arbeitszeitgestaltung (z. B. Arbeitszeitflexibilisierung, Arbeitszeitkonten und Arbeitszeitverkürzung), die unter dem Stichwort „Work-Life-Balance“ zunehmend auch von jüngeren Beschäftigten in Anspruch genommen werden. Hierzu gehören auch die gesundheitsschonende Durchführung von Arbeitspausen (z. B. ausreichende Häufigkeit und Dauer der Pausen bei sinnvoller Pausengestaltung) und eine Begrenzung der Schichtarbeit bei älteren Mitarbeitern. In diesem Zusammenhang ist z. B. ein Verzicht auf Schichtarbeit zu diskutieren, da das Erkrankungsrisiko bei älteren Schichtarbeitern deutlich ansteigt. Wenn dies nicht möglich ist, sollte ein gesundheitsschonender Schichtrhythmus eingehalten werden, der die individuellen Voraussetzungen der Arbeitnehmer berücksichtigt. Im Rahmen von Gesundheitsprogrammen können z. B. Gesundheitschecks und andere Früherkennungsuntersuchungen (= Maßnahmen der Sekundärprävention) durchgeführt werden. Weitere Maßnahmen wären z. B. Bewegungsangebote, die speziell auf die Bedürfnisse der jeweiligen Altersgruppen zugeschnitten sind und Spaß machen (Wandern, Nordic Walking,

Schwimmen, Tanzen, Fußball, Kajak etc.). Gesundheitsprogramme sind in der Regel nur dann langfristig wirksam, wenn auch die Bedingungen im Betrieb entsprechend angepasst werden. Oft wird verkannt, welche Bedeutung die Weiterbildung im Rahmen eines altersgerechten BGM hat. Durch eine altersübergreifende betriebliche Qualifizierungspolitik kann auch das Know-how der älteren Betriebsangehörigen erweitert werden. Dies bietet älteren Mitarbeitern Schutz vor einer möglichen Überforderung (z. B. durch eine körperlich zu anstrengende Arbeit), da sie dann auch entsprechend ihren neuen Fähigkeiten und Fertigkeiten an anderer Stelle im Betrieb eingesetzt werden können. Zu einem guten altersgerechten BGM gehört auch die stufenweise Wiedereingliederung nach längeren krankheitsbedingten Fehlzeiten (Return-to-Work). Die Zahl der chronisch kranken Menschen steigt mit dem Lebensalter an. Für die Betriebe wird daher die erfolgreiche berufliche Wiedereingliederung immer wichtiger. Dies kann z. B. dadurch erreicht werden, dass neue Einsatzmöglichkeit durch organisatorische Veränderungen und/oder den Neuzuschnitt von Arbeitsaufgaben geschaffen werden. Dabei werden v. a. die Fähigkeiten und Fertigkeiten berücksichtigt, die die beruflichen Wiedereinsteiger mitbringt („ressourcenorientierter Ansatz").

13.11 Antwort zu Aufgabe 11

Aufgabe 11

Ein Einzelhandels-Unternehmen beschäftigt 35 festangestellte Mitarbeiterinnen und Mitarbeiter. Hierzu gehören außer der Betriebsleitung noch drei Beschäftigte in der Verwaltung und 31 Beschäftigte im Verkauf. Zusätzlich arbeiten in der Firma noch vier bis sechs (häufig wechselnde) Mini-Jobber zum Auffüllen der Regale etc. In den letzten Jahren war es schwierig, qualifizierten Nachwuchs für Verwaltung und Verkauf zu bekommen (→ Keine AZUBIS, die Beschäftigten werden älter). Zudem gab es im letzten Jahr zwei Fälle von Langzeit-Arbeitsunfähigkeit (Langzeit-AU). Das Unternehmen hat daher ein großes Interesse daran, dass die Angestellten möglichst lange fit und gesund bleiben. Allerdings ist der Geschäftsführer der Meinung, dass sein KMU-Unternehmen sich kein Betriebliches Gesundheitsmanagement leisten kann. Erläutern Sie dem Geschäftsführer dieses Einzelhandelsunternehmens anhand eines Beispiels, wie ein solches Betriebliches Gesundheitsmanagement auch in einem kleineren Unternehmen durchgeführt werden kann.

Ausführliches *Beispiel* für die Planung und Umsetzung von BGM-Maßnahmen in einem fiktiven (erdachten) kleinen Einzelhandelsunternehmen:

1. Der Geschäftsführer des Unternehmens mit 34 Mitarbeitern (plus Geschäftsführung) führt zuerst eine *Altersstrukturanalyse* durch.
   Ergebnis:
   Bei gleichbleibender Beschäftigtenstruktur (d. h. wenn kein Nachwuchs gewonnen werden kann) ergibt sie folgendes Bild (s. Abbildung 13-8):

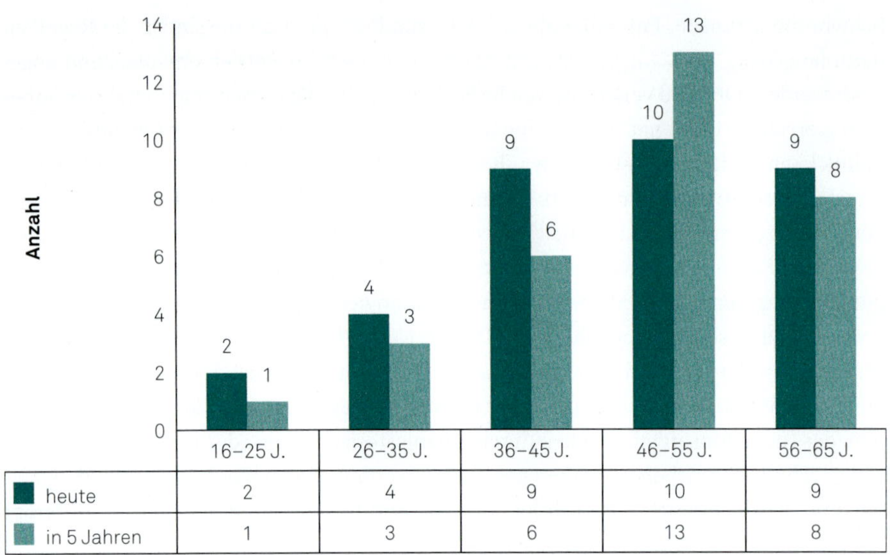

	16–25 J.	26–35 J.	36–45 J.	46–55 J.	56–65 J.
heute	2	4	9	10	9
in 5 Jahren	1	3	6	13	8

Abbildung 13–8: Altersstruktur der Belegschaft des fiktiven Einzelhandelsunternehmens heute und in 5 Jahren (n = 34).

- Belegschaft altert weiter (Durchschnittsalter steigt von 45,9 J. auf 47,7 J.).
- Belegschaft schrumpft (Anzahl der Mitarbeiter schrumpft von 34 auf 31).

Betroffen ist v.a. der Verkauf. Die drei Mitarbeiterinnen in der Verwaltung gehören zur Altersgruppe der 26- bis 35-Jährigen.

2. Der Geschäftsführer führt nun eine kurze *Fehlzeitenanalyse* durch.

   Ergebnis:

   AU-Fälle im letzten Jahr:

   - Insgesamt 63, davon 2 Langzeit-AU-Fälle.

   AU-Tage im letzten Jahr:

   - Insgesamt 378 Tage, davon Langzeit-AU-Fälle: 128 Tage;
   - d.h. auf zwei Mitarbeiter/-innen lassen sich 1/3 der Ausfalltage zurückführen

   Kurzzeit-AU-Fälle waren v.a. auf die jüngeren Beschäftigten (16 bis 35 Jahre) zurückzuführen.

   Längere AU-Fälle (ab 2 Wo.) kamen v.a. bei den älteren Beschäftigten (ab 45 Jahre) vor.

   Kurzzeit-AU-Fälle gab es v.a. zwischen November und Februar.

   Über die Art der Erkrankungen, die zu AU-Fällen führten, kann anhand der vorliegenden Unterlagen keine Aussage gemacht werden.

3. Folgerungen hieraus:

   Es ist im Interesse des Unternehmens, den Gesundheitszustand der Beschäftigten zu erhalten bzw. zu verbessern.

4. Es wird daher eine *Mitarbeiterversammlung* einberufen, auf der die Themen „Arbeit und Gesundheit" und „Gesund altern" angesprochen werden. Dort wird den Mitarbeitern Gelegenheit gegeben, sich zu den Themen zu informieren und darüber zu diskutieren. Ein Großteil der anwesenden Mitarbeiter (27 von 30 = 90 %) spricht sich dafür aus, die Themen weiter zu verfolgen und einen ersten *Arbeitskreis „Arbeit und*

Gesundheit" zu bilden. Dem *Arbeitskreis „Arbeit und Gesundheit"* sollen neben dem Geschäftsführer drei Vertreter des Bereichs *Verkauf*, eine Vertreterin des Bereichs *Verwaltung* und ein Vertreter der *Mini-Jobber* angehören. Ein Betriebsrat existiert nicht. Eine *Betriebsärztin* wird zum ersten Treffen eingeladen und später bei Bedarf hinzugezogen. Erste Aufgabe des Arbeitskreises soll es sein, die *Bereiche mit dem größten Handlungsbedarf* im Betrieb zu benennen. Die Treffen finden während der Arbeitszeit statt.

5. Der *Arbeitskreis „Arbeit und Gesundheit"* legt bei seinem ersten Treffen die *Verantwortlichkeiten* für die Planung und Umsetzung der Maßnahmen fest. Frau X ist Moderatorin der ab jetzt regelmäßig mindestens alle 4 Wochen stattfindenden Treffen. Frau Y hält als Schriftführerin die jeweils gefassten Beschlüsse fest. Der Arbeitskreis beschließt nun eine *Mitarbeiterbefragung*, in der nach den häufigsten Problemen in Zusammenhang mit Arbeit und Gesundheit gefragt wird, und erarbeitet hierzu einen Fragebogen. Eine externe Durchführung wird aus Kostengründen abgelehnt. Um die *Anonymität* der zu befragenden Mitarbeiter zu gewährleisten, wird u.a. vermieden, Fragen zu stellen, die Rückschlüsse auf die Person zulassen. Die ausgefüllten Fragebögen werden anschließend gemeinsam ausgewertet. Die Ergebnisse werden der Belegschaft schriftlich mitgeteilt. Ergebnis der Mitarbeiterbefragung (s. Tabelle 13-6):

Es nahmen 33 von 35 Beschäftigten (inkl. Geschäftsführer; = 94,3 % der Belegschaft) an der Befragung teil.

Tabelle 13-6: Ergebnisse der Mitarbeiterbefragung des fiktiven Einzelhandelsunternehmens zu den häufigsten Problemen im Zusammenhang mit Arbeit und Gesundheit.

Genannte Probleme	Anzahl der Nennungen	Prozentsatz [%]
Stress durch Mehrarbeit/Überstunden	28	84,8
Kundenkontakt: Stress durch Kundenverhalten	23	69,7
Stress durch ungünstige Arbeitszeiten	23	69,7
Zu wenig Pausen, kein Pausenraum	22	66,7
Geringe Unterstützung durch Firmenleitung	18	54,5
Rückenprobleme durch langes Sitzen an der Kasse	18	54,5
Arbeiten in Zugluft/Kälte	16	48,5
Mangelnde Anerkennung der Arbeitsleistung durch Firmenleitung	16	48,5
Schlechtes Arbeitsklima	11	33,3
Schweres Heben	7	21,2

Weiteres Vorgehen

6. Der *Arbeitskreis „Arbeit und Gesundheit"* erörtert die genannten *Probleme* und stuft sie dann anschließend entsprechend ihrer Wichtigkeit ein *(Priorisierung)*. Zuvor hatte man sich auf folgendes Kriterium geeinigt, nach dem gewichtet werden sollte: Es soll-

ten zuerst die drei *gravierendsten (= am häufigsten genannten) Probleme* angegangen werden. Eine Alternative hierzu hätte sein können: Es sollten zuerst die Probleme angegangen werden, bei denen die Umsetzung ein *positives Kosten/Nutzen-Verhältnis* verspricht (d.h. es sollten solche Maßnahmen umgesetzt werden, die relativ wenig kosten, aber einen relativ großen Nutzen versprechen).

7. Vom Betriebsleiter wird nun eingewandt, dass ja überhaupt nicht klar sei, ob die am häufigsten genannten Probleme auch diejenigen seien, die am häufigsten zu Arbeitsunfähigkeit führten. Es gäbe z.B. bei der Fehlzeitenanalyse den Hinweis, dass die meisten Kurzzeit-AU-Fälle in der Herbst-/Winterzeit auftreten. Diese seien wahrscheinlich v.a. durch Erkältungskrankheiten hervorgerufen. Daher sollte man doch eher am Thema „Kälte/Zugluft“ und „Hygiene“ ansetzen. Möglicherweise seien die Langzeit-AU-Fälle tatsächlich durch Stress (mit-)hervorgerufen. Aber es könnte auch sein, dass die Ursache von „Rückenproblemen“ das lange Sitzen (z.B. an der Kasse oder im Büro) sei.
8. Der Arbeitskreis „Arbeit und Gesundheit“ berät sich noch einmal, zieht die Betriebsärztin hinzu und beschließt Folgendes:
   - Es wird ein Konzept für den Betrieb erarbeitet, dessen Ziel es ist, die Bedingungen im Betrieb schrittweise so zu verbessern, dass sich dies positiv auf die Gesundheit der Beschäftigten auswirkt und dass es den Beschäftigten leichter fällt, sich gesundheitsbewusst zu verhalten.
   - Hierzu sollen mithilfe des *Public Health Action Cycles* zuerst die folgenden Probleme angegangen werden: (1) *Arbeitszeitgestaltung* (Überstunden, ungünstige Arbeitszeiten), (2) *Arbeitsplatzgestaltung* (Kälte, Zugluft) und (3) *Arbeitsorganisation plus Arbeitsplatzgestaltung* (langes Sitzen).
   - Man geht davon aus, dass sich die in diesem Zusammenhang zu erarbeitenden Maßnahmen auch positiv auf das Arbeitsklima und ggf. auf das Verhältnis zum Betriebsleiter auswirken können.
   - Eine Schulung im Umgang mit schwierigen Kunden (als Reaktion auf das Problem *„Stress durch Kundenverhalten“*) wird aufgrund der zu erwartenden Kosten auf das nächste Jahr verschoben.
9. Projektplanung „Bessere Arbeitszeitgestaltung“
   - Ausgangslage: häufige Überstunden, ungünstige Arbeitszeiten (abends bis 22.00 Uhr, samstags)
   - Zielgruppe: Mitarbeiter/-innen im Verkauf
   - Projektziele (Soll-Zustand): Reduzierung der Überstunden, bessere Anpassung der Arbeitszeiten an die Wünsche der Mitarbeiter/-innen

Maßnahmen:

I. Gespräch mit Geschäftsführer, ob Einstellung von zwei zusätzlichen Arbeitskräften (alternativ: mehr Mini-Jobber) im Verkauf möglich ist; verstärkte Anstrengungen, um zwei Auszubildende für das Unternehmen zu gewinnen (z.B. Kooperation mit örtlichen Schulen zur Kontaktaufnahme mit AZUBI-Interessenten).

II. Interne Untersuchung, ob bessere Arbeitsorganisation möglich ist, durch die die Arbeiten im Verkauf in kürzerer Zeit erledigt werden können (Externe Untersuchung wird aus Kostengründen von der Geschäftsleitung abgelehnt). Hierzu sollen Vorschläge der Mitarbeiter eingesammelt werden.

III. Probeweise (vorerst 3 Monate) soll die monatliche Planung der Arbeitszeiten der Beschäftigten im Verkauf von ihnen selbst übernommen werden. Dazu wird eine dreiköpfige Arbeitsgruppe gebildet, die dies organisiert.

10. Projektplanung „Bessere Arbeitszeitgestaltung“

Zeitplan:

zu I: Gespräch soll innerhalb von 2 Wochen stattfinden, alle Beschäftigten sollen innerhalb von 1 Woche über das Ergebnis informiert werden. Die Kooperation mit den örtlichen Schulen soll innerhalb von vier Wochen eingeleitet und dann langfristig beibehalten werden.

zu II: Die Vorschläge sollen innerhalb von 4 Wochen eingesammelt werden, innerhalb von weiteren 2 Wochen sollen sie gesichtet und auf ihre Tauglichkeit überprüft werden. Die besten Vorschläge sollen dann 3 Monate probeweise umgesetzt werden.

zu III: Die dreiköpfige Arbeitsgruppe soll sich innerhalb von 2 Wochen bilden; dann Arbeitszeitplanung 3 Monate probeweise durch die Beschäftigten im Verkauf.

- *Ort/Wirkungsraum:* Das Einzelhandelsunternehmen
- *Materialien/Hilfsmittel:* Computer, Papier, Unterlagen zum BGM und zur Planung und Evaluierung von Maßnahmen des BGM
- *Projekt-Team:* Arbeitskreis „Arbeit und Gesundheit“
- *Finanzen/Budget:* Kosten für Einstellung neuer Arbeitskräfte/Mini-Jobber; Kosten für Materialien/Hilfsmittel; Lohnkosten für die Arbeitszeit der Teilnehmer während des Arbeitskreises „Arbeit und Gesundheit“
- *Information:* Belegschaft soll jeweils unmittelbar (innerhalb einer Woche) über jeden der durchgeführten Schritte schriftlich informiert werden.
- *Überprüfung der Zielerreichung:* Vor Beginn der Maßnahmen und 4 Monaten nach Beginn der Maßnahmen soll eine Befragung der im Verkauf Beschäftigten zu ihrer Arbeitssituation im Hinblick auf die Arbeitszeitgestaltung durchgeführt werden. Ein Vergleich der Ergebnisse soll über den Grad der Zielerreichung informieren.

11. Analog dazu sollen die Projektplanung „Bessere Arbeitsplatzgestaltung“ durchgeführt werden.
    - *Ausgangslage:* Mitarbeiter/-innen klagen über Kälte, Zugluft
    - *Zielgruppe:* Mitarbeiter/-innen im Verkauf
    - *Projektziele (Soll-Zustand):* Raumklima im Verkaufsraum ohne Kälte und Zugluft

Bei der Projektplanung „Bessere Arbeitsorganisation und bessere Arbeitsplatzgestaltung“ ergeben sich folgende Ausgangspunkte:

- *Ausgangslage:* Mitarbeiter/-innen klagen über Rückenschmerzen durch langes Sitzen an der Kasse
- *Zielgruppe:* Mitarbeiter/-innen im Verkauf
- *Projektziele (Soll-Zustand):* Reduzierung der Rückenschmerzen bei den Mitarbeitern **oder** Reduzierung der Fehlzeiten aufgrund von Rückenschmerzen bei den Mitarbeitern (z. B. um 20 % innerhalb eines Jahres)

Beide Projektplanungen werden in Anlehnung an die Projektplanung „Bessere Arbeitszeitgestaltung" durchgeführt. Sie zeigen, dass auch in kleineren Unternehmen eine effektive und effiziente Planung und Umsetzung von BGM-Maßnahmen möglich ist.

13.12 Antwort zu Aufgabe 12

Aufgabe 12.1

Sind wissenschaftliche Evidenz, Effektivität und Effizienz bei BGM-Maßnahmen Ihrer Ansicht nach auch für die Zielpersonen dieser Maßnahmen – die Beschäftigten des Unternehmens – von Bedeutung?

Für die Beschäftigten in einem Unternehmen ist es von großer Bedeutung zu wissen, welche BGM-Maßnahmen nach wissenschaftlichen Untersuchungen als wirksam bezeichnet werden können und welche nicht, da sie ja die Zielpersonen dieser Maßnahmen sind. Nur effektive Maßnahmen können einen positiven Einfluss auf die Gesundheit der Beschäftigten haben. Es sollten Maßnahmen sein, die auf dem Boden der besten, derzeit zur Verfügung stehenden Daten hinsichtlich ihrer Wirksamkeit von Wissenschaftlern als evident eingeschätzt werden. Auch die Effizienz einer BGM-Maßnahme kann Auswirkungen auf die Zielpersonen der Maßnahme – die Beschäftigten – haben, denn in der Regel werden nur die BGM-Maßnahmen in einem Unternehmen umgesetzt, die ein gewisses Maß an Effizienz erwarten lassen. Im Sinne des Unternehmens sollten BGM-Maßnahmen zumindest nicht mehr Kosten verursachen, als sie an in Geldwert ausgedrücktem Nutzen erbringen.

Aufgabe 12.2

Wählen Sie bitte eine einzelne BGM-Maßnahme aus, die Sie in Ihrem Betrieb/Ihrer Institution/Ihrer Abteilung umsetzen möchten. Beschreiben Sie dazu jeweils, wie Sie die Effektivität und die Effizienz dieser Maßnahme berechnen können!

Sie wählen folgendes Beispiel einer BGM-Maßnahme aus:

Sie arbeiten in einem kleinen Klinikum, in dem 76 Pflegekräfte in Voll- und Teilzeit arbeiten. Von diesen Pflegekräften sind 34 % Raucher. Vor allem in den Wintermonaten leiden besonders die Raucher immer wieder an Erkältungskrankheiten und fallen z. T. länger aus. Die AU-Quote lag im den Wintermonaten (Dez., Jan., Febr.) durchschnittlich bei 73 %. Es gibt Anzeichen dafür, dass diese Beschäftigten dann auch häufig zu Ansteckungsherden für ihre Kollegen und für die Patienten werden. Sie starten daher in der Klinik ein Programm zur Raucherentwöhnung und berichten der Klinikleitung von der Effektivität und der Effizienz dieses Programmes.

1. Effektivität

Sie streben eine Halbierung des Raucheranteils bei den Pflegekräften auf 17% und ein Absinken der AU-Quote in den Wintermonaten auf 50% an. Nach der Einführung des Raucherentwöhnungs-Programms sinkt der Anteil der Raucher innerhalb eines Jahres auf 24%. Die AU-Quote liegt im genannten Zeitraum bei 67%.

Definierte Ziele:

a. Innerhalb eines Jahres soll der Raucheranteil bei den Pflegekräften von 34% auf 17% sinken. (Angestrebte Reduktion: 17 Prozentpunkte)
b. In den Monaten Dezember bis Februar soll die AU-Quote nun nur noch bei 50% liegen. (Angestrebte Reduktion: 23 Prozentpunkte)

Erreichte Ziele:

a. Der Raucheranteil bei den Pflegekräften sinkt innerhalb eines Jahres auf 24%. (Tatsächliche Reduktion: 10 Prozentpunkte)
b. In den Monaten Dezember bis Februar beträgt die AU-Quote bei den Beschäftigten nun 67%. (Tatsächliche Reduktion: 6 Prozentpunkte)

Effektivität der Maßnahmen:

a. Reduktion des Raucheranteils
   10/17 = 0,59 → Das angestrebte Ziel wurde nur zu 59% erreicht.
b. Senkung der AU-Quote
   6/23 = 0,26 → Das angestrebte Ziel wurde nur zu 26% erreicht.

Kritische Betrachtung dieser Ergebnisse:

Bei der Betrachtung der errechneten Effektivität der durchgeführten Maßnahmen müssen auch die sonstigen Bedingungen berücksichtigt werden. Es kann z.B. sein, dass in diesem Jahr die Ansteckungswahrscheinlichkeit für Erkältungskrankheiten und Virusgrippe besonders hoch oder besonders niedrig war. Zudem kann die AU-Quote auch aufgrund anderer Erkrankungen angestiegen sein, obwohl die Zahl der AU-Fälle aufgrund von Erkältungskrankheiten stärker abgesunken ist. (Um dies besser beurteilen zu können, hätten Sie nur die AU-Quote aufgrund von Atemwegserkrankungen/Erkältungskrankheiten betrachten müssen. Allerdings ist dies schwierig, da Ihnen Informationen über die Art der Erkrankungen in der Regel nicht zugänglich sind). Darüber hinaus ist es auch möglich, dass die Maßnahmen nur unzureichend durchgeführt wurden. Auch können die gesteckten Ziele (z.B. bei der Reduktion des Raucheranteils) unrealistisch gewesen sein.

2. Effizienz

Derzeit sind 73% der Pflegekräfte in den Monaten Dezember bis Februar mindestens einmal krankgeschrieben. Durch diese AU-Tage fallen etwa 507.000 € an Ausfallkosten an. Nach der Einführung von Rauchstopp-Maßnahmen sinkt der Anteil im folgenden

Jahre auf 67 %. Für die Rauchstopp-Maßnahmen wendet das Klinikum in diesem Jahr insgesamt etwa 28.000 € auf.

1. Kosten bei einer AU-Quote von 73 % im Dez. bis Jan.: 507.000 €
2. Kosten bei einer AU-Quote von 67 % im Dez. bis Jan.: 465.329 €

Nutzen: Einsparung von 41.671 €

3. Kosten der Rauchstopp-Maßnahmen: 28.000 €
4. Kosten-Nutzen-Verhältnis: 28.000 €/41.671 €

→ Pro Euro, der für diese BGM-Maßnahmen ausgegeben wurde, sparte die Klinik 1,49 € an Ausfallkosten als Folge von AU-Tagen ein. Die BGM-Maßnahmen sind also effizient.

Kritische Betrachtung dieser Ergebnisse:
Bei der Betrachtung dieses Ergebnisses müssen auch die unter „Effektivität" genannten Einschränkungen beachtet werden. Es kann durchaus sein, dass die Zahl der AU-Tage aufgrund von Erkältungskrankheiten im nächsten Jahr wieder steigt, z. B. weil die Ansteckungsgefahr im nächsten Jahr dann insgesamt größer ist. Falls die neuen Nichtraucher Nichtraucher bleiben, kann die Zahl der AU-Tage aufgrund von Atemwegsinfekten und aufgrund von anderen Folgeerkrankungen des Rauchens auch in den Folgejahren niedriger bleiben als sie es ohne diese Rauchstopp-Maßnahmen wäre. Dies müsste dann auch noch zum Nutzen der Maßnahme hinzugezählt werden. Zudem müsste man auch den möglichen Nutzen bei den Patienten der Klinik betrachten. So könnte z. B. die Verweildauer in der Klinik aufgrund einer geringeren Zahl von Atemwegsinfektionen sinken (und damit auch die Kosten pro Patient).

Anhang und Serviceteil

14 Glossar

Adipositas

Mit dem Begriff **Adipositas** (Obesity) bezeichnet man krankhaftes Übergewicht, das zu gesundheitlichen Beeinträchtigungen führen kann und durch einen erhöhten Körperfettanteil gekennzeichnet ist. Nach der WHO-Definition (siehe auch → *World Health Organization)* spricht man von einer Adipositas bei einem → *Body-Mass-Index* (BMI) von ≥ 30 kg/m². Bei einem BMI zwischen 25 kg/m² und 30 kg/m² geht man von einer Prä-Adipositas (leichtes Übergewicht, Vorstufe der Adipositas) aus. Die Adipositas selbst wird in drei Stufen gegliedert: Adipositas Grad I (BMI: 30,0 – < 35,0 kg/m²), Adipositas Grad II (BMI: 35,0 – < 40,0 kg/m²) und Adipositas Grad III (BMI: ≥ 40,0 kg/m²). Typische Adipositas-Folgeerkrankungen sind Bluthochdruck, Fettstoffwechselstörungen und → Diabetes mellitus Typ 2 sowie die Arthrose.

Altersstrukturanalyse

Mithilfe einer **Altersstrukturanalyse** können die aktuelle Altersstruktur der Belegschaft eines Unternehmens sowie die zukünftigen Entwicklungen der Alterszusammensetzung dargestellt werden. Die aktuellen Altersstrukturdaten werden entweder pro Jahrgang erfasst oder in Altersklassen eingeordnet.

Arbeit 4.0

Mit dem Begriff **„Arbeit 4.0"** bezeichnet man v. a. die Veränderungsprozesse in der Arbeitswelt aufgrund der Anwendungs- und Nutzungsmöglichkeiten der fortschreitenden Digitalisierung. Dies beinhaltet auch die Nutzung von immer leistungsfähigeren Arbeitsrobotern und Computern, sodass in der Folge v. a. in den Industrieunternehmen die Arbeitsmöglichkeiten für Arbeitnehmer zunehmend eingeschränkt werden.

Arbeitsmedizin

Die **Arbeitsmedizin** beschäftigt sich mit den Wechselwirkungen von Arbeit und Gesundheit. Ihr Hauptziel ist die menschengerechte Gestaltung der Arbeit. Sie trägt zum Erhalt und zur Förderung der Gesundheit und damit auch der Leistungsfähigkeit des arbeitenden Menschen bei. Zu ihren Aufgaben gehören nicht nur die Diagnostik und → *Prävention* von → *Berufskrankheiten* und anderen arbeitsassoziierten Gesundheitsschäden *(→ Arbeitsassoziierte Gesundheitsstörung),* sondern auch die Unfallverhütung und das Erkennen von Gefahren, die vom Arbeitsprozess und den Arbeitsbedingungen ausgehen *(→ Gefahrstoffe, → Gefährdungsbeurteilung).* Arbeitsmediziner bewerten die Leistungsfähigkeit, Belastbarkeit und Einsatzfähigkeit der Beschäftigten und führen arbeitsmedizinische

Vorsorge-, Tauglichkeits- und Eignungsuntersuchungen durch *(→ Gesundheit-Checks; → Früherkennungsuntersuchungen)*. Sie integrieren chronisch kranken Menschen *(→ Chronische Erkrankungen)* und Menschen mit Behinderung *(→ Schwerbehinderung)* in den Arbeitsprozess.

Arbeitsschutz

Mithilfe des betrieblichen **Arbeitsschutzes** sollen die Beschäftigten wirksam vor Gefahren und gesundheitlichen Schädigungen am Arbeitsplatz geschützt werden. Die gesetzliche Basis bildet in Deutschland das Arbeitsschutzgesetz (ArbSchG). Das wichtigste Werkzeug des Arbeitsschutzes ist dabei die → *Gefährdungsbeurteilung*.

Arbeitsassoziierte Gesundheitsstörung

→ *Berufsbezogene Gesundheitsstörung*

Arbeitsausfallkosten

Arbeitsausfallkosten sind → *Kosten*, die durch die Abwesenheit vom Arbeitsplatz (z. B. infolge einer Krankheit) entstehen.

Arbeitsunfähigkeitstage (AU-Tage)

Als **Arbeitsunfähigkeitstage** bezeichnet man die Anzahl der Tage in einem Auswertungszeitraum (z. B. in einem Jahr), an denen eine Person oder die Belegschaft in einem Betrieb arbeitsunfähig war. Hierbei werden arbeitsfreie Wochenenden und Feiertage in der Regel mitgezählt, da die Berechnung der AU-Tage auf den Krankschreibungstagen beruht.

Arbeitsunfähigkeitsquote (AU-Quote)

Als **Arbeitsunfähigkeitsquote** bezeichnet man den Anteil an der untersuchten Grundgesamtheit (z. B. den Beschäftigten in einem Betrieb oder den Mitgliedern einer Krankenkasse), die im Auswertungszeitraum mindestens 1× krankgeschrieben waren. Die Angabe erfolgt in Prozent.

Bedarfsanalyse

Mithilfe einer **Bedarfsanalyse** kann z. B. der Bedarf an Waren, Dienstleistungen oder Personal in einer bestimmten Region, einer bestimmten Personengruppe oder in einem bestimmten Zeitraum festgestellt werden. In einem Unternehmen kann durch eine strategische Bedarfsanalyse ermittelt werden, welche Maßnahmen notwendig sind, um die Zukunftsfähigkeit eines Unternehmens sicherzustellen.

Berufsbezogene Gesundheitsschädigung

Berufsbezogene Gesundheitsschädigungen (arbeitsbedingte bzw. arbeitsassoziierte Erkrankungen) sind Krankheiten, die in ihrer Entstehung oder ihrem Verlauf stark durch Belastungen am Arbeitsplatz beeinflusst werden, ohne dass die Arbeit die alleinige oder überwiegende Ursache hierfür ist.

Berufskrankheit

Der Begriff der **Berufskrankheit** ist rechtlich definiert. Es handelt sich dabei um eine Erkrankung, die aus medizinischer Sicht beruflich bedingt ist und in einer amtlichen Liste aufgeführt wird.

Best Practice

→ *Good Practice*

Betriebliche Gesundheitsförderung (BGF)

Die **Betriebliche Gesundheitsförderung** umfasst alle gemeinsamen Maßnahmen von Arbeitgebern, von Arbeitnehmern und der Gesellschaft zur Verbesserung der Gesundheit und des Wohlbefindens am Arbeitsplatz. Dies kann v. a. durch eine Verbesserung der Arbeitsorganisation und der Arbeitsbedingungen, eine Förderung der aktiven Mitarbeiterbeteiligung und eine Stärkung der persönlichen Kompetenzen von Arbeitgebern und Arbeitnehmern erfolgen.

Betriebliches Gesundheitsmanagement (BGM)

Betriebliches Gesundheitsmanagement schafft gesundheitsförderliche Strukturen in den Unternehmen und setzt Prozesse in Gang, die dort der Umsetzung sinnvoller präventiver und gesundheitsfördernder Maßnahmen dienen. Dabei verbindet es jeweils die klassischen Felder der Verhältnis- und der Verhaltensprävention mit dem Blick auf die Ressourcen der Mitarbeiter und nutzt aktiv moderne Managementinstrumente. BGM orientiert sich dabei stets an den im Unternehmen vorhandenen Bedingungen und bezieht neben der Führung des Betriebes auch alle Betriebsangehörigen und ggf. auch noch andere beteiligte Akteure in die Planung und Umsetzung von gesundheitsfördernden und präventiven Maßnahmen mit ein *(→ Partizipation, → Bottom-up-Ansatz)*. Charakteristisch für das Betriebliche Gesundheitsmanagement ist eine detaillierte Planung im Rahmen eines Gesamtkonzeptes. Die dabei angewandten Maßnahmen sollen wissenschaftlich fundiert sein *(→ Evidenz)* und nachhaltig *(→ Nachhaltigkeit)* umgesetzt werden. Die Überprüfung des Erfolgs der Maßnahmen geschieht jeweils mithilfe einer → *Evaluation*.

Betriebliches (Wieder-)Eingliederungsmanagement (BEM)

Das **Betriebliche (Wieder-)Eingliederungsmanagement** *(→ Return to Work)* ist Teil des → *Betrieblichen Gesundheitsmanagements*. In Deutschland sind Arbeitgeber verpflichtet, allen Beschäftigten, die mehr als sechs Wochen innerhalb eines Zeitraumes von zwölf Monaten arbeitsunfähig waren, BEM-Maßnahmen anzubieten. Mithilfe verschiedener personenbezogener Maßnahmen sollen die betroffenen Arbeitnehmer nun wieder in den Betrieb eingegliedert werden. Sie sollen dadurch ihre Arbeitsunfähigkeit überwinden, zudem soll erneuter Arbeitsunfähigkeit vorgebeugt werden. Auch sollen die Maßnahmen dafür sorgen, dass der Arbeitsplatz erhalten bleibt.

Biomedizinisches Krankheitsmodell

Das heute in der medizinischen Praxis überwiegend angewandte **biomedizinische Krankheitsmodell** beschäftigt sich damit, welche Vorgänge zu Krankheiten führen und untersucht mögliche → *Risikofaktoren,* die die Entstehung von Krankheiten beeinflussen. Es betrachtet dabei Veränderungen auf verschiedenen Ebenen des Körpers und geht davon aus, dass normalerweise ein Fließgleichgewicht innerhalb einer Zelle, eines Organs oder im Organismus besteht (Homöostase). Abweichungen von diesem definierten Normalzustand des Körpers werden als Krankheiten interpretiert.

Body-Mass-Index (BMI)

Unter dem **Body-Mass-Index** (BMI) versteht man den Quotienten aus Körpergewicht und quadrierter Körpergröße. Der BMI wird in der Regel zur Erkennung von individuellen Gesundheitsrisiken eingesetzt. Die WHO (siehe auch → *World Health Organization*) hat eine Gewichtsklassifikation für Erwachsene entwickelt, mit deren Hilfe man anhand des BMI zwischen Untergewicht (BMI < 18,5 kg/m^2), Normalgewicht (BMI zwischen 18,5 und 25,0 kg/m^2), leichtem Übergewicht (BMI zwischen 25,0 und 30,0 kg/m^2) und → *Adipositas* Grad I (BMI zwischen 30,0 und 35,0 kg/m^2), Grad II (BMI zwischen 35,0 und 40,0 kg/m^2) und Grad III (BMI ≥ 40,0 kg/m^2) unterscheiden kann. Man geht davon aus, dass adipöse Menschen ein höheres Risiko haben, Folgeerkrankungen wie → *Diabetes mellitus Typ 2,* Hypertonie und Arthrose zu entwickeln.

Bottom-up-Prinzip

Als **Bottom-up** (engl.: von unten nach oben) und → *Top-down* (engl.: von oben nach unten) bezeichnet man im Englischen zwei entgegengesetzte Richtungen, in die Prozesse wirken können. Im Zusammenhang mit dem → *Betrieblichen Gesundheitsmanagement* versteht man unter dem Bottom-up-Prinzip die Einbeziehung und Mitwirkung aller Beschäftigter (bottom), die ihre Ideen und Vorschläge nach oben (up; in Richtung Unternehmensleitung, aber auch in Richtung der BGM-Verantwortlichen) weiterleiten, sodass diese dann über die Führungsebene im Betrieb umgesetzt werden können. Beim Top-down-Ansatz werden die Ideen und Vorschläge der Unternehmensleitung bzw. der Führungsebene (top) von den Beschäftigten umgesetzt (down), ohne dass diese in den BGM-Prozess mit einbezogen werden.

Burden of Disease

Mit dem Konzept des **Burden of Disease** versucht man die Gesamtkrankheitslast zu erfassen, der eine Bevölkerung (Population) ausgesetzt ist. Zu ihr gehören Einschränkungen durch Krankheit, Unfälle und Behinderungen ebenso wie der frühzeitige Tod. Der Gesundheitszustand einer Population wird dabei mit der Idealsituation verglichen, in der alle Mitglieder bei guter Gesundheit altern würden. Die Krankheitslast wird in „Disability Adjusted Life Years“ (DALYs) angegeben.

Burnout

Das von Herbert J. Freudenberger (1926–1999) entwickelte Konzept des **Burnout-Syndroms** beschreibt einen stressbedingten, schleichenden Prozess, der durch eine körperliche, emotionale, geistig-mentale und soziale → *Erschöpfung* gekennzeichnet ist. Obwohl bei der Entstehung eines Burnouts auch noch andere Faktoren wie private Konflikte, Überforderung durch das familiäre Umfeld, Zivilisationsstressoren etc. sowie persönliche Stressverstärker eine Rolle spielen können, verbinden die meisten Menschen in unserer Gesellschaft den Begriff v.a. mit einer chronischen, erschöpfenden beruflichen Überbelastung.

Chronische Krankheiten

Bei **chronischen Krankheiten** sind andauernd oder schubweise Krankheitssymptome vorhanden, die durch in der Regel nicht rückgängig zu machende Krankheitsprozesse verursacht werden. Eine Heilung ist meist nicht möglich. Mit dem Alter nimmt die Zahl chronischer Erkrankungen zu. Die Betroffenen haben dann nicht selten einen lang andauernden, hohen Betreuungsbedarf. Typische chronische Erkrankungen sind der → *Diabetes mellitus,* die Herzinsuffizienz und die Arthrose.

Coping

Das **Coping** ist eine Bewältigungsstrategie. Es beschreibt die Art des Umgangs mit einem als bedeutsam und schwierig empfundenen Lebensereignis oder einer Lebensphase.

Demografischer Wandel

Unter dem **demografischen Wandel** versteht man die Bevölkerungsentwicklung in einem bestimmten Gebiet im Hinblick auf die Altersstruktur der Bevölkerung, das quantitative Verhältnis von Männern und Frauen, die Anteile von Inländern, Ausländern und Eingebürgerten an der Bevölkerung, die Geburten- und Sterbefallentwicklung sowie auf die Einwanderung und Auswanderung von Menschen in dieses Gebiet bzw. aus diesem Gebiet heraus. Der derzeit in den deutschsprachigen Ländern stattfindende demografische Wandel betrifft v.a. die Änderungen in der Altersstruktur der Bevölkerung. Durch die höhere durchschnittliche Lebenserwartung, die große Zahl an Menschen, die ins Rentenalter kommen (Generation der „Baby-Boomer") und die aktuell relativ niedrige Geburtenrate nimmt der Prozentsatz an älteren Menschen im Vergleich zu Kindern und Jugendlichen weiterhin zu.

Depression

Die **Depression** ist eine psychische Störung, die den affektiven Störungen (Affektstörungen) zugeordnet wird. Typische Symptome sind länger andauernde negative Stimmungen, Verlust an Freude, Interesse und Antrieb. Auch das Selbstwertgefühl und die Leistungsfähigkeit sind eingeschränkt. Die Symptome sind in der Regel sehr ausgeprägt und senken die Lebensqualität erheblich.

Diabetes mellitus

Der **Diabetes mellitus,** die Zuckerkrankheit, ist eine Stoffwechselerkrankung, die durch erhöhte Blutzuckerwerte gekennzeichnet ist. Ursache für die erhöhten Blutzuckerwerte kann entweder ein (absoluter) Insulinmangel und/oder eine Insulinresistenz verschiedener Organe sein. Das Hormon Insulin, das in der Bauchspeicheldrüse gebildet wird, regelt den Zuckertransport in die Zellen und senkt dadurch den Blutzuckerspiegel. Beim absoluten Insulinmangel wird in der Bauchspeicheldrüse zu wenig oder gar kein Insulin gebildet (Diabetes mellitus Typ 1). Dagegen besteht beim Diabetes mellitus Typ 2 eine

Insulinresistenz v.a. der Leber- und Muskelzellen. Der Zucker kann daher nicht in die Leber und die Muskeln aufgenommen werden und verbleibt vorerst im Blut. Bei der Entstehung des Diabetes mellitus Typ 2 spielen meist → *Adipositas* und körperliche Inaktivität eine große Rolle. Folgeerkrankungen des Diabetes mellitus sind u.a. Schädigungen im Bereich des Herz-Kreislauf-Systems, der Nieren, der Augen und der Nerven.

Dis-Stress

Dis-Stress ist → *Stress,* der als unangenehm empfunden wird. Er hat negative körperliche, geistige und seelische Folgen für den Betroffenen.

Diversität (Diversity)

Nach dem von der Europäischen Union (EU) als Leitbild verwendeten soziologischen Ansatz der **Diversität** (d.h. der Vielfalt in unserer Gesellschaft) sind Menschen sehr verschieden. Trotz ihrer verschiedenen Gruppen- und individuellen Merkmale gelten für sie alle jedoch dieselben grundlegenden Rechte.

Effektivität

Die **Effektivität** ist ein Maß für die Wirksamkeit einer Maßnahme. Sie beschreibt das Verhältnis von dem erreichten Ergebnis zu dem zuvor definierten Ziel. Mithilfe dieser Maßangabe kann festgestellt werden, wie nahe das Ergebnis dem angestrebten Ziel gekommen ist (Grad der Zielerreichung).

Effizienz

Als **Effizienz** bezeichnet man den Wirkungsgrad einer Maßnahme. Hierzu setzt man Wirkung bzw. Nutzen ins Verhältnis zum betriebenen Aufwand.

Empowerment

Unter **Empowerment** versteht man einerseits den Prozess der „Selbstermächtigung" oder „Befähigung", andererseits aber auch die professionelle Unterstützung bei diesem Prozess. Das Ziel von Empowerment ist, dass Menschen das Gefühl von Macht- und Einflusslosigkeit überwinden können, dabei ihre eigenen → *Ressourcen* erfahren und diese nutzen lernen.

Ergebnisevaluation

Unter einer **Ergebnisevaluation** versteht man die Beschreibung und Bewertung der Ergebnisse eines Programms oder einer Maßnahme. Dabei werden insbesondere auch die Stärken und Schwächen analysiert. Siehe auch → *Evaluation* und → *Prozessevolution.*

Ergonomie

Aufgabe der **Ergonomie** ist es, Arbeitsbedingungen, Arbeitsabläufe sowie die Form und Anordnung von hierzu nötigen Gegenständen zu optimieren, um dadurch in qualitativer und wirtschaftlicher Hinsicht ein möglichst optimales Arbeitsergebnis zu erzielen. Ein besonders wichtiger Aspekt ist hierbei die immer wieder neu vorzunehmende Anpassung der Bedingungen an den dort arbeitenden, sich verändernden Menschen, sodass dieser möglichst effizient *(→ Effizienz)* und fehlerfrei arbeiten kann. Auf diese Weise soll der hier tätige Mensch auch dann, wenn er die Tätigkeit langfristig ausübt, vor Gesundheitsschäden geschützt werden.

Erwerbsminderungsrente

→ *Frühverrentung.*

Erwerbstätigenquote

Als **Erwerbstätigenquote** oder Beschäftigungsquote bezeichnet man den Anteil der Erwerbstätigen an der gesamten Bevölkerung eines Landes oder an einer Bevölkerungsgruppe. Es werden sowohl Erwerbstätige in Vollzeit als auch Erwerbstätige in Teilzeit mitgezählt, auch dann, wenn das Arbeitsverhältnis zum Erhebungszeitpunkt ruht (z. B. Elternzeit).

Evaluation

Als **Evaluation** bezeichnet man die Erfolgskontrolle nach der Durchführung einer Maßnahme. Sie umfasst die Beschreibung, Analyse und Bewertung von Projekten, Prozessen und Organisationseinheiten. Mithilfe einer Evaluation können Maßnahmen jedoch nicht nur bewertet werden, sie dient darüber hinaus als Entscheidungshilfe für die bessere Planung und Durchführung von weiteren Maßnahmen. Siehe auch → *Ergebnisevaluation* und → *Prozessevaluation.*

Evidenz

Im Kontext von Medizin und Gesundheitswissenschaften bedeutet **Evidenz** die auf dem Boden der besten zur Verfügung stehenden Daten empirisch nachgewiesene Wirksamkeit einer präventiven *(→ Prävention)* oder therapeutischen Maßnahme (Best Practice).

Externale Ressourcen

→ *Ressourcen,* die in der Umwelt eines Menschen liegen, bezeichnet man als **externale Ressourcen**. Hierzu gehören z. B. das soziale Umfeld eines Menschen, die ökonomischen und ökologischen Bedingungen, in denen er lebt, sein berufliches Umfeld und die soziale Unterstützung, die er durch die Menschen in seiner Umgebung erfährt. Siehe auch → *Ressourcen* und → *Internale Ressourcen.*

Fallmanager

Als **Fallmanager** bezeichnet man in Deutschland in der Regel einen Menschen, der im Auftrag einer Verwaltungseinrichtung in sozialer/gesundheitlicher Hinsicht mit der Betreuung eines Menschen betraut ist. Dabei übernimmt er im Interesse des Leistungsträgers oder des Kostenträgers verschiedene administrative Aufgaben, vertritt also nicht die Interessen des versicherten Klienten oder Patienten, sondern die der betreuenden Sozialeinrichtung oder Klinik.

Fehlzeiten (krankheitsbedingte)

Als **Fehlzeit** bezeichnet man den Zeitraum (in Stunden oder Tagen), den ein Beschäftigter vom Arbeitsplatz abwesend ist. Man unterscheidet hierbei zwischen gesetzlich bedingten, betrieblich bedingten und persönlich bedingten Fehlzeiten. Zu den persönlich bedingten Fehlzeiten gehören die krankheitsbedingten Fehlzeiten. Als Ursachen von Arbeitsunfähigkeit *(→ Arbeitsunfähigkeitstage, → Arbeitsunfähigkeitsquote)* kommen Krankheit, Unfall und Kur infrage.

Fehlzeitenanalyse

Im Rahmen einer **Fehlzeitenanalyse** werden die → *Fehlzeiten* der Mitarbeiter eines Unternehmens hinsichtlich ihrer Häufigkeit, Dauer und Art (und ggf. auch ihrer Ursachen) betrachtet. So wird z.B. danach geschaut, ob es Muster im Hinblick auf Alter, Geschlecht, Berufsfeld etc. gibt und entsprechender gesundheitsbezogener Handlungsbedarf besteht.

Früherkennungsuntersuchungen

Früherkennungsuntersuchungen werden – nicht ganz korrekt – oft auch als Vorsorgeuntersuchungen bezeichnet. Sie haben zum Ziel, Erkrankungen in einem möglichst frühen Stadium zu erkennen, um sie so früh wie möglich zu therapieren. Beispiel: → *Gesundheitschecks*

Frühverrentung

In Deutschland werden mit dem juristisch ungenauen Begriff **„Frührente“** alle Formen der frühzeitigen Berentung verstanden. „Frührente“ umfasst damit alle Formen des vorgezogenen Überganges in die Erwerbslosigkeit, die zu einer Rentenzahlung durch die gesetzliche Rentenversicherung führen. Hierzu gehören die → *Erwerbsminderungsrente* oder die vorgezogenen Altersrente nach Arbeitslosengeldbezug.

Gefahrstoffe

Gefahrstoffe sind Stoffe oder Stoffgemische, die aufgrund bestimmter physikalischer oder chemischer Eigenschaften für Mensch oder Umwelt gefährlich sein können oder eine schädigende Wirkung haben. Beim Umgang mit Gefahrstoffen muss in Deutschland eine Einstufung und Kennzeichnung der Substanzen nach der Technischen Regel für Gefahrstoffe (TRGS) 201 erfolgen.

Gefährdungsbeurteilung

Mithilfe der **Gefährdungsbeurteilung** werden in den Unternehmen nicht nur unmittelbare Gesundheitsgefahren erkannt, sondern schon im Vorfeld Gefährdungen ermittelt, sodass rechtzeitig entsprechende Präventivmaßnahmen ergriffen werden können. Die Gefährdungsbeurteilung ist ein systematisch ablaufender Prozess, durch den in einem Unternehmen alle relevanten Gefährdungen ermittelt und bewertet werden, mit denen die Beschäftigten während ihrer Arbeit in Kontakt kommen.

Gender (soziales Geschlecht)

Der Begriff **„Gender"** bezeichnet im angloamerikanischen Sprachbereich das soziale, anerzogene Geschlecht – im Gegensatz zum biologischen Geschlecht, das dort mit „Sex" bezeichnet wird. Nach einer englischen Definition der → *Weltgesundheitsorganisation* (WHO) versteht man unter „Sex" die biologischen und physiologischen Charakteristika, die den Menschen ausmachen, unter „Gender" hingegen die durch das soziale Zusammenleben bedingten Rollen, Verhaltensweisen, Aktivitäten und Eigenschaften, die die jeweilige Gesellschaft als für Männer und Frauen angebracht erachtet.

Gesundheitschecks

In Deutschland haben gesetzlich Versicherte ab dem vollendeten 35. Lebensjahr alle zwei Jahre das Anrecht auf einen allgemeinen **Gesundheitscheck** zur Früherkennung von → *chronischen Krankheiten* (z.B. Herz-Kreislauf-Erkrankungen, → *Diabetes mellitus,* Bluthochdruck, Nierenerkrankungen; siehe auch → *Früherkennungsuntersuchung*). Neben einer Ganzkörperuntersuchung werden Bewegungsapparat, Haut und Sinnesorgane beurteilt. Außerdem werden grundlegende Blut- und Urinuntersuchungen durchgeführt.

Gesundheitsförderung

Der Begriff der **Gesundheitsförderung** umfasst alle Aktivitäten und Maßnahmen, die der Stärkung der Gesundheitsressourcen und -potenziale der Menschen *(→ Ressourcen)* dienen. Gesundheitsförderung soll somit einen Prozess in Gang setzen, der allen Menschen ein höheres Maß an Selbstbestimmung über ihre Gesundheit ermöglicht und sie dadurch zu einer Stärkung ihrer Gesundheit befähigt.

Gesundheitliche Chancengleichheit

Als **Chancengleichheit** (Equality of Opportunity) bezeichnet man das Recht für alle auf den gleichen Zugang zu bestimmten Lebenschancen. Ein wichtiger Punkt ist hierbei das Diskriminierungsverbot z.B. aufgrund des Geschlechts, des Alters, der Religion, der Weltanschauung, der sexuellen Identität, der ethnischen Herkunft oder einer Behinderung. Gesundheitliche Chancengleichheit gehört zu den Grundwerten von → *Public Health*. Sie wurde u.a. in der → *Ottawa-Charta* ausdrücklich als einer der Punkte einer grundlegenden Wertehaltung von Public Health festgeschrieben.

Gesundheit Österreich GmbH

In Österreich ist das Bundesministerium für Gesundheit und Frauen (BMGF) für die gesundheitliche Rahmengesetzgebung zuständig. Es hat die **Gesundheit Österreich GmbH** mit der Strukturplanung, → *Gesundheitsförderung* und Qualitätssicherung im Gesundheitswesen beauftragt. Sie soll entsprechende Maßnahmen und Programme zielgruppenspezifisch, bevölkerungsnah, kontextbezogen in den Gemeinden, Städten, Schulen, Betrieben und im öffentlichen Gesundheitswesen entwickeln und umsetzen. Die Maßnahmen werden mithilfe von Bundesmitteln und einem jährlichen Anteil am Umsatzsteueraufkommen finanziert.

Gesundheitsprogramm

Betriebliche **Gesundheitsprogramme** sind Programme in Form von Schulungen, Zuwendungen oder Aktivitäten, die Unternehmen anbieten, um die Gesundheit und die Fitness ihrer Mitarbeiter zu fördern.

Gesundheitsverhalten

Als **Gesundheitsverhalten** bezeichnet man alle Verhaltensweisen, die für die Gesundheit einer Person direkt relevant sind. Hierzu gehören z. B. Ernährung, Sport, Bewegung, die Inanspruchnahme medizinischer Einrichtungen, aber auch der Konsum von Genuss- oder Suchtmitteln. Gesundheitsverhalten ist Teil eines gesundheitsrelevanten → *Lebensstils*.

Gesundheitsversorgung

Gesundheitsversorgung umfasst alle therapeutischen, präventiven und gesundheitsfördernden Maßnahmen, die durch Gesundheitseinrichtungen und Gesundheitsfachkräfte erbracht werden. Die Maßnahmen können sich sowohl an einzelne Individuen als auch an ganze Bevölkerungen (Populationen) richten.

Gesundheitszirkel

Die Leitidee von **Gesundheitszirkeln** ist die aktive Einbeziehung der Mitarbeiter eines Betriebes bzw. einer Institution als Experten ihrer Arbeitssituation in die Planung und Umsetzung von Maßnahmen der → *Betrieblichen Gesundheitsförderung*. Gesundheitszirkel setzen sich somit v. a. aus den Beschäftigten eines Betriebes zusammen. Ihre Aufgabe ist es, in diesen Zirkeln die Bedürfnisse der Mitarbeiter ihres Arbeitsbereiches zu schildern, Verbesserungsvorschläge zu sammeln und für die jeweiligen Arbeitsbereiche dann verbindliche Veränderungen zu vereinbaren.

Gleitzeit

Als **Gleitzeit** (Gleitende Arbeitszeit) bezeichnet man eine Arbeitszeit, die in einem bestimmten Rahmen frei geregelt werden kann. Sie soll es den Beschäftigten ermöglichen, die Arbeitszeit, die über die Kernarbeitszeit hinausgeht, in freier Selbstbestimmung nach ihren Bedürfnissen und Wünschen festzulegen. „Kernarbeitszeit“ nennt man die Zeitspanne, in der für die Arbeitnehmer grundsätzlich Anwesenheitspflicht am Arbeitsplatz besteht.

Good Practice

Unter dem Begriff **Good Practice** versteht man erfolgreiche und anerkannte Lösungen für ein bestimmtes Problem. Good-Practice-Maßnahmen im BGM-Bereich müssen anerkannte Standards beachten oder übertreffen. Es muss sich hierbei jedoch nicht um die nachgewiesenermaßen besten Lösungsmöglichkeiten (Best Practice) für dieses Problem handeln.

Health in All Policies (HiAP)

Das Prinzip **„Health in All Policies“** („Gesundheit in allen Politikfeldern“) geht u.a. auf die → *Ottawa-Charta* zurück. Es besagt, dass die Gesundheit der Bevölkerung nur durch gebündelte Anstrengungen in allen Politikfeldern positiv beeinflusst werden kann, da dort die verschiedensten individuellen, sozialen, sozioökonomischen und gesellschaftlichen Faktoren wirksam sind. Eine auf dieser Erkenntnis aufbauende gesundheitsfördernde Gesamtpolitik muss das Thema Gesundheit in allen politischen Sektoren mit jeweils spezifischen Zielen und Prioritäten berücksichtigen.

Health Literacy

Als **Health Literacy** oder Gesundheitskompetenz bezeichnet man zum einen die grundlegenden Fertigkeiten, die es einem Menschen erlauben, Gesundheitsinformationen zu verstehen und diese zu nutzen (funktionale Gesundheitskompetenz). Gesundheitskompetenz umfasst jedoch auch die geistigen und sozialen Fertigkeiten, mit deren Hilfe sich Menschen aktiv mit Gesundheitsinformationen auseinandersetzen und sie in ihren Lebensalltag integrieren können (interaktive Gesundheitskompetenz). Darüber hinaus beinhaltet der Begriff auch die kognitiven (d.h. das Denken betreffenden) und die sozialen Fertigkeiten eines Menschen, gesundheitsrelevante Informationen kritisch zu analysieren und sie zur besseren Lebensbewältigung zu nutzen (kritische Gesundheitskompetenz).

Healthy-Migrant-Effekt

Unmittelbar nach ihrer Migration sind Migranten in der Regel nicht kränker als Menschen, deren Migration schon längere Zeit zurück liegt (Ausnahme: Kriegsflüchtlinge und Migranten, die bereits einen langen, gefährlichen Fluchtweg hinter sich haben). Da v.a. die Menschen migrieren, die besonders mutig und gesund sind, ist eher das Gegenteil der Fall. Dies bezeichnet man als **Healthy-Migrant-Effekt**. Wenn die Migranten im Ankunftsland auf ungünstige Lebens- und Arbeitsbedingungen treffen, kann sich dieser Vorteil mit der Zeit umkehren.

Homeoffice

→ *Telearbeit*

ICD-10-Kodierung

Die **„Internationale statistische Klassifikation der Krankheiten und verwandter Gesundheitsprobleme“** (International Statistical Classification of Diseases and Related Health Problems) liegt derzeit in ihrer 10. Revision vor. Man bezeichnet sie daher kurz als ICD-10. Es handelt sich um eine international anerkannte Klassifikation zur Verschlüsselung von Diagnosen in der ambulanten und stationären Gesundheitsversorgung. Sie wird von der Weltgesundheitsorganisation *(→ World Health Organization, WHO)* herausgegeben. In Deutschland sind z.B. die an der vertragsärztlichen Versorgung teilnehmenden Ärzte und Krankenhäuser verpflichtet, die Diagnosen nach ICD-10 zu verschlüsseln.

Implementierung

Von **Implementierung** spricht man dann, wenn etwas, was zuvor geplant wurde, nun umgesetzt wird. Es kann sich dabei um Strukturen oder Prozessabläufen handeln. Bei der Umsetzung werden die festgelegten Rahmenbedingungen, Regeln und Zielvorgaben berücksichtigt.

Integration

Im Bereich der Soziologie bezeichnet der Begriff **„Integration"** die Einbeziehung von Menschen und Gruppen in die Gesellschaft, die bisher aufgrund verschiedenster sozialer Aspekte ausgeschlossenen waren (z. B. Menschen mit Migrationshintergrund, Menschen mit Behinderung, alte Menschen).

Internale Ressourcen

Internale Ressourcen sind → *Ressourcen,* die im Menschen selbst liegen. Hierzu gehören neben den genetischen Anlagen eines Menschen auch andere individuelle Ressourcen, wie z. B. Selbstvertrauen, Problemlösefähigkeit, Kooperationsfähigkeit, Lernbereitschaft, soziale Kompetenz sowie auch seine körperlichen und geistigen Fähigkeiten. Siehe auch → *Ressourcen* und → *Externale Ressourcen.*

Inzidenz

Die **Inzidenz** gibt die Anzahl der Neuerkrankungen an einer bestimmten Krankheit in einer definierten Bevölkerungsgruppe während einer bestimmten Zeit an.

KMU

KMU sind kleine und mittlere Unternehmen (in Österreich: Klein- und Mittelbetriebe [KMB]). Sie liegen mit ihrer Beschäftigtenzahl, ihrem Umsatzerlös oder ihrer Bilanzsumme unterhalb eines definierten Wertes. Die Unternehmen, die über diesen definierten Werten liegen, bezeichnet man als Großunternehmen.

Kosten

Im Gesundheitswesen spielen Ressourcenverbräuche *(→ Ressourcen)* in Form von **Kosten** eine große Rolle. Als direkte Kosten bezeichnet man hierbei die Kosten, die direkt durch eine Krankheit oder eine Behandlung entstehen. Indirekte Kosten sind solche Kosten, die v. a. durch Produktivitätsverluste entstehen (d. h. dadurch, dass ein Mensch infolge einer Erkrankung nicht mehr arbeiten und daher auch kein Geld mehr verdienen kann). Intangible Kosten können anders als die ersten beiden Kostenformen nur schwer gemessen und in Geld ausgedrückt werden (Beispiel: Ängste, die mit einer Krankheit verbunden sind). Siehe auch → *Kosten-Nutzen-Bewertung.*

Kosten-Nutzen-Bewertung

Die **Kosten-Nutzen-Bewertung** (Cost-Benefit-Analysis) gesundheitsbezogener Leistungen ist eine der grundlegenden Fragen der Gesundheitsökonomie. Sie kann z. B. als Kosten-Minimierungs-Analyse (Ziel: minimale Kosten), als Kosten-Effektivitäts-Analyse (Ziel: maximale → *Effektivität*), als Kosten-Nutzwert-Analyse (Ziel: bester Gesundheitszustand) oder als Kosten-Nutzen-Analyse (Ziel: maximaler gesundheitlicher Nutzen) durchgeführt werden.

Krankenstand

Als **Krankenstand** bezeichnet man den Anteil der in einem Auswertungszeitraum angefallenen AU-Tage (→ *Arbeitsunfähigkeitstage)*. Dabei werden die erkrankungsbedingten Fehlzeiten der Soll-Arbeitszeit gegenüber gestellt. Die Angabe erfolgt in Prozent. Siehe auch → *Arbeitsunfähigkeitsquote*.

Krankheitslast

→ *Burden of Disease*.

Kurzzeit-Arbeitsunfähigkeit

Als **Kurzzeit-Arbeitsunfähigkeit** (Kurzzeit-AU) bezeichnet man in Deutschland eine Arbeitsunfähigkeit von 1 bis 3 Tagen Dauer. Siehe auch → *Langzeit-Arbeitsunfähigkeit*.

Langzeit-Arbeitsunfähigkeit

Als **Langzeit-Arbeitsunfähigkeit** (Langzeit-AU) bezeichnet man in Deutschland eine Arbeitsunfähigkeit, die länger als sechs Wochen andauert. In den ersten sechs Wochen nach einer Krankmeldung wird der Lohn vom Arbeitgeber fortgezahlt, danach zahlt die Krankenkasse Krankengeld. Siehe auch → *Kurzzeit-Arbeitsunfähigkeit*.

Lebensarbeitszeitkonto

Lebensarbeitszeitkonten oder Langzeitkonten erlauben es, zu bestimmten Zeiten Mehrarbeit auf das Konto „einzuzahlen", um diese Zeiten dann bei Bedarf (z.B. zur Pflege von Angehörigen oder zur Durchführung eines Bildungsurlaubs) in Form einer Freistellung in Anspruch zu nehmen.

Lebensstil

Mit einer bestimmten Lebensführung signalisieren Menschen ihre Zugehörigkeit zu ihrer Statusgruppe. Sozialstrukturelle Bedingungen eröffnen oder verschließen den Menschen bestimmte Lebenschancen. Lebensführung und Lebenschancen bilden zusammen den **Lebensstil**.

Luxemburger Deklaration

Die **Luxemburger Deklaration** zur Betrieblichen Gesundheitsförderung in der Europäischen Union wurde 1997 von den Mitgliedern des Europäischen Netzwerkes für Betriebliche Gesundheitsförderung verfasst und inzwischen zweimal aktualisiert. Sie sieht die → *Betriebliche Gesundheitsförderung* (BGF) als Teil einer modernen Unternehmensstrategie, mit deren Hilfe Erkrankungen am Arbeitsplatz vorgebeugt, Gesundheitspotenziale gestärkt und das Wohlbefinden der Beschäftigten am Arbeitsplatz verbessert werden sollen.

Management

Als **Management** bezeichnet man die Koordination der Aktivitäten in einem Unternehmen mit dem Zweck, vorgegebene Ziele zu erreichen. Von besonderer Bedeutung sind dabei Leitung, Organisation und Planung. Es werden Unternehmensziele festgelegt, Strategien zur Zielerreichung entwickelt und die Produktionsfaktoren organisiert bzw. koordiniert. Hinzu kommt die Führung der Mitarbeiter.

Metaanalyse

Die Aufgabe einer **Metaanalyse** ist es, die bisher publizierten, in Zahlen ausdrückbaren Ergebnisse von quantitativen Forschungsarbeiten zu einem bestimmten Thema zusammenzuführen und zu untersuchen, ob ein Effekt vorliegt und – wenn ja – wie groß dieser ist (Effektgrößeneinschätzung). Metaanalysen gelten als Studien mit besonders hohem Erkenntniswert. Sie können jedoch immer nur so gut sein, wie die Ergebnisse der Studien, die hier zusammengefasst wurden. Siehe auch → *Publikationsbias*.

Mobbing

Unter dem Begriff **„Mobbing"** versteht man Verhaltensweisen, durch die man andere Menschen – längerfristig oder wiederholt und regelmäßig – schikanieren, quälen und seelisch verletzen möchte. Dies geschieht z. B. am Arbeitsplatz, in der Schule, im Internet oder auch an anderen Orten.

Mutterschutz

Als **Mutterschutz** bezeichnet man zusammenfassend die gesetzlichen Vorschriften zum Schutz von Mutter und Kind vor und nach der Entbindung. Der Mutterschutz beinhaltet u. a. Beschäftigungsverbote vor und nach der Geburt bei gleichzeitiger Zahlung von Entgeltersatzleistungen während des Beschäftigungsverbotes (Mutterschaftsgeld). Zudem besteht ein besonderer Kündigungsschutz für Mütter.

Nachhaltigkeit

Im Bereich des → *Betrieblichen Gesundheitsmanagements* wird der Begriff der **Nachhaltigkeit** meist in seiner ursprünglichen Bedeutung verwendet. Man versteht dann darunter eine „längere Zeit anhaltende Wirkung". Eine nachhaltig umgesetzte BGM-Maßnahme wird also nicht nur kurzfristig im Rahmen eines Programmes durchgeführt, sondern verstetigt. Dazu werden Vorkehrungen getroffen, die es ermöglichen, diese Maßnahme auf lange Sicht hin beizubehalten.

Normalarbeitszeit

Als **Normalarbeitszeit** bezeichnet man die regelmäßige Arbeitszeit ohne Überstunden. Sie darf grundsätzlich maximal acht Stunden pro Tag und 40 Stunden pro Woche nicht überschreiten. Es gibt jedoch Ausnahmen, in denen eine längere Normalarbeitszeit zulässig ist. Vertraglich können auch kürzere wöchentliche Normalarbeitszeit vereinbart werden.

One-Health-Ansatz

Der **One-Health-Ansatz** innerhalb von → *Public Health* ist ein ganzheitlicher, disziplinenübergreifender Ansatz, der die systemischen Zusammenhänge zwischen Mensch, Tier, Umwelt und Gesundheit berücksichtigt. Er geht davon aus, dass nur so ein nachhaltiges Gesundheitsmanagement *(→ Nachhaltigkeit)* möglich ist. Derzeit ist der One-Health-Ansatz z.B. im Bereich der Lebensmittelsicherheit und der Bekämpfung von Antibiotikaresistenzen von Bedeutung. Er geht jedoch weit über diese Felder hinaus.

Ottawa-Charta

Die **Ottawa-Charta** zur Gesundheitsförderung (1986) ist eines der wichtigsten gesundheitspolitischen Leitbilder in → *Public Health*. Ihr Ziel ist eine Umorientierung im Gesundheitsbereich, weg von der Verhütung von Krankheiten und hin zur Förderung von Gesundheit *(→ Gesundheitsförderung)*. Sie betont dabei insbesondere die Bedeutung sozialer und individueller → *Ressourcen* und fordert, dass alle Politikbereiche in diese Umorientierung mit einbezogen werden müssen. Weiterhin sieht sie u.a. die Schaffung von gesundheitsfördernden Lebenswelten *(→ Settings)* und die Entwicklung persönlicher gesundheitsbezogener Kompetenzen *(→ Health Literacy)* als wichtige Ansatzpunkte.

Partizipation

Im Bereich von → *Public Health* bezeichnet der Begriff **Partizipation** (Teilhabe, Mitbestimmung) die Einbeziehung von Individuen und Organisationen *(→ Stakeholder)* in den Entscheidungs- und Willensbildungsprozess.

Policy Cycle

→ *Public Health Action Cycle.*

Prävalenz

Die **Prävalenz** (oder korrekter: Punktprävalenz) ist ein Maß für die zu einem bestimmten Zeitpunkt in einer definierten Bevölkerungsgruppe vorhandene Anzahl an Personen, die an einer bestimmten Krankheit erkrankt sind oder ein bestimmtes Merkmal aufweisen. Die Periodenprävalenz bezieht sich auf einen definierten Zeitraum, nicht auf einen Zeitpunkt (Beispiel: Lebenszeitprävalenz).

Prävention

Ziel der **Prävention** (Krankheitsverhütung) ist es, durch soziale oder medizinische Maßnahmen bzw. Verhaltensweisen die Gesundheit zu fördern und die Entstehung von gesundheitlichen Schädigungen zu verhindern *(→ Primärprävention)*. Darüber hinaus verhindern präventive Maßnahmen das Fortschreiten einer bereits bestehenden Erkrankung *(→ Sekundärprävention)* und/oder vermeiden Folgeschäden *(→ Tertiärprävention)*. Siehe auch → *Verhaltensprävention,* → *Verhältnisprävention.*

Primärprävention

Als **Primärprävention** bezeichnet man Maßnahmen, die das Ziel haben, die Wahrscheinlichkeit für das Auftreten bestimmter Neuerkrankungen in der Bevölkerung zu senken bzw. zu verhindern, dass diese Krankheiten überhaupt auftreten. Zielgruppe solcher Maßnahmen sind gesunde Personen, bei denen keine subjektiven bzw. objektiven Krankheitssymptome bekannt sind. Beispiele: Impfungen, Rauchverbot in öffentlichen Räumen zum Nichtraucherschutz, nächtliches Alkoholverkaufsverbot in Ladengeschäften von Tankstellen zum Schutz von Jugendlichen vor Alkoholmissbrauch. Siehe auch → *Prävention*, → *Sekundärprävention*, → *Tertiärprävention*.

Priorisierung

Als **Priorisierung** bezeichnet man das Festlegen der Priorität (z. B. von Maßnahmen). Man stuft dabei nach dem Prinzip der Vorrangigkeit ein.

Projektmanagement

Das Veranlassen, Planen, Steuern, Kontrollieren und Abschließen von Projekten bezeichnet man als **Projektmanagement**.

Protektivfaktoren

Im Bereich der → *Salutogenese* versteht man unter **Protektivfaktoren** (Schutzfaktoren) die Faktoren, die einen Menschen – gemeinsam mit seinen → *Ressourcen* – gesund erhalten. Beispiele für Schutzfaktoren: positives Selbstwertgefühl, überdurchschnittliche Intelligenz, aktive Stressbewältigung, familiärer Zusammenhalt, soziale Unterstützung.

Prozessevaluation

Unter einer **Prozessevaluation** versteht man die Beschreibung und Bewertung der Entwicklung und Umsetzung eines Programms oder einer Maßnahme, wobei insbesondere die Stärken und Schwächen analysiert werden. Siehe auch → *Evaluation*, → *Ergebnisevaluation*.

Psychische Störung

Psychische Störungen sind Beeinträchtigungen der psychischen Gesundheit. Charakteristischerweise kommt es dabei zu anormalen Gedanken und Emotionen sowie Verhaltensauffälligkeiten und Problemen in den sozialen Beziehungen. Es gibt eine große Bandbreite an Symptomen, die in unterschiedlichen Kombinationen auftreten. Als Ursachen psychischer Störungen kommen genetische, psychische und soziale Faktoren infrage. Hinzu kommen → *Risikofaktoren* wie starke berufliche oder familiäre Belastungen und kritische Lebensereignisse, die mit zur Entstehung von psychischen Störungen beitragen können.

Public Health

Public Health ist eine interdisziplinäre, anwendungsorientierte Wissenschaft, deren Schwerpunkte in den Bereichen → *Prävention* und → *Gesundheitsförderung* liegen. Sie bezieht sich dabei nicht in erster Linie auf das Individuum, sondern auf Personen- und Bevölkerungsgruppen. Grundlage ist ein biopsychosozialer Forschungs- und Handlungsansatz.

Public Health Action Cycle

Der **Public Health Action Cycle** (Gesundheitspolitischer Aktionszyklus) basiert auf dem aus der Politikwissenschaft stammenden Policy Cycle. Er beschreibt idealtypisch den Ablauf gesundheitspolitischer Projekte und Prozesse. Hierbei wird eine Intervention in vier Phasen untergliedert. Die erste Phase bestimmt und definiert das zu bearbeitende Problem. In der zweiten Phase werden die zur Problembearbeitung geeigneten Strategie bzw. Maßnahme erarbeitet und festgelegt. Während der dritten Phase werden die festgelegten Aktionen umgesetzt. Den Abschluss bildet die Bewertung der erzielten Wirkungen. Das Ergebnis der Bewertung kann anschließend wieder zum ursprünglichen Problem in Beziehung gesetzt werden, sodass der Zyklus dann ggf. von neuem beginnt.

Publikationsbias

Angesehene Wissenschaftszeitschriften und Wissenschaftler publizieren eher Studien, die ein klares, möglichst positives Ergebnis zeigen. Studien, die dies nicht erkennen lassen, werden oft gar nicht veröffentlicht, oder in Zeitschriften mit geringerem Ansehen publiziert, sodass diese Studien wenig Beachtung finden. Werden diese Ergebnisse in → *Metaanalysen* nicht berücksichtigt, führt dieser **Publikationsbias** zu einer Über- oder Unterschätzung des untersuchten Zusammenhangs.

Qualitätsmanagement

Der Begriff des **Qualitätsmanagements** fasst alle organisatorischen Maßnahmen zusammen, die in einem Unternehmen der Verbesserung der Prozessqualität und der Leistungen (Dienstleistungen und innerorganisatorischen Leistungen) dienen. Das Qualitätsmanagement zählt zu den Aufgaben des → *Managements.*

Randomisierte kontrollierte Studie (RCT)

Bei einer **randomisierten kontrollierten Studie** (RCT) handelt es sich um eine wissenschaftliche Studie, die die Wirksamkeit einer Maßnahme (Intervention; Beispiel: Gabe eines Medikaments) mithilfe einer Interventionsgruppe und einer Kontrollgruppe miteinander vergleicht. Die Studienteilnehmer werden zufallsgesteuert einer der beiden Gruppen zugeteilt. Im Idealfall kennen weder Teilnehmer noch Untersucher die Studienhypothese und die Gruppenzugehörigkeit der Teilnehmer. Bei der kontrollierten Studie fehlt die Zuordnung der Teilnehmer nach dem Zufallsprinzip (Randomisierung). Im Bereich der medizinischen Forschung (Beispiel: Pharmaforschung) ist die randomisierte kontrollierte Studie das beste Studiendesign, um bei einer eindeutigen Fragestellung eine eindeutige Aussage zu erhalten und die Kausalität zu belegen. Als Kausalität bezeichnet man die Ursächlichkeit, d.h. die Beziehung zwischen Ursache und Wirkung. Ein Ereignis oder ein Zustand ist dann die Ursache für eine Wirkung, wenn die Wirkung durch das Ereignis bzw. den Zustand herbeigeführt wird.

Rehabilitation

Unter einer **Rehabilitation** (Reha) versteht man verschiedene Maßnahmen, die die Wiedereingliederung eines kranken Menschen oder eines Menschen mit Behinderung in den Alltag oder das berufliche Leben fördern sollen.

Ressource

Im Bereich von → *Public Health* versteht man unter **Ressourcen** Einflussfaktoren, die die Gesundheit eines Menschen fördern können. Man unterscheidet hierbei personale, soziale und materielle Ressourcen.

Return on Investment (RoI)

Return on Investment wird auch als Kapitalrentabilität oder Kapitalrendite bezeichnet. Die betriebswirtschaftliche Kennzahl misst den Gewinn im Verhältnis zum eingesetzten Kapital (= Rendite) einer unternehmerischen Tätigkeit.

Return-to-Work

Siehe → *Berufliches (Wieder-)Eingliederungsmanagement.*

Risikofaktor

Als **Risikofaktor** bezeichnet man im Bereich der Medizin und von → *Public Health* eine erhöhte Wahrscheinlichkeit für das Auftreten einer Erkrankung, wenn bestimmte physiologische oder anatomische Eigenschaften, genetische Anlagen (Prädispositionen) oder Umweltkonstellationen vorliegen.

Salutogenese

Die Basis des von Aaron Antonovsky entwickelten Konzeptes der **Salutogenese** ist die Frage danach, was den Menschen gesund erhält. Das Konzept schaut also v. a. nach den → *Protektivfaktoren* und den → *Ressourcen,* die einen Menschen gesund halten. Gesundheit und Krankheit sind hiernach Extrempole oder Endpunkte auf einer Linie, einem Kontinuum. Zwischen diesen Endpunkten liegen unzählige mögliche Zwischenstufen, die unterschiedliche Zustände des Wohlbefindens beschreiben. Der Gesundheitszustand eines Menschen verändert sich darüber hinaus auch im Verlauf seines Lebens ständig. Krankheit ist damit ein normaler Bestandteil des Lebens.

Schichtarbeit

Schichtarbeit (Schichtdienst) ist dadurch gekennzeichnet, dass Arbeitnehmer ihre Arbeit innerhalb eines bestimmten Zeitraums zu unterschiedlichen Zeiten verrichten müssen. Die Arbeitsgestaltung erfolgt dabei so, dass die Arbeitnehmer in der Regel an der gleichen Arbeitsstelle, jedoch nach einem bestimmten Zeitplan versetzt nacheinander eingesetzt werden. Schichtarbeit wird in der Regel dann durchgeführt, wenn in einem Unternehmen pro Tag länger als üblich gearbeitet werden soll oder die Tätigkeit es erfordert, dass auch außerhalb der üblichen Tagesarbeitszeit gearbeitet wird bzw. die Beschäftigten dann in Bereitschaft sein müssen.

Schlaf-Wach-Rhythmus

Normalerweise folgt der Schlaf, ebenso wie viele andere Vorgänge in unserem Körper, einem inneren Rhythmus mit einer Periodenlänge von annähernd 24 Stunden (circadianer Rhythmus). Er bezieht sich auf den Wechsel von Tag und Nacht (hell und dunkel). Gesteuert wird der **Schlaf-Wach-Rhythmus** (Tag-Nacht-Rhythmus) durch das Hormon Melatonin, das in der Epiphyse (Zirbeldrüse, ein Teil des Zwischenhirns) produziert wird.

Schwerbehinderung

Schwerbehindert sind in Deutschland Menschen, die einen Schwerbehindertenausweis beantragt haben und bei denen ein Grad der Behinderung (GdB) von 50 und mehr anerkannt wurde. Der Grad der Behinderung (GdB) ist die Maßeinheit, die den Grad der Beeinträchtigung durch eine Behinderung angibt. Er beginnt bei 20 und geht dann in 10er-Schritten bis 100. Der Begriff der Schwerbehinderung ist ein rechtlicher Begriff, den es in der Schweiz und in Österreich nicht gibt.

Sekundärprävention

Mithilfe der **Sekundärprävention** sollen Erkrankungen in einem frühen, klinisch noch unauffälligen Stadium erkannt werden, sodass sie rechtzeitig behandelt werden können. Damit soll das Fortschreiten der Krankheit verhindert werden. Beispiel einer sekundärpräventiven Maßnahme: → *Gesundheitschecks*. Siehe auch → *Prävention*, → *Primärprävention*, → *Tertiärprävention*.

Setting

Im Bereich → *Public Health* versteht man unter einem **Setting** eine im Hinblick auf ihre gesundheitsrelevanten Bedingungen abgrenzbare Lebenswelt der Menschen. Der Setting-Ansatz basiert auf der → *Ottawa-Charta*, in der die Schaffung von gesundheitsfördernden Lebenswelten eines der fünf vorrangigen Handlungsfelder der → *Gesundheitsförderung* ist. Gesundheitsförderung soll diese Lebenswelten so verbessern, dass möglichst alle Menschen im Hinblick auf ihre Gesundheit optimal davon profitieren können. Beispiele für Settings: Betriebe, Schulen, Hochschulen, Krankenhäuser, Gefängnisse, Städte etc.

Somatoforme Störung

Somatoforme Störungen (psychosomatische Störungen) sind → *psychische Störungen*, die sich v. a. in Form von körperlichen Symptomen wie Müdigkeit, Erschöpfung, Schmerzen, Herz-Kreislauf- und Magen-Darm-Beschwerden äußern.

Sozioökonomischer Status

Der sozialwissenschaftliche Begriff „**sozioökonomischer Status**“ (SoS oder SES) beinhaltet eine Reihe von Merkmalen im Hinblick auf die Lebensumstände der Menschen. Zu diesen Merkmalen gehören z. B. formale Bildung und Schulabschluss, Ausbildung und Studium, Beruf und Einkommen sowie Wohnort und Eigentumsverhältnisse.

Stakeholder

Unter einem **Stakeholder** versteht man in → *Gesundheitsförderung* und → *Public Health* solche Personen oder Gruppen, die ein besonderes Interesse an einem Prozess oder einem Projekt in diesem Bereich haben. Es sind also Interessenvertreter oder Interessengruppen.

Stress

Im Bereich der Biologie bezeichnet man als **Stress** die durch spezifische Reize *(→ Stressoren)* hervorgerufenen psychischen und physischen Reaktionen eines Organismus. Diese Reaktionen sollen den Organismus dazu befähigen, erhöhte Anforderungen zu bewältigen. Stressoren können unspezifische Reize sein, wie z.B. Infektionen, Verletzungen, Strahleneinwirkungen, aber auch Krankheiten, lebensgeschichtliche Ereignisse und andere emotionale Belastungen. – Psychologen sehen im negativ gefärbten *→ (Dis-)Stress* meist die Folge eines Missverhältnisses zwischen den Anforderungen, die an eine Person gestellt werden, und den Möglichkeiten und Fähigkeiten dieser Person, diese Anforderungen zu kontrollieren bzw. zu bewältigen *(→ Coping)*. Der betroffene Mensch erlebt dieses Ungleichgewicht als unangenehm.

Stressoren

Stressoren sind unspezifische Reize (z.B. Infektionen, Verletzungen, Strahleneinwirkungen, aber auch Krankheiten, lebensgeschichtliche Ereignisse und andere emotionale Belastungen), die im Rahmen einer Stressreaktion *(→ Stress)* bestimmte psychische und physische Vorgänge im Organismus auslösen. Diese Vorgänge sollen den Organismus in die Lage versetzen, die erhöhten Anforderungen zu bewältigen. Stressoren, also Stress auslösende Faktoren, können individuell sehr unterschiedlich sein.

Substanzmissbrauch

Als **Substanzmissbrauch** bezeichnet man die chronische oder übermäßige Anwendung von Drogen im weitesten Sinne, d.h. von legalen und illegalen Drogen im engeren Sinne (z.B. Alkohol, Cannabis, Kokain, Heroin) sowie von Medikamenten und anderen Pharmaka, ohne dass ein medizinischer Grund besteht. In der Regel sind es psychotrope Substanzen, die hierfür verwendet werden, da sie eine bestimmte, vom Konsumenten gewünschte Wirkung auf die Psyche haben. Ein Substanzmissbrauch ist nicht in jedem Fall identisch mit einer Substanzabhängigkeit. Es muss also nicht unbedingt zu einer Toleranzentwicklung, zu Entzugssymptomen oder zum zwanghaften Substanzgebrauch kommen. Allerdings treten durch Substanzmissbrauch andere schädliche Folgen auf (z.B. Leberverfettung oder Leberzirrhose bei chronischem Alkoholkonsum).

Survey-Feedback-Ansatz

Beim **Survey-Feedback-Ansatz** werden die Teilnehmer einer (Mitarbeiter-)Befragung dazu angehalten, die Ergebnisse anschließend gemeinsam zu analysieren. Die gewonnenen Ergebnisse werden dann von ihnen als Ausgangsbasis genutzt, um entsprechende Maßnahmen zur Verbesserung der analysierten Situation zu planen.

Telearbeit

Als Homeoffice oder **Telearbeit** bezeichnet man eine Form des flexiblen Arbeitens von zu Hause bzw. aus dem privaten Umfeld heraus. Sie ist Teil der Flexibilisierung der Arbeitswelt. Man unterscheidet dabei die Teleheimarbeit, bei der die Arbeit ganz von zuhause aus durchgeführt wird, von der alternierenden Telearbeit, bei der die Beschäftigten je nach Bedarf zwischen einem Arbeitsplatz am Betriebsort und dem Homeoffice wechselt. Bei der mobilen Telearbeit wechselt der Standort des Arbeitsplatzes mit dem Arbeitnehmer.

Telomere

Telomere sind die Endstücke der Chromosomen, in denen die Erbinformation in Form von mehreren Tausend sich wiederholenden DNA-Bausteinen im Zellkern gespeichert ist. Bei jeder Verdoppelung der DNA im Rahmen der Zellteilung geht ein Stück eines Telomers verloren. Da dies durch das Enzym Telomerase nur zum Teil wieder ausgeglichen werden kann, werden die Telomere mit zunehmendem Alter immer kürzer.

Tertiärprävention

Zur **Tertiärprävention** gehören Maßnahmen, die eine Verschlimmerung von bereits bestehenden Erkrankungen verhindern, diesen Vorgang verlangsamen oder das Auftreten von Folgeerkrankungen abwenden. Auch eine Verbesserung der Lebensqualität oder der sozialen Funktionsfähigkeit können tertiärpräventive Ziele sein. Beispiel: → *Rehabilitation.* Siehe auch → *Prävention,* → *Primärprävention,* → *Sekundärprävention.*

Top-down-Ansatz

Siehe → *Bottom-up-Prinzip.*

Überstunden

Als **Überstunden** oder Mehrarbeit bezeichnet man die von einem Arbeitnehmer geleistete Arbeit, die die vereinbarte Arbeitszeit überschreitet. Die Regelarbeitszeit kann sich direkt aus dem Arbeitsvertrag ergeben, aber auch mittelbar aus einem Tarifvertrag, Kollektivvertrag bzw. Gesamtarbeitsvertrag, einer Betriebsvereinbarung oder einem Gesetz.

Verhaltensprävention

Maßnahmen der **Verhaltensprävention** sind darauf ausgerichtet, das Verhalten der Menschen so zu beeinflussen, dass es ihrer Gesundheit dient. Da das individuelle Handeln und Verhalten der Menschen insbesondere bei der Entstehung → *chronischer Erkrankungen* eine bedeutende Rolle spielt (Beispiele: Rauchen, ungesunde Ernährung, Bewegungsmangel), kann auf diese Weise ihre Erkrankungswahrscheinlichkeit sinken. Siehe auch → *Prävention,* → *Verhältnisprävention,* → *Risikofaktor.*

Verhältnisprävention

Verhältnisprävention will die Gesundheit von Menschen dadurch verbessern, dass sie ihre Umwelt sowie ihre Lebens- und Arbeitsbedingungen positiv beeinflusst. Auf diese Weise sollen Gefahren, die möglicherweise von solchen Bedingungen ausgehen, abgewendet werden (Beispiele: Bekämpfung der Luftverschmutzung, Angebot gesünderer Nahrung in der Kantine, Ausbau des Fahrradwegenetzes in einer Stadt). Siehe auch → *Prävention,* → *Verhaltensprävention,* → *Risikofaktor.*

Work Ability Index (WAI)

Beim **Work Ability Index** (Arbeitsfähigkeits- oder Arbeitsbewältigungsindex) handelt es sich um einen Fragebogen, der in der Regel vom befragten erwerbstätigen Menschen selbst oder von einem Betriebsarzt im Rahmen einer betriebsärztlichen Untersuchung ausgefüllt wird. Er dient der Selbsteinschätzung der Arbeitsfähigkeit und soll die Basis für Maßnahmen bilden, mit deren Hilfe die Arbeitsfähigkeit des Beschäftigten erhalten bzw. gefördert werden kann.

Work Hardening

Als **Work Hardening** bezeichnet man ein Training, durch das schrittweise die motorische Leistungsfähigkeit im Arbeitsalltag eines Betroffenen verbessert werden soll, indem z. B. wiederkehrende Arbeitsabläufe trainiert werden.

Work-Life-Balance

Bei einer guten **Work-Life-Balance** besteht eine Ausgewogenheit zwischen Arbeit und privaten Interessen. Arbeits- und Privatleben stehen miteinander in Einklang.

Workshop

Als **Workshop** bezeichnet man eine Veranstaltung, in deren Rahmen eine kleinere Gruppe von Personen eine begrenzte Zeit intensiv an einem bestimmten Thema arbeitet. Die Zusammenarbeit geschieht in einer kooperativen Weise. Der Workshop wird dabei durch einen Moderator gelenkt.

World Health Organization (WHO)

Die 1948 gegründete **Weltgesundheitsorganisation** ist eine Sonderorganisation der Vereinten Nationen (UN). Als Koordinationsbehörde für das internationale öffentliche Gesundheitswesen unterstützt sie Entwicklungsländer beim Aufbau von Gesundheitssystemen und koordiniert nationale und internationale Aktivitäten, wie z. B. globale Impfprogramme und Programme gegen übertragbare Krankheiten, Rauchen oder Übergewicht. Ein weiterer Schwerpunkt ist die weltweite Erhebung und Analyse von Gesundheits- und Krankheitsdaten.

15 Literatur- und Linkverzeichnis

15.1 Literaturverzeichnis

Antonovsky, A. (1997). *Salutogenese: Zur Entmystifizierung der Gesundheit*. Tübingen: dgvt-Verlag.

Badura, B., Ducki, A., Schröder, H., Klose, J. & Meyer, M. (Hrsg.). (2017). *Fehlzeiten-Report 2017. Krise und Gesundheit - Ursachen, Prävention, Bewältigung*. Berlin: Springer. http://doi.org/10.1007/978-3-662-54632-1

BARMER GEK. (2010). *Gesundheitsreport 2010. Teil 2 - Ergebnisse der Internetstudie zur Gesundheitskompetenz*. Zugriff am 17.03.2019 unter https://www.barmer.de/presse/infothek/studien-und-reports/gesundheitsreports-der-laender/gesundheitskompetenz-38594

Beck, D. (2015). *Psychische Belastungen mit der Gefährdungsbeurteilung angehen. Moderner Arbeits- und Gesundheitsschutz - Herausforderung und Anforderungen für betriebliche Akteure*. Beitrag präsentiert auf der Konferenz „Moderner Arbeits- und Gesundheitsschutz", Reutlingen.

Beerheide, R. (2018). Betriebliche Gesundheit. Fallmanager gegen Muskelschmerz. *Deutsches Ärzteblatt, 115*(15), C596. Zugriff am 17.03.2019 unter https://www.aerzteblatt.de/archiv/197419/Betriebliche-Gesundheit-Fallmanager-gegen-Muskelschmerz

Bundesanstalt für Arbeitsschutz und Arbeitsmedizin (BAuA). (2013). *Why WAI? - Der Work Ability Index im Einsatz für Arbeitsfähigkeit und Prävention. Erfahrungsberichte aus der Praxis* (5. Aufl.). Dortmund: BAuA. Zugriff am 17.03.2019 unter https://www.baua.de/DE/Angebote/Publikationen/Praxis/A51.html

Bundesinstitut für Bevölkerungsforschung (BiB). (2018). *Demografischer Wandel und Alterung. Entwicklung der Erwerbstätigkeit der älteren Menschen in Deutschland seit 1990*. Zugriff am 17.03.2019 unter https://www.bib.bund.de/DE/Forschung/Alterung/Projekte/Archiv/Entwicklung-der-Erwerbstaetigkeit-der-aelteren-Menschen.html

Bödeker, W. (2017). Lohnt sich Betriebliche Gesundheitsförderung? Ökonomische Indikatoren und Effizienzanalysen. In G. Faller (Hrsg.), *Lehrbuch Betriebliche Gesundheitsförderung* (3., vollständig überarb. und erw. Aufl., S. 57–76). Bern: Hogrefe.

Bundesamt für Statistik. (2016). *Dynamik der Erwerbsbevölkerung: Ein- und Austritte, Wanderungen*. Zugriff am 17.03.2019 unter https://www.bfs.admin.ch/bfs/de/home/statistiken/arbeit-erwerb/erwerbstaetigkeit-arbeitszeit/erwerbspersonen/eintritte-austritte-erwerbsbevoelkerung.html

Bungart, J. (2017). Von zunehmender Bedeutung: Unterstützung bei psychischen Erkrankungen im Betrieb. In G. Faller (Hrsg.), *Lehrbuch Betriebliche Gesundheitsförderung* (3., vollständig überarb. und erw. Aufl., S. 331–343). Bern: Hogrefe.

Clifford, C. (2016). *Elon Musk: Robots will take your jobs, government will have to pay your wage*. CNBC, 2:19 PM ET Fri, 4 Nov 2016. Zugriff am 17.03.2019 unter https://www.cnbc.com/2016/11/04/elon-musk-robots-will-take-your-jobs-government-will-have-to-pay-your-wage.html

Deutscher Bundestag. (2015). *Entwurf eines Gesetzes zur Stärkung der Gesundheitsförderung und Prävention (Präventionsgesetz - PrävG)* [Drucksache 18/4282]. Berlin: Deutscher Bundestag.

Deutscher Ethikrat. (2016). *Patientenwohl als ethischer Maßstab für das Krankenhaus*. Stellungnahme, 05. April 2016. Zugriff am 17.03.2019 unter http://daebl.de/VY49

Deutscher Gewerkschaftsbund (DGB). (30.10.2014). *Deutscher Betriebsräte-Preis 2014. Mobile Arbeit: Betriebsrat setzt Recht auf Nichterreichbarkeit durch*. Zugriff am 17.03.2019 unter http://www.dgb.de/themen/++co++9c9efcac-602f-11e4-bc87-52540023ef1a

Deutsches Grünes Kreuz (dgk). (n.d.). *Kühl, aber gefährlich: Klimaanlagen - Risiko für die Gesundheit?* Zugriff am 17.03.2019 unter https://dgk.de/gesundheit/umwelt-gesundheit/informationen/wohnen/kuehl-aber-gefaehrlich-klimaanlagen-risiko-fuer-die-gesundheit.html

Deutsche Hauptstelle für Suchtfragen (DHS). (2014). *Alkohol am Arbeitsplatz. Die Auswirkungen von Alkoholkonsum. DHS Factsheet*. Hamm: Deutsche Hauptstelle für Suchtfragen e.V.

Deutsche Hauptstelle für Suchtfragen (DHS). (2018). *Datenfakten: Tabak*. Zugriff am 17.03.2019 unter http://www.dhs.de/datenfakten/tabak.html

Deutsche Rentenversicherung. (2017). *Rentenversicherung in Zeitreihen* (Sonderausgabe DRV, S. 104 ff.). Berlin: Deutsche Rentenversicherung Bund.

DHS & BARMER GEK. (2014). *Alkohol am Arbeitsplatz. Eine Praxishilfe für Führungskräfte*. Hamm: Deutsche Hauptstelle für Suchtfragen e.V.

Dorner, T.E. (2018). Projekte der Gesundheitsförderung. In M. Egger, O. Razum & A. Rieder (Hrsg.), *Public Health Kompakt* (3., aktualisierte und erw. Aufl., S. 200–208). Berlin: De Gruyter.

Effertz, T. (2015). Die volkswirtschaftlichen Kosten gefährlichen Konsums. Eine theoretische und empirische Analyse für Deutschland am Beispiel Alkohol, Tabak und Adipositas. *Law and Economics, 15*. Frankfurt/Main: Peter Lang GmbH. http://doi.org/10.3726/978-3-653-05272-5

Egger, M., Low, N., Zürcher, K. & Razum, O. (2018). Globale Gesundheit. In M. Egger, O. Razum & A. Rieder (Hrsg.), *Public Health Kompakt* (3. Aufl., S. 483–505). Berlin: De Gruyter.

Elkeles, T. & Beck, D. (2017). Evaluation von Betrieblicher Gesundheitsförderung – mehr als ein „Datenvergleich". In G. Faller (Hrsg.), *Lehrbuch Betriebliche Gesundheitsförderung* (3., vollständig überarb. und erw. Aufl., S. 253–261). Bern: Hogrefe.

Europäisches Netzwerk für betriebliche Gesundheitsförderung. (1997). *Luxemburger Deklaration zur betrieblichen Gesundheitsförderung in der Europäischen Union*. Zugriff am 17.3.2019 unter http://www.netzwerk-bgf.at/portal27/content?contentid=10007.701075&viewmode=content&portal:componentJd=gtn1f6f847b-7f36-481d-9083-0e7292bc283a

Faber, U. & Faller, G. (2017). Hat BGF eine rechtliche Grundlage? – Gesetzliche Anknüpfungspunkte für die Betriebliche Gesundheitsförderung in Deutschland. In G. Faller (Hrsg.), *Lehrbuch Betriebliche Gesundheitsförderung* (3., vollständig überarb. und erw. Aufl., S. 57–76). Bern: Hogrefe.

Faller, G. (2017). Was ist eigentlich Betriebliche Gesundheitsförderung? In G. Faller (Hrsg.), *Lehrbuch Betriebliche Gesundheitsförderung* (3., vollständig überarb. und erw. Aufl., S. 25–38). Bern: Hogrefe.

Friczewski, F. (2017). Partizipation im Betrieb: Gesundheitszirkel & Co. In G. Faller (Hrsg.), *Lehrbuch Betriebliche Gesundheitsförderung* (3., vollständig überarb. und erw. Aufl., S. 243–252). Bern: Hogrefe.

Froböse, I., Wilke, C. & Biallas, B. (2010). *Unternehmen unternehmen Gesundheit – Betriebliche Gesundheitsförderung in kleinen und mittleren Unternehmen.* Berlin: Bundesministerium für Gesundheit. Zugriff am 17.03.2019 unter https://fis.dshs-koeln.de/portal/de/publications/unternehmen-unternehmen-gesundheit(0f10f6cd-1f00-43f7-983a-43f1f748dc49).html

Geyer, S. & Abel, T. (2018). Sozialwissenschaftliche Datenerhebung. In M. Egger, O. Razum, & A. Rieder, *Public Health Kompakt* (3., aktualisierte und erw. Aufl., S. 96–107). Berlin: De Gruyter.

Habermann-Horstmeier, L. (2007). Gender und Arbeitswelt. In A. Weber & G. Hörmann (Hrsg.), *Psychosoziale Gesundheit im Beruf* (S. 401–413). Stuttgart: Gentner.

Habermann-Horstmeier, L. (2015). Gender und Return to Work. In A. Weber, L. Peschkes & W. de Boer (Hrsg.), *Return to Work – Arbeit für alle!* (S. 246–254). Stuttgart: Gentner.

Habermann-Horstmeier, L. & Limbeck, K. (2016). Krank zur Arbeit. Gesundheitssituation von Betreuern in Behinderteneinrichtungen. *HeilberufeSCIENCE, 7*(1). Zugriff am 17.03.2019 unter https//www.springerpflege.de/krank-zur-arbeit/10677146

Habermann-Horstmeier, L. (2017a). *Gesundheitsförderung und Prävention* (Kompaktreihe Gesundheitswissenschaften Bd. 2). Bern: Hogrefe.

Habermann-Horstmeier, L. (2017b). *Public Health* (Kompaktreihe Gesundheitswissenschaften Bd. 1). Bern: Hogrefe.

Habermann-Horstmeier, L. (2017c). *Risikofaktor „Stress“* (Kompaktreihe Gesundheitswissenschaften Bd. 3). Bern: Hogrefe.

Habermann-Horstmeier, L. (2018). Chronische Krankheit und Behinderung. In M. Egger, O. Razum & A. Rieder (Hrsg.), *Public Health Kompakt* (3., aktualisierte und erweiterte Aufl., S. 363–373). Berlin: De Gruyter.

Habermann-Horstmeier, L., Dorner, T. & Rieder, A. (2018). Wann ist man heute alt? – Altern in einer modernen Gesellschaft. In M. Egger, O. Razum & A. Rieder (Hrsg.), *Public Health Kompakt* (3., aktualisierte und erw. Aufl., S. 255–261). Berlin: De Gruyter.

Habermann-Horstmeier, L., Egger, M. & Bolliger-Salzmann, H. (2018). Risikofaktoren. In M. Egger, O. Razum & A. Rieder (Hrsg.), *Public Health Kompakt* (3., aktualisierte und erw. Aufl., S. 182–196). Berlin: De Gruyter.

Habermann-Horstmeier, L. & Rieder, A. (2018). Erwachsenenalter. In M. Egger, O. Razum & A. Rieder (Hrsg.), *Public Health Kompakt* (3., aktualisierte und erw. Aufl., S. 249–255). Berlin: De Gruyter.

Habermann-Horstmeier, L., Schmid, K., Pletscher, C. & Klien, C. (2018). Arbeit und Gesundheit. In M. Egger, O. Razum & A. Rieder (Hrsg.), *Public Health Kompakt* (3., aktualisierte und erw. Aufl., S. 317–362). Berlin: De Gruyter.

Hämmig, O. & Bauer G.F. (2017). Vereinbarkeit von Beruf und Privatleben – ein wichtiges Thema der Betrieblichen Gesundheitsförderung. In G. Faller (Hrsg.), *Lehrbuch Betriebliche Gesundheitsförderung* (3., vollständig überarb. und erw. Aufl., S. 309–322). Bern: Hogrefe.

Institut der deutschen Wirtschaft (iw). (n.d.). *Deutschland in Zahlen. Renteneintrittsalter – in Altersjahren.* Zugriff am 18.03.2019 unter https://www.deutschlandinzahlen.de/tab/deutschland/soziales/gesetzliche-rentenversicherung/renteneintrittsalter

Institut für angewandte Arbeitswissenschaft e. V. (ifaa). (2016). *Die betriebliche Altersstrukturanalyse und -prognose und kostenfreie Instrumente zur Durchführung.* Verfügbar unter https://www.arbeitswissenschaft.net [Bitte „Altersstrukturanalyse“ als Suchbegriff eingeben.]

Institut für Arbeitsfähigkeit & WAI-Netzwerk. (n.d.). *Der Work Ability Index (WAI)/Arbeitsbewältigungsindex (ABI).* Zugriff am 18.03.2019 unter http://www.arbeitsfaehig.com/de/work-ability-index-(wai)-382.html

Kiecolt-Glaser, J.K., Gouin, J.P., Weng, N.P., Malarkey, W.B., Beversdorf, D.Q. & Glaser, R. (2011). Childhood adversity heightens the impact of later-life caregiving stress on telomere length and inflammation. *Psychosomatic Medicine, 73*(1), 16–22. http://doi.org/10.1097/PSY.0b013e31820573b6

Knieps, F. & Pfaff, H. (Hrsg.). (2017). *BKK Gesundheitsreport 2017 – Digitale Arbeit – Digitale Gesundheit.* Berlin: Medizinische Wissenschaftliche Verlagsgesellschaft (MWV). Zugriff am 18.03.2019 unter https://www.bkk-dachverband.de [Bitte „BKK Gesundheitsreport 2017“ als Suchbegriff eingeben.]

Kramer, I., Sockoll, I. & Bödeker, W. (2009). Die Evidenzbasis für betriebliche Gesundheitsförderung und Prävention – Eine Synopse des wissenschaftlichen Kenntnisstandes. In B. Badura, H. Schröder & C. Vetter (Hrsg.), *Fehlzeiten-Report 2008. Betriebliches Gesundheitsmanagement: Kosten und Nutzen* (S. 65–76). Heidelberg: Springer. http://doi.org/10.1007/978-3-540-69213-3_7

Kroll, L.E. & Lampert, T. (18.10.2012). Arbeitslosigkeit, prekäre Beschäftigung und Gesundheit. *Robert Koch-Institut Berlin, GBE kompakt, 3*(1). Verfügbar unter www.rki.de/gbe-kompakt

Kuhn, K. (2017). Der Betrieb als gesundheitsförderndes Setting: Historische Entwicklung der Betrieblichen Gesundheitsförderung. In G. Faller (Hrsg.), *Lehrbuch Betriebliche Gesundheitsförderung* (3., vollständig überarb. und erw. Aufl., S. 39–56). Bern: Hogrefe.

Laederach, K. (2018). Adipositas. In M. Egger, O. Razum & A. Rieder (Hrsg.), *Public Health Kompakt* (3., aktualisierte und erw.Aufl., S. 389–397). Berlin: De Gruyter.

Lampert, T. & Kroll, L.E. (01.12.2010). Armut und Gesundheit. *Robert Koch-Institut Berlin, GBE kompakt, 5/2010.* Verfügbar unter www.rki.de/gbe-kompakt

Lange, C., Manz, K. & Kuntz, B. (2017). Alkoholkonsum bei Erwachsenen in Deutschland: Riskante Trinkmengen. *Journal of Health Monitoring, 2*(2), 66–72. Verfügbar unter https://www.rki.de/DE/Content/Gesundheitsmonitoring/JoHM/2017/JoHM_Inhalt_17_02.html

Leggat, P.A. & Smith, D.R. (2009). Alcohol-related absenteeism: the need to analyse consumption patterns in order to target screening and brief interventions in the workplace. *Industial Health, 47*(4), 345–347. http://doi.org/10.2486/indhealth.47.345

Lenhardt, U. (2017). Akteure der Betrieblichen Gesundheitsförderung: Interessenlagen – Handlungsbedingungen – Sichtweisen. In G. Faller (Hrsg.), *Lehrbuch Betriebliche Gesundheitsförderung* (3., vollständig überarb. und erw. Aufl., S. 203–213). Bern: Hogrefe.

Leopoldina. Nationale Akademie der Wissenschaften. (2016). *Zum Verhältnis von Medizin und Ökonomie im deutschen Gesundheitswesen. Diskussion Nr. 7, Oktober 2016*. Verfügbar unter http://daebl.de/SE76

Mai, C.-M. & Schwahn, F. (2017). Erwerbsarbeit in Deutschland und Europa im Zeitraum 1991 bis 2016. *Wirtschaft und Statistik (WISTA) 3*. Wiesbaden: Statistisches Bundesamt (DESTATIS). Zugriff am 18.03.2019 unter https://www.destatis.de/DE/Publikationen/WirtschaftStatistik/2017/03/ErwerbsarbeitDeutschlandEuropa_032017.html

Mangoine, T.W., Howland, J., Amick, B., Cote, J., Lee, M. & Levine, S. (1999). Employee drinking practices and work performance. *Journal of Studies on Alcohol and Drugs, 60*(2), 261–270. http://doi.org/10.15288/jsa.1999.60.261

Meggeneder, O. (2017). „... zu teuer und zu aufwendig?" – Herausforderungen für Betriebliche Gesundheitsförderung in Kleinen und Mittleren Unternehmen. In G. Faller (Hrsg.), *Lehrbuch Betriebliche Gesundheitsförderung* (3., vollständig überarb. und erw. Aufl., S. 57–76). Bern: Hogrefe.

Mensink, G.B.M., Schienkiewitz, A., Haftenberger, M., Lampert, T., Ziese, T. & Scheidt-Nave, C. (2013). Übergewicht und Adipositas in Deutschland. Ergebnisse der Studie zur Gesundheit Erwachsener in Deutschland (DEGS1). *Bundesgesundheitsblatt, 56*, 786–794. http://doi.org/10.1007/s00103-012-1656-3

Morschhäuser, M. & Sochert, R. (2007). *Beschäftigungsfähigkeit erhalten. Strategien und Instrumente für ein langes gesundes Arbeitsleben*. Essen: BKK Bundesverband. Zugriff am 18.03.2019 unter http://www.dnbgf.de/materialien/anzeige/news/strategien-und-instrumente-fuer-ein-langes-gesundes-arbeitsleben-beschaeftigungsfaehigkeit-erhalte/?no_cache=1&cHash=28dc101e29f467a9fe6e98de5272c5ed

Nowak, D. (Hrsg.). (2010). *Arbeitsmedizin und klinische Umweltmedizin* (2. Aufl.). München: Urban & Fischer in Elsevier.

Nutt, D., King, L.A., Saulsbury, W. & Blakemore, C. (2007). Development of a rational scale to assess the harm of drugs of potential misuse. *Lancet, 369*(9566), 1047–1053. http://doi.org/10.1016/S0140-6736(07)60464-4

OECD. (2014). Alcohol consumption among adults. In OECD (Hrsg.), *Health at a Glance: Europe 2014*. Paris: OECD Publishing.

OECD. (2017). *Health at a Glance 2017: OECD Indicators*. Paris: OECD Publishing. Zugriff am 18.03.2019 unter http://dx.doi.org/10.1787/health_glance-2017-en. https://read.oecd-ilibrary.org/social-issues-migration-health/health-at-a-glance-2017_health_glance-2017-en#page1

Präventionsgesetz (PrävG). (2015). *Bundesgesetzblatt. Gesetz zur Stärkung der Gesundheitsförderung und der Prävention (Präventionsgesetz – PrävG) vom 17. Juli 2015. BGBl. I Nr. 31, 1368*. Zugriff am 18.03.2019 unter https://www.bgbl.de/xaver/bgbl/start.xav?startbk=Bundesanzeiger_BGBl&start=//*%255B@attr_id=%27bgbl115s1368.

pdf%27%255D#__bgbl__%2F%2F*%5B%40attr_id%3D%27bgbl115s1368.pdf%27%5D__1552910385360

Pröll, U., Ertel, M. & Haake, G. (2017). Für alles ständig selbst verantwortlich? Belastungen, Gesundheitsressourcen und Prävention bei selbstständiger Erwerbsarbeit. In G. Faller (Hrsg.), *Lehrbuch Betriebliche Gesundheitsförderung* (3. Aufl., S. 403–412). Bern: Hogrefe Verlag.

Pudel, V. (2006). Verhältnisprävention muss Verhaltensprävention ergänzen. *Ernährungs-Umschau, 53*, 95–98.

Richter, M. & Rosenbrock, R. (2018). Sinnvolle Kombination von Verhaltens- und Verhältnisprävention. In M. Egger, O. Razum & A. Rieder (Hrsg.), *Public Health Kompakt* (3. Aufl., S. 175–177). Berlin: De Gruyter.

Rixgens, P. (2009). Betriebliches Sozialkapital, Arbeitsqualität und Gesundheit der Beschäftigten – Variiert das Bielefelder Sozialkapitel-Modell nach beruflicher Position, Alter und Geschlecht? In B. Badura, H. Schröder & C. Vetter (Hrsg.), *Fehlzeiten-Report 2008. Betriebliches Gesundheitsmanagement: Kosten und Nutzen* (S. 33–42). Heidelberg: Springer Medizin Verlag.

Robert Koch-Institut (RKI). (Hrsg.). (2014). *Gesundheitsschädigende Arbeitsbedingungen. Faktenblatt zu GEDA 2012: Ergebnisse der Studie „Gesundheit in Deutschland aktuell 2012"*. Berlin: RKI. Zugriff am 25.10.2014 unter www.rki.de/geda

Robert Koch-Institut (RKI). (Hrsg.). (2017). *Gesundheitliche Ungleichheit in verschiedenen Lebensphasen. Gesundheitsberichterstattung des Bundes. Gemeinsam getragen von RKI und DESTATIS*. Berlin: RKI. Zugriff am 18.03.2019 unter https://www.rki.de/DE/Content/Gesundheitsmonitoring/Gesundheitsberichterstattung/GBEDownloadsB/gesundheitliche_ungleichheit_lebensphasen.html

Robert Koch-Institut (RKI). (2018). *Frühe Weichenstellung. Neue Daten zu Gesundheitsverhalten bei Kindern und Jugendlichen im Journal of Health Monitoring*. Pressemitteilung des Robert Koch-Instituts vom 27.06.2018. Zugriff am 18.03.2019 unter https://www.rki.de/DE/Content/Service/Presse/Pressemitteilungen/2018/06_2018.html

Robert Koch-Institut (RKI). (n.d.). *Sozialer Status und soziale Ungleichheit*. Zugriff am 18.03.2019 unter https://www.rki.de/DE/Content/Gesundheitsmonitoring/Themen/Sozialer_Status/sozialer_status_node.html

Rütten, A. & Pfeifer, K. (Hrsg.). (2016). *Nationale Empfehlungen für Bewegung und Bewegungsförderung*. Erlangen-Nürnberg: Friedrich-Alexander-Universität Erlangen-Nürnberg (FAU). Zugriff am 18.03.2019 unter https://www.bundesgesundheitsministerium.de/service/begriffe-von-a-z/b/bewegungsempfehlungen.html

Rumpf, H.-J., Meyer, C., Kreuzer, A. & John, U. (2011). *Prävalenz der Internetabhängigkeit (PINTA)*. Zugriff am 18.03.2019 unter https://www.berlin-suchtpraevention.de/wp-content/uploads/2016/10/2011_PINTA-Studie.pdf

Sander, M., Ochmann, R., Marschall, J., Schiffhorst, G. & Albrecht, M. (2018). *AOK-Familienstudie 2018*. Zugriff am 18.03.2019 unter https://www.aok.de/pk/bw/inhalt/aok-familienstudie-2018-6/

Schaller, K., Kahnert, S. & Mons, U. (2017). *Alkoholatlas Deutschland 2017*. Heidelberg: Deutsches Krebsforschungszentrum (dkfz).

Schneider, C. (2018). *Praxis-Guide Betriebliches Gesundheitsmanagement. Tools und Techniken für eine erfolgreiche Gesundheitsförderung am Arbeitsplatz* (3., aktualisierte und ergänzte Aufl.). Bern: Hogrefe. http://doi.org/10.1024/85844-000

Schneider, W., Gerecke, U., Kastner, M., Parpart, J. & Peschke, M. (2013). *Psychosoziales Gesundheitsmanagement im Betrieb. Ein Praxisbuch für Betriebsmediziner und Personalmanagement*. Bern: Huber.

Schumann, G. (2003). *Betriebliche Sozial- und Suchtberatung (BSSB). Gesundheitszirkel als Instrument des Betrieblichen Gesundheitsmanagements.* Zugriff am 18.03.2019 unter https://www.uni-oldenburg.de/fileadmin/user_upload/bssb/bilder/Texte_Dateien_Dokumentationen/Gesundheitszirkel_Grundlagen.pdf

Schwarz, N. & Schwahn, F. (2016). Entwicklung der unbezahlten Arbeit privater Haushalte. Bewertung und Vergleich mit gesamtwirtschaftlichen Größen. *Wirtschaft und Statistik (WISTA) 2*. Wiesbaden: Statistisches Bundesamt (DESTATIS). Zugriff am 18.03.2019 unter https://www.destatis.de/DE/Publikationen/WirtschaftStatistik/2016/02/UnbezahlteArbeit_022016.pdf?__blob=publicationFile

Sockoll, I., Kramer, I. & Bödeker, W. (2008). Wirksamkeit und Nutzen betrieblicher Gesundheitsförderung und Prävention. Zusammenstellung der wissenschaftlichen Evidenz 2000 bis 2006. *IGA-Report, 13*. Essen: BKK Bundesverband.

Soyka, M., Queris, S., Küfner, H. & Rösner, S. (2005). Wo verstecken sich 1,9 Millionen Medikamentenabhängige? *Nervenarzt, 76*, 72–77. Zugriff am 18.03.2019 unter https://link.springer.com/article/10.1007%2Fs00115-004-1828-y

Stanhope, K.L. & Havel, P.J. (2009). Fructose Consumption: Considerations for Future Research on Its Effects on Adipose Distribution, Lipid Metabolism, and Insulin Sensitivity in Humans. *Journal of Nutrition, 139*(6), 1236S–1241S. http://doi.org/10.3945/jn.109.106641

Statistik Austria. (2017). *Erwerbsprognosen*. Zugriff am 18.03.2019 unter http://www.statistik.at/web_de/statistiken/menschen_und_gesellschaft/bevoelkerung/demographische_prognosen/erwerbsprognosen/index.html

Statistisches Bundesamt (DESTATIS). (2015). *Bevölkerung Deutschlands bis 2060 – 13. koordinierte Bevölkerungsvorausberechnung*. Zugriff am 18.03.2019 unter https://www.destatis.de/DE/Publikationen/Thematisch/Bevoelkerung/VorausberechnungBevoelkerung/BevoelkerungDeutschland2060Presse5124204159004.pdf?__blob=publicationFile

Statistisches Bundesamt (DESTATIS). (2016). *35 % mehr Zeit für unbezahlte Arbeit als für Erwerbsarbeit. Pressemitteilung Nr. 137 vom 19.04.2016*. Zugriff am 18.03.2019 unter https://www.destatis.de/DE/PresseService/Presse/Pressemitteilungen/2016/04/PD16_137_812.html

Statistisches Bundesamt (DESTATIS). (2017). *Statistisches Jahrbuch 2017, Kapitel 13 Arbeitsmarkt*. Zugriff am 18.03.2019 unter https://www.destatis.de/DE/Publikationen/StatistischesJahrbuch/StatistischesJahrbuch2017.html;jsessionid=E050F3AC-B6AADFC00C5D95BC28887C.InternetLive1

Stilijanow, U. & Richter, G. (2017). Gesunde Führung. In G. Faller (Hrsg.), *Lehrbuch Betriebliche Gesundheitsförderung* (3., vollständig überarbeitete und erweiterte Aufl., S. 233–242). Bern: Hogrefe.

Süddeutsche Zeitung (SZ). (21.10.2016). *Prävention. Wer krank wird, ist selbst schuld. Firmen legen immer häufiger Gesundheitsprogramme auf.* Zugriff am 18.03.2019 unter http://www.sueddeutsche.de/karriere/praevention-wer-krank-wird-ist-selbst-schuld-1.3214193

Techniker Krankenkasse (TK). (2013). *Bleib locker, Deutschland! TK-Studie zur Stresslage der Nation 2013.* Zugriff am 18.03.2019 unter https://www.deutsche-digitale-bibliothek.de/item/7KOHYLCWIR746HUSKCC24JAN6NL3LS3H

Techniker Krankenkasse (TK). (2016). *Entspann dich, Deutschland! TK-Stressstudie 2016.* Zugriff am 18.03.2019 unter https://www.tk.de/tk/broschueren-und-mehr/studien-und-auswertungen/tk-stressstudie_2016/919764

Ueberle, M. & Greiner, W. (2009). Rentabilität von Sozialkapital im Betrieb. In B. Badura, H. Schröder & C. Vetter (Hrsg.), *Fehlzeiten-Report 2008. Betriebliches Gesundheitsmanagement: Kosten und Nutzen* (S. 55–63). Heidelberg: Springer Medizin Verlag.

Weber, A. & Hörmann, G. (Hrsg.). (2007). *Psychosoziale Gesundheit im Beruf. Mensch – Arbeitswelt – Gesellschaft.* Stuttgart: Gentner.

Weber, A., Peschkes, L. & de Boer, W.E.L. (Hrsg.). (2015). *Return to Work – Arbeit für alle. Grundlagen der beruflichen Reintegration.* Stuttgart: Gentner.

World Health Organization (WHO). (1986). *Ottawa-Charta zur Gesundheitsförderung.* Deutsche Version verfügbar unter http://www.euro.who.int/__data/assets/pdf_file/0006/129534/Ottawa-Charter_G.pdf

World Health Organization (WHO). (2014). *Global status report on alcohol and health – 2014.* Zugriff am 18.03.2019 unter http://www.who.int/topics/alcohol_drinking/en/ [siehe „Highlight“]

World Health Organization (WHO). (2015). *Healthy diet. Fact sheet No. 394.* Zugriff am 18.03.2019 unter http://www.who.int/nutrition/publications/nutrientrequirements/healthydiet_factsheet/en/

Wienemann, E. (2002). *Betriebliches Gesundheitsmanagement. Beitrag zum 1. Kongress für betrieblichen Arbeits- und Gesundheitsschutz „Gesünder Arbeiten in Niedersachsen“, Braunschweig, 5. September 2002.* Zugriff am 18.03.2019 unter http://docplayer.org/18904620-Betriebliches-gesundheitsmanagement.html

Wood, A.M., Kaptoge, S., Butterworth, A., Willeit, P., Warnakula, S., Bolton, T. ... Danesh, J. (2018). Risk thresholds for alcohol consumption: combined analysis of individual-participant data on 599,912 current drinkers in 83 prospective studies. *Lancet, 391*(10129), 1513–1523. https://doi.org/10.1016/S0140-6736(18)30134-X

Zepke, G., & Stieger, C. (2017). Kein Ersatz für Kommunikation: Die Mitarbeiterbefragung als Element im Diagnoseportfolio der BGF. In G. Faller (Hrsg.), *Lehrbuch Betriebliche Gesundheitsförderung* (3., vollständig überarb. und erw. Aufl., S. 223–232). Bern: Hogrefe.

Zerfaß, A. & Piwinger, M. (Hrsg.). (2014). *Handbuch Unternehmenskommunikation: Strategie – Management – Wertschöpfung* (2. Aufl.). Wiesbaden: Gabler Verlag. http://doi.org/10.1007/978-3-8349-4543-3

15.2 Literaturempfehlungen

Badura, B., Ducki, A., Schröder, H., Klose, J. & Meyer, M. (Hrsg.). (2015). *Fehlzeiten-Report 2015. Neue Wege für mehr Gesundheit - Qualitätsstandards für ein zielgruppenspezifisches Gesundheitsmanagement*. Berlin: Springer. http://doi.org/10.1007/978-3-662-47264-4

Badura, B., Schröder, H. & Vetter, C. (Hrsg.). (2009). *Fehlzeiten-Report 2008. Betriebliches Gesundheitsmanagement: Kosten und Nutzen*. Berlin: Springer. http://doi.org/10.1007/978-3-540-69213-3

Effertz, T., Verheyen, F. & Linder, R. (2017). The costs of hazardous alcohol consumption in Germany. *European Journal of Health Economics, 18*, 703–713. http://doi.org/10.1007/s10198-016-0822-1

Faller, G. (Hrsg.). (2017). *Lehrbuch Betriebliche Gesundheitsförderung* (3., vollständig überarb. und erw. Aufl.). Bern: Hogrefe. http://doi.org/10.1024/85569-000

Freudenberger, H. (1974). Staff Burn-Out. *Journal of Social Issues, 30*(1), 159–165. http://doi.org/10.1111/j.1540-4560.1974.tb00706.x

Habermann-Horstmeier, L. & Bührer, S. (2014). *Arbeiten in Wohneinrichtungen für behinderte Menschen in Deutschland*. Villingen-Schwenningen: Villingen Institute of Public Health und Petaurus Verlag.

Habermann-Horstmeier, L. & Bührer S. (2015). Welche Maßnahmen der Betrieblichen Gesundheitsförderung bieten Behinderten-Wohneinrichtungen ihrem Betreuungspersonal an? - Ergebnisse einer Untersuchung in Südbaden. *Arbeitsmedizin Sozialmedizin Umweltmedizin, 50*, 362–370. Zugriff am 18.03.2019 unter http://www.asu-arbeitsmedizin.com/ASU-2015-5/Welche-Massnahmen-der-Betrieblichen-Gesundheits-foerderung-bieten-Behinderten-Wohneinrichtungen-ihrem-Betreuungspersonal-an,QUlEPTY0OTYyOCZNSUQ9MTEwNTc2.html

Habermann-Horstmeier, L. & Limbeck, K. (2015). Arbeitsklima in Behinderten-Wohneinrichtungen in Deutschland. *Arbeitsmedizin Sozialmedizin Umweltmedizin, 51*, 50–63. Zugriff am 18.03.2019 unter http://www.asu-arbeitsmedizin.com/gentner.dll/0050-0063-ASU-1601_NjkxMDkz.PDF?UID=C5EF2C16EC524E8D50F86A081 1E3E4F11E2F8084696EB095

Habermann-Horstmeier, L. & Limbeck, K. (2016). Krank zur Arbeit - Gesundheitssituation von Betreuern in Behinderteneinrichtungen. *HeilberufeSCIENCE, 7*(1), 25–39. https://doi.org/10.1007/s16024-015-0260-5

Habermann-Horstmeier, L. & Limbeck, K. (2016). Arbeitsbelastung: Welchen Belastungen sind die Beschäftigten in der Behindertenbetreuung ausgesetzt? *Arbeitsmedizin Sozialmedizin Umweltmedizin, 51*, 517–525. Zugriff am 18.03.2019 unter http://www.asu-arbeitsmedizin.com/gentner.dll/PL_110576_718795

Habermann-Horstmeier, L. & Limbeck, K. (2017). Burnout-Gefährdung in der Behindertenarbeit - Subjektive Gesundheitseinschätzungen der Beschäftigten geben Hinweise. *Prävention und Gesundheitsförderung, 12*(1), 27–40. http://doi.org/10.1007/s11553-016-0553-2

Habermann-Horstmeier, L. & Limbeck, K. (2018). Einflussfaktoren auf die Arbeitsbelastung in der stationären Behindertenhilfe. *Das Gesundheitswesen, 80*(05), 433–443. http://doi.org/10.1055/s-0042-111313

Habermann-Horstmeier, L., Schmid, K., Pletscher, C. & Klien, C. (2018). Arbeit und Gesundheit. In M. Egger, O. Razum & A. Rieder (Hrsg.), *Public Health Kompakt* (3., aktualisierte und erw.Aufl., S. 317–362). Berlin: De Gruyter.

Knieps, F. & Pfaff, H. (Hrsg.). (2018). *BKK Gesundheitsreport 2018 – Arbeit und Gesundheit Generation 50*+. Berlin: Medizinische Wissenschaftliche Verlagsgesellschaft.

World Health Organization (WHO). (2018). *Global status report on alcohol and health – 2018*. Zugriff am 18.3.2019 unter https://who.int/substance_abuse/publications/global_alcohol_report/en/

15.3 Linkverzeichnis

ArbSchG. (1996). *Bundesministerium der Justiz und für Verbraucherschutz. Gesetz über die Durchführung von Maßnahmen des Arbeitsschutzes zur Verbesserung der Sicherheit und des Gesundheitsschutzes der Beschäftigten bei der Arbeit (Arbeitsschutzgesetz – ArbSchG)*. Verfügbar unter https://www.gesetze-im-internet.de/arbschg/

AUVA. (2014). *Liste der Berufskrankheiten*. Verfügbar unter https://www.auva.at/cdscontent/load?contentid=10008.541831

AUVA. (n.d.). *Soziale Unfallversicherung (Österreich). Liste der Berufskrankheiten*. Verfügbar unter https://www.auva.at/cdscontent/?contentid=10007.671002&viewmode=content

Bundesamt für Gesundheit (BAG). (n.d.). *Internetseite*. Verfügbar unter https://www.bag.admin.ch/bag/de/home.html

Bundesanstalt für Arbeitsschutz und Arbeitsmedizin (BAuA). (n.d.). *Internetseite*. Verfügbar unter https://www.baua.de/DE/Home/Home_node.html

Bundesanstalt für Arbeitsschutz und Arbeitsmedizin (BAuA). (2006). *TRGS 900 Arbeitsplatzgrenzwerte. Technische Regel für Gefahrstoffe*. Verfügbar unter https://www.baua.de/DE/Angebote/Rechtstexte-und-Technische-Regeln/Regelwerk/TRGS/TRGS-900.html

Bundesministerium der Justiz und für Verbraucherschutz. (n.d.). *Gesetz zum Schutze der arbeitenden Jugend (Jugendarbeitsschutzgesetz, JArbSchG)*. Verfügbar unter https://www.gesetze-im-internet.de/jarbschg/

Bundesministerium der Justiz und für Verbraucherschutz. (n.d.). *Siebtes Buch Sozialgesetzbuch – Gesetzliche Unfallversicherung – (Artikel 1 des Gesetzes vom 7. August 1996, BGBl. I S. 1254)*. Verfügbar unter https://www.gesetze-im-internet.de/sgb_7/

Bundesministerium der Justiz und für Verbraucherschutz. (n.d.). *Sozialgesetzbuch (SGB) Drittes Buch (III) – Arbeitsförderung – (Artikel 1 des Gesetzes vom 24. März 1997, BGBl. I S. 594)*. Verfügbar unter https://www.gesetze-im-internet.de/sgb_3/

Bundesministerium der Justiz und für Verbraucherschutz. (n.d.). *Verordnung über Arbeitsstätten (ArbStättV)*. Verfügbar unter https://www.gesetze-im-internet.de/arbst_ttv_2004/

Bundesministerium der Justiz und für Verbraucherschutz. (n.d.). *Verordnung zur arbeitsmedizinischen Vorsorge*. Verfügbar unter https://www.gesetze-im-internet.de/arbmedvv/

Bundesministerium für Gesundheit (BMG). (n.d.). *Startseite*. Verfügbar unter https://www.bundesgesundheitsministerium.de/

BWLWissen.net. (n.d.). *Management*. Verfügbar unter https://bwl-wissen.net/definition/management

Der Bundesrat (Schweiz). (2012). *Bundesgesetz über den Allgemeinen Teil des Sozialversicherungsrechts (ATSG)*. Verfügbar unter https://www.admin.ch/opc/de/classified-compilation/20002163/index.html

Der Bundesrat (Schweiz). (2018). *Bundesgesetz über die Arbeit in Industrie, Gewerbe und Handel. (Arbeitsgesetz, ArG)1 vom 13. März 1964 (Stand am 1. Dezember 2013)*. Verfügbar unter https://www.admin.ch/opc/de/classified-compilation/19640049/index.html

Der Bundesrat (Schweiz). (2017). *Bundesgesetz über die Unfallversicherung (UVG) vom 20. März 1981 (Stand am 1. September 2017)*. Verfügbar unter https://www.admin.ch/opc/de/classified-compilation/19810038/index.html

Der Bundesrat (Schweiz). (2018). *Verordnung 5 zum Arbeitsgesetz (Jugendarbeitsschutzverordnung, ArGV 5) vom 28. September 2007 (Stand am 1. Juli 2018)*. Verfügbar unter https://www.admin.ch/opc/de/classified-compilation/20070537/index.html

Der Bundesrat (Schweiz). (2018). *Verordnung über die Unfallversicherung (UVV) vom 20. Dezember 1982 (Stand am 1. April 2018)*. Verfügbar unter https://www.admin.ch/opc/de/classified-compilation/19820361/index.html

Der Bundesrat (Schweiz). (2018). *Verordnung über die Verhütung von Unfällen und Berufskrankheiten (Verordnung über die Unfallverhütung, VUV) vom 19. Dezember 1983 (Stand am 1. Mai 2018)*. Verfügbar unter https://www.admin.ch/opc/de/classified-compilation/19830377/index.html

Deutsche Gesetzliche Unfallversicherung (DGUV). (n.d.). *DGUV Vorschrift 2. Betriebsärzte und Fachkräfte für Arbeitssicherheit*. Verfügbar unter https://www.dguv.de/de/praevention/vorschriften_regeln/dguv-vorschrift_2/index.jsp

Deutscher Bundestag. (2015). *Gesetzentwurf der Bundesregierung. Entwurf eines Gesetzes zur Stärkung der Gesundheitsförderung und der Prävention (Präventionsgesetz – PrävG). Drucksache 18/4282, 11.03.2015*. Verfügbar unter https://dip21.bundestag.de/dip21/btd/18/042/1804282.pdf

Deutsche Rentenversicherung. (n.d.). *Statistikportal*. Verfügbar unter https://statistik-rente.de/drv/

Deutsches Netzwerk für Betriebliche Gesundheitsförderung (DNBGF). (n.d.). *Startseite*. Verfügbar unter http://www.dnbgf.de/

Europäisches Netzwerk für betriebliche Gesundheitsförderung. (1997). *Luxemburger Deklaration zur betrieblichen Gesundheitsförderung in der Europäischen Union*. Verfügbar unter http://www.netzwerk-bgf.at/portal27/bgfportal/content?contentid=10007.701075&viewmode=content&portal:componentId=gtn1f6f847b-7f36-481d-9083-0e7292bc283a

Gabler Wirtschaftslexikon. (n.d.). *Management*. Verfügbar unter https://wirtschaftslexikon.gabler.de/definition/management-37609

Gesundheitsförderung Schweiz (Stiftung). (n.d.). *Startseite*. Verfügbar unter https://gesundheitsfoerderung.ch/?lang=f

Gesundheitsförderung Schweiz. (n.d.). *KMU-vital*. Verfügbar unter http://www.kmu-vital.ch/

Jusline (Österreich). (n.d.). *Allgemeines Sozialversicherungsgesetz*. Verfügbar unter https://www.jusline.at/gesetz/asvg

Landesanstalt für Umwelt Baden-Württemberg. (n.d.). *Gefahrstoffe am Arbeitsplatz*. Verfügbar unter https://www.lubw.baden-wuerttemberg.de/arbeitsschutz/gefahrstoffe-am-arbeitsplatz

MuSchG. (2018). *Bundesministerium der Justiz und für Verbraucherschutz. Gesetz zum Schutz von Müttern bei der Arbeit, in der Ausbildung und im Studium (Mutterschutzgesetz, MuSchG*. Verfügbar unter https://www.gesetze-im-internet.de/muschg_2018/

Netzwerk Betriebliche Gesundheitsförderung. (n.d.). *Internetseite*. Verfügbar unter http://www.netzwerk-bgf.at/portal27/bgfportal/content?contentid=10007.701055&viewmode=content

Österreichisches Netzwerk Betriebliche Gesundheitsförderung (ÖNBGF). (n.d.). *Wir gemeinsam! – Für Gesundheit und Erfolg in Ihrem Unternehmen*. Verfügbar unter https://www.netzwerk-bgf.at/cdscontent/?contentid=10007.751720&viewmode=content

PrävG (Präventionsgesetz). (2015). *Bundesgesetzblatt. Gesetz zur Stärkung der Gesundheitsförderung und der Prävention (Präventionsgesetz – PrävG) vom 17. Juli 2015. BGBl. I Nr. 31, 1368*. Verfügbar unter https://www.bgbl.de/xaver/bgbl/start.xav?startbk=-Bundesanzeiger_BGBl&start=//*%255B@attr_id=%27bgbl115s1368.pdf%27%255D#__bgbl__%2F%2F*%5B%40attr_id%3D%27bgbl115s1368.pdf%27%5D_1528121400105

Rechtsinformationssystem des Bundes (RIS; Österreich). (2006). *Bundesgesetz über Maßnahmen und Initiativen zur Gesundheitsförderung, -aufklärung und -information (Gesundheitsförderungsgesetz – GfG). StF: BGBl. I Nr. 51/1998 (NR: GP XX RV 1043 AB 1072 S. 109. BR: AB 5643 S. 637.)*. Verfügbar unter https://www.ris.bka.gv.at/GeltendeFassung.wxe?Abfrage=Bundesnormen&Gesetzesnummer=10011127

Rechtsinformationssystem des Bundes (RIS; Österreich). (2019). *Bundesgesetz über Sicherheit und Gesundheitsschutz bei der Arbeit (ArbeitnehmerInnenschutzgesetz – ASchG). StF: BGBl. Nr. 450/1994 idF BGBl. Nr. 457/1995 (DFB) (NR: GP XVIII RV 1590 AB 1671 S. 166. BR: AB 4794 S. 587.)*. Verfügbar unter https://www.ris.bka.gv.at/GeltendeFassung.wxe?Abfrage=Bundesnormen&Gesetzesnummer=10008910

Rechtsinformationssystem des Bundes (RIS; Österreich). (2019). *Gesamte Rechtsvorschrift für Kinder- und Jugendlichen-Beschäftigungsgesetz 1987 (KJBG), Fassung vom 17.08.2018*. Verfügbar unter https://www.ris.bka.gv.at/GeltendeFassung.wxe?Abfrage=Bundesnormen&Gesetzesnummer=10008632

Rechtsinformationssystem des Bundes (RIS; Österreich). (2019). *Verordnung über die Gesundheitsüberwachung am Arbeitsplatz 2017 (VGÜ 2017)*. Verfügbar unter https://www.ris.bka.gv.at/GeltendeFassung.wxe?Abfrage=Bundesnormen&Gesetzesnummer=10009034

Robert Koch-Institut (RKI). (n.d.). *Internetseite*. Verfügbar unter https://www.rki.de/DE/Home/homepage_node.html

Schweizerisches Gesundheitsobservatorium (Obsan). (2018). *Internetseite*. Verfügbar unter https://www.obsan.admin.ch/de

Universitätsmedizin der Johannes Gutenberg-Universität Mainz. (2018). *Gesunde KMU*. Verfügbar unter http://www.gesundekmu.de/gesundekmu/uebersicht.html

voestalpine. (2014). *Betriebliche Gesundheitsförderung ausgezeichnet*. Verfügbar unter https://www.voestalpine.com/blog/de/karriere/arbeitswelten/betriebliche-gesundheitsfoerderung-ausgezeichnet/

Wikipedia. (2019). *Management*. Zugriff am 18.03.2019 unter https://de.wikipedia.org/wiki/Management

World Health Organization (WHO). (1986). *Ottawa-Charta zur Gesundheitsförderung*. Verfügbar unter http://www.euro.who.int/__data/assets/pdf_file/0006/129534/Ottawa_Charter_G.pdf

16 Abbildungs- und Tabellenverzeichnis

Abbildungen:

Tabellen:

17 Abkürzungsverzeichnis

Abs.	Absatz
AG	Aktiengesellschaft
AKG	Arbeitskreis Gesundheitsförderung
AOK	Allgemeine Ortskrankenkasse
ArbMedVV	Verordnung zur arbeitsmedizinischen Vorsorge (Deutschland)
ArbSchG	Arbeitsschutzgesetz (Deutschland)
ArbStättV	Arbeitsstättenverordnung (Deutschland)
ArbZG	Arbeitszeitgesetz (Deutschland)
Art.	Artikel
ASVG	Allgemeines Sozialversicherungsgesetz (Österreich)
ATSG	Bundesgesetz über den allgemeinen Teil des Sozialversicherungsrechts (Österreich)
AU	Arbeitsunfähigkeit
Aufl.	Auflage
AZUBI	Auszubildender/Auszubildende
BAG	Bundesamt für Gesundheit (Schweiz)
BARMER GEK	Krankenversicherung, entstanden aus der Barmer Ersatzkasse (BEK) und der Gmünder Ersatzkasse (GEK)
BASF	Badische Anilin- und Sodafabrik
BAuA	Bundesanstalt für Arbeitsschutz und Arbeitsmedizin (Deutschland)
BEM	Betriebliches (Wieder-)Eingliederungsmanagement, Return-to-Work
BGF	Betriebliche Gesundheitsförderung
BGM	Betriebliches Gesundheitsmanagement
BIP	Bruttoinlandsprodukt
BKK	Betriebskrankenkassen
BMGF	Bundesministerium für Arbeit, Soziales, Gesundheit und Konsumentenschutz (Österreich)
BMI	Body-Mass-Index
BSSB	Betriebliche Sozial- und Suchtberatung
BZgA	Bundeszentrale für gesundheitliche Aufklärung (Deutschland)
bzw.	beziehungsweise
ca.	zirka
CHF	Schweizer Franken
COPD	Chronisch-obstruktive Lungenerkrankung
CT	kontrollierte Studie
DAEM	Deutsche Akademie für Ernährungsmedizin

DEGS	Studie zur Gesundheit der Erwachsenen in Deutschland
DESTATIS	Statistisches Bundesamt (Deutschland)
DGEM	Deutsche Gesellschaft für Ernährungsmedizin
DGUV	Deutsche Gesetzliche Unfallversicherung
d.h.	das heißt
DHS	Deutsche Hauptstelle für Suchtfragen
DNA	Desoxyribonukleinsäure
Dr. habil.	Doctor habilitatus, habilitierter Doktor, Doktor mit Lehrbefähigung an Universität
Dr. med.	Doktor der Medizin
einschl.	einschließlich
E-Mail	elektronische Nachricht
engl.	englisch
et al.	und andere
etc.	et cetera, und so weiter
e. V.	eingetragener Verein
EU	Europäische Union
E-Zigarette	Elektronische Zigarette
ff.	folgende
g	Gramm
GEDA	Studien „Gesundheit in Deutschland Aktuell"
GF-Maßnahme	Gesundheitsförderungs-Maßnahme
ggf.	gegebenenfalls
GKV	Gesetzliche Krankenversicherung
GmbH	Gesellschaft mit beschränkter Haftung
HFKW	teilfluorierte Kohlenwasserstoffe
HiAP	Health in All Polices
Hrsg.	Herausgeber
ICD-10	Internationale statistische Klassifikation der Krankheiten und verwandter Gesundheitsprobleme, 10. Revision
ID-Nummer	Identifikationsnummer
ifaa	Institut für angewandte Arbeitswissenschaft
iga	Initiative Gesundheit und Arbeit
J.	Jahre
JArbSchG	Jugendarbeitsschutzgesetz (Deutschland)
Jh.	Jahrhundert
Kap.	Kapitel
kcal	Kilokalorie
KMB	kleine und mittlere Betriebe (Österreich)
KMU	kleine und mittlere Unternehmen (Deutschland)
l	Liter
LSD	Lysergsäurediethylamid
m	männlich
MAB	Mitarbeiterbefragung

Max.	maximaler Wert
Min.	minimaler Wert
mind.	mindestens
Mio.	Millionen
MPH	Master of Public Health
Mrd.	Milliarden
MuSchG	Mutterschutzgesetz (Deutschland)
N oder n	number, Anzahl der Nennungen
n. Chr.	nach Christus
obsan	Schweizerisches Gesundheitsobservatorium
OECD	Organisation für wirtschaftliche Zusammenarbeit und Entwicklung
o. J.	ohne Jahr
PC	Personal Computer
PrävG	Präventionsgesetz, Gesetz zur Stärkung der Gesundheitsförderung und der Prävention (Deutschland)
Prof.	Professor
RCT	randomisierte kontrollierte Studie
Reha	Rehabilitation
RKI	Robert Koch-Institut
RoI	Return on Investment
s.	siehe
s. a.	siehe auch
SES	sozioökonomischer Status
sfa	Schweizerische Fachstelle für Alkohol und andere Drogenprobleme
SGB	Sozialgesetzbuch (Deutschland)
SHB	Steinbeis-Hochschule Berlin
sog.	sogenannte
s. o.	siehe oben
STAB	Standardabweichung
s. u.	siehe unten
Suva	Schweizerische Unfallversicherungsanstalt
TK	Techniker Krankenkasse
TR	Technische Regel (Deutschland)
TV	Television, Fernsehen
u. a.	unter anderem
UN	United Nations, Vereinte Nationen
u. U.	unter Umständen
UVG	Unfallversicherungsgesetz (Schweiz)
UVV	Verordnung über die Unfallversicherung (Schweiz)
v. a.	vor allem
v. Chr.	vor Christus
VGÜ	Verordnung des Bundesministers für Arbeit und Soziales über die Gesundheitsüberwachung am Arbeitsplatz (Österreich)
VIPH	Villingen Institute of Public Health

vgl.	vergleiche
VUV	Verordnung über die Verhütung von Unfällen und Berufskrankheiten (Schweiz)
w	weiblich
WAI	Work Ability Index
WHO	World Health Organization
XXL	„besonders groß“
z.B.	zum Beispiel
z.T.	zum Teil
♀	weiblich
♂	männlich
>	(a) größer; (b) zu
≥	größer/gleich
<	kleiner
Ø	im Durchschnitt
%	Prozent
×	mal
/	pro
§	Paragraph
→	siehe
&	und
#	Nummer
€	Euro

Stichwortverzeichnis

B

C

D

H

I

J

K

Q

R

Kurzvita

Lotte Habermann-Horstmeier

Von der Betrieblichen Gesundheitsförderung zum Betrieblichen Gesundheitsmanagement

Die Autorin
Dr. med. Lotte Habermann-Horstmeier, MPH
Leiterin des Villingen Institute of Public Health (VIPH) an der Steinbeis+Akademie der Steinbeis Hochschule Berlin (SHB)
Studium der Humanmedizin an der Philipps-Universität Marburg. Dort Promotion zum Dr. med. im Bereich Neurophysiologie. Ernährungsmedizinerin DAEM/DGEM. Weiterbildung Sonderpädagogik an der FernUniversität Gesamthochschule Hagen. Master-Studium Public Health an den Universitäten Basel, Bern und Zürich (Schweiz). Derzeit Master-Studium der Umweltwissenschaften an der Fern-Universität Gesamthochschule Hagen.

E-Mail: Habermann-Horstmeier@viph-steinbeis-hs.de

Lotte Habermann-Horstmeier

Gesundheitsförderung in Behinderten-wohneinrichtungen

Zum Umgang mit psychischen Störungen, Krankheit, Altern und Tod